Bernd Klein
Toleranzdesign

Weitere empfehlenswerte Titel

Maschinenelemente
Hubert Hinzen
Maschinenelemente 1, 2017
ISBN 978-3-11-054082-6, e-ISBN (PDF) 978-3-11-054087-1,
e-ISBN (EPUB) 978-3-11-054104-5
Maschinenelemente 2: Lager, Welle-Nabe-Verbindungen, Getriebe, 2018
ISBN 978-3-11-059707-3, e-ISBN (PDF) 978-3-11-059708-0,
e-ISBN (EPUB) 978-3-11-059758-5
Maschinenelemente 3: Verspannung, Schlupf und Wirkungsgrad, Bremsen, Kupplungen, Antriebe, 2020
ISBN 978-3-11-064546-0, e-ISBN (PDF) 978-3-11-064707-5,
e-ISBN (EPUB) 978-3-11-064714-3

Electrical Machines
A Practical Approach
Satish Kumar Peddapelli, Sridhar Gaddam, 2020
ISBN 978-3-11-068195-6, e-ISBN (PDF) 978-3-11-068227-4,
e-ISBN (EPUB) 978-3-11-068244-1

Handbuch Elektrische Kleinantriebe
Carsten Fräger, Wolfgang Amrhein (Hrsg.)
Band 1: Kleinmotoren, Leistungselektronik, 2020
ISBN 978-3-11-056247-7, e-ISBN (PDF) 978-3-11-056532-4,
e-ISBN (EPUB) 978-3-11-056248-4
Band 2: Kleinantriebe, Systemkomponenten, Auslegung,
erscheint 2021

Bernd Klein

Toleranzdesign

im Maschinen- und Fahrzeugbau

5., völlig neu bearbeitete und ergänzte Auflage

DE GRUYTER
OLDENBOURG

Autor
Prof. em. Dr.-Ing. Bernd Klein
34379 Calden
klein-bernd@gmx.net

ISBN 978-3-11-072070-9
e-ISBN (PDF) 978-3-11-072072-3
e-ISBN (EPUB) 978-3-11-072075-4

Library of Congress Control Number: 2021933952

Bibliografische Information der Deutschen Nationalbibliothek
Die Deutsche Nationalbibliothek verzeichnet diese Publikation in der Deutschen Nationalbibliografie; detaillierte bibliografische Daten sind im Internet über http://dnb.dnb.de abrufbar.

© 2021 Walter de Gruyter GmbH, Berlin/Boston
Umschlaggestaltung: Artal85 / iStock / Getty Images
Satz: le-tex publishing services GmbH, Leipzig
Druck und Bindung: CPI books GmbH, Leck

www.degruyter.com

„Nicht weil die Dinge schwierig sind, wagen wir sie nicht,
sondern weil wir sie nicht wagen, sind sie schwierig."
(Seneca)

Vorwort zur 1. Auflage

Die deutsche Maschinen- und Fahrzeugindustrie ist heute dem Zwang ausgesetzt, Produkte hoher Funktionalität und Qualität zu günstigen Kosten herzustellen, um sich am Weltmarkt behaupten zu können. Externe Fertigungsstätten in Billiglohnländern versprechen hier eine Entlastung, was sich jedoch manchmal als Trugschluss erweist. Die Gründe sind meist darin zu suchen, dass das notwendige Fertigungs-know-how nur lückenhaft übertragen wird. Oft sind die mitgelieferten technischen Zeichnungen unvollständig, mehrdeutig oder sinnwidrig. Die Konsequenz ist eine nicht spezifikationsgerechte Fertigung mit viel Nach- und Anpassarbeit, wodurch jede Kalkulation hinfällig wird.

Wie lässt sich dies vermeiden? – Durch eindeutige Zeichnungen. Hierzu gehören: die Vereinbarung eines gemeinsamen Tolerierungsgrundsatzes, die Angabe von Allgemeintoleranzen, eine richtige Bemaßung, die Einschränkung von Geometrieabweichungen durch Form- und Lagetoleranzen sowie deren Lehrung und eine Maßkettensimulation, um die Montage zu gewährleisten. Ziel ist also eine vollständige „Produktspezifizierung (GPS)" durch Maße, Geometrie und Oberfläche mit modernen CAD-Techniken und eine zweckgerechte Prüfung aller funktionalen Anforderungen mit CAQ-unterstützten Messtechnologien.

Viele Entwickler, Konstrukteure und Fertigungsplaner haben mittlerweile die Bedeutung der Geometrischen Produktbeschreibung inklusive der erforderlichen Tolerierung für die Funktionalität und Prozesssicherheit erkannt und sind daher bemüht, das Normenwerk richtig anzuwenden. Für diese Zielgruppe ist auch das vorliegende Manuskript erstellt worden, welches in vielen Seminaren erprobt worden ist. Keine Theorie kann aber so vielfältig sein, wie die Praxis sie benötigt. Insofern wird immer noch die ein oder andere kleine Lücke bleiben. Damit ist der Leser gefordert, sich aktiv mit dem Thema auseinander zu setzen. Für konstruktive Hinweise zum Inhalt bin ich daher dankbar.

Calden bei Kassel im Oktober 2005 *B. Klein*

Vorwort zur 4. Auflage

Das ISO-GPS-System hat sich in den letzten Jahren dynamisch entwickelt. Infolgedessen sind einige Normen überarbeitet worden und neue erschienen. Somit ist es eine bleibende Aufgabe ein Buch aktuell zu halten.

Die nunmehr vorliegende Fassung beinhaltet den Normenstand von Juli 2017 bei der dimensionellen Bemaßung und Tolerierung sowie bei der Form- und Lagetolerierung. Besonderer Wert wurde darauf gelegt, nicht nur Norminhalte wiederzugeben, sondern die Grundintention herauszustellen und diese im Kontext mit ähnlichen Problemen und deren sinnvollen Lösung zu betrachten.

Eine Norm wird hierbei immer als eine Darlegung des Standes der Technik angesehen, das schließt nicht aus, dass manchmal etwas weiter geschaut werden musste um den Stand des Wissens einbinden zu können. Dies dient immer der Klarheit in der Anwendung, da Bemaßung und Tolerierung stets die funktionale, messtechnische und fertigungstechnische Perspektive im Fokus haben muss.

Mit der nunmehr vorliegenden Neuauflage möchte ich weiterhin der interessierten Leserschaft einen aktuellen und komprimierten Überblick über das für die Technik notwendige Gebiet der ISO-GPS-Normung bieten. Ich würde mich freuen, wenn das Buch weiterhin positiv von der Praxis aufgenommen wird.

Calden bei Kassel im August 2017 *Bernd Klein*

Vorwort zur 5. Auflage

Obwohl sich das Konzept meines Buches: Ausgeglichenheit von Theorie und Praxis bis heute bewährt hat, ist eine Aktualisierung erforderlich geworden. Dies bezieht sich auf den Text, die Beispielbilder und die Fallbeispiele. Oft scheinen die Änderungen nur klein zu sein, sie haben aber eine große Auswirkung auf die Funktionalität, Herstellung und Messung.

Ich habe mich hierbei bemüht, die für die Entwicklung & Konstruktion wichtigsten Normen gemäß ihrem aktuellen Ausgabestand (bis Ende 2020) zu berücksichtigen. Als Beschränkung habe ich mir auferlegt nicht alle Sonderfälle in den Normen aufzugreifen, da hiermit der „rote" Faden verloren ging und das Buch zu umfangreich würde. Meine Intention ist, stets die notwendigen Informationen zum „Selbermachen" zu Verfügung zu stellen. Hierzu dienen auch die Praxisbeispiele von ausgeführten Konstruktionszeichnungen im Anhang. Diese habe ich so zusammengestellt, dass sichtbar wird, wie eine bestimmte Schwierigkeit in der Bauteilbeschreibung gelöst werden kann.

In der Vergangenheit habe ich viele Rückmeldungen aus meinen Zielgruppen (Teilnehmer in berufsbegleitenden Seminaren und Studierende an Fach- und Hochschulen) erhalten, Diese habe ich immer dankbar aufgegriffen und in den Text eingearbeitet. Das Buch hat damit eine gewisse Anwendungsreife erreicht, ersetzt aber nicht die Normen und die Normenkommentare.

Mit der nunmehr vorliegenden überarbeiteten Neuauflage habe ich mich darauf konzentriert die Weiterentwicklung des ISO-GPS-Normenstands abzubilden und weiter meiner Vorstellung vom „praktischen Nutzen bieten" gerecht zu werden. Ich würde mich freuen, wenn mein Buch auch weiterhin einen großen, interessierten Leserkreis erreicht.

Calden bei Kassel im März 2021 *B. Klein*

Inhalt

Vorwort zur 1. Auflage —— VI

Vorwort zur 4. Auflage —— VII

Vorwort zur 5. Auflage —— VIII

1	**Allgemeines** —— **1**	
1.1	Einleitung —— 1	
1.2	Übersicht über die verwendeten Normen —— 2	
2	**Grundlagen** —— **7**	
3	**Entstehung von Form- und Lageabweichungen** —— **12**	
3.1	Die Bauteilentstehungsphasen —— 12	
3.2	Entstehung von Form- und Lageabweichungen —— 12	
4	**Grundbegriffe der Zeichnungstolerierung** —— **17**	
4.1	Maße und Toleranzen —— 17	
4.1.1	Maßtoleranzen —— 17	
4.1.2	Theoretisch exaktes Maß —— 19	
4.1.3	Geometrietoleranzzone —— 20	
4.2	Minimum-Bedingung für die Formabweichung —— 23	
4.2.1	Erklärung —— 23	
4.2.2	Ermittlung der Formabweichung —— 23	
4.3	Längen- und Stufenmaße —— 26	
5	**Zeichnungseintragung** —— **28**	
5.1	Angabe von Maßen in einer Zeichnung —— 28	
5.2	Beschreibung der Angaben am tolerierten Element —— 29	
5.3	Festlegung der Toleranzzone —— 31	
5.3.1	Zuweisung der Toleranzzone —— 31	
5.3.2	Gemeinsame Toleranzzone —— 34	
5.3.3	Begrenzung der Toleranzzone —— 36	
5.3.4	Projizierte und flexible Toleranzzone —— 37	
5.4	Zeichnungseintragung von Bezügen —— 40	
5.4.1	Mehrere Bezugselemente —— 41	
5.4.2	Bezug aus mehreren Bezugsflächen —— 42	
5.4.3	Bezugsstellenangabe —— 43	
5.4.4	Bezug über Formelementgruppen —— 45	

5.4.5	Zylindrische Bezugselemente	**46**
5.4.6	Lageelemente von Bezügen	**48**

6 **Bildung von Bezügen — 50**
6.1	Grundlagen	**50**
6.2	Bezugselemente	**51**
6.2.1	Kanten und Flächen	**51**
6.2.2	Achsen und Mittelebenen als Bezüge	**52**
6.2.3	Gemeinsame Bezugsachse aus zwei Elementen	**53**
6.2.4	Wirkung eines Orientierungsbezugs	**53**
6.3	Bildung von Bezugssystemen	**54**

7 **Maß-, Form- und Lagetoleranzen — 59**
7.1	Bedeutung für die Praxis	**59**
7.2	Toleranzbegrenzungen	**59**
7.3	Angabe der Toleranzzonen	**60**
7.4	Formtoleranzen	**61**
7.4.1	Geradheit	**62**
7.4.2	Ebenheit	**66**
7.4.3	Rundheit	**67**
7.4.4	Zylinderform	**70**
7.5	Profiltoleranzen	**72**
7.5.1	Linienformprofil	**73**
7.5.2	Flächenformprofil	**75**
7.6	Lagetoleranzen	**78**
7.6.1	Richtungstoleranzen	**78**
7.6.2	Ortstoleranzen	**85**
7.6.3	Lauftoleranzen	**94**
7.6.4	Gewinde	**98**
7.6.5	Freiformgeometrien	**98**
7.7	Dimensionelle Tolerierung von Längenmaßen	**99**
7.8	3D-Tolerierung	**108**

8 **Allgemeintoleranzen — 112**
8.1	Bedeutung und Anwendung	**112**
8.2	Allgemeintoleranzen nach DIN ISO 2768 bzw. DIN 2769	**114**
8.2.1	Fertigungsverfahren und Werkstoffe	**115**
8.2.2	Zeichnungseintragung	**115**
8.2.3	Maß- und Winkeltoleranzen	**116**

8.2.4	Form- und Lagetoleranzen —— 117	
8.2.5	Allgemeintoleranz-Konzept nach ISO 22081 —— 117	
8.3	Bearbeitungszugaben —— 120	
8.3.1	Maßtoleranzen und Bearbeitungszugaben für Gussteile —— 120	
8.3.2	Maß-, Formtoleranzen und Bearbeitungszugaben für Schmiedeteile —— 124	
8.3.3	Allgemeintoleranzen für Schweißkonstruktionen —— 126	
9	**Tolerierungsprinzipien —— 127**	
9.1	Funktionssicherung —— 127	
9.1.1	Maximum-Material-Zustand/MMC —— 127	
9.1.2	Maximum-Material-Maß —— 128	
9.1.3	Minimum-Material-Zustand/LMC —— 128	
9.1.4	Minimum-Material-Maß —— 128	
9.1.5	Material-Bedingungen —— 128	
9.1.6	Wirksames Maximum-Material-Maß —— 129	
9.2	Der Taylor'sche Prüfgrundsatz —— 129	
9.3	Grenzgestalt von Bauteilen —— 131	
9.3.1	Auswirkung auf Funktion —— 131	
9.3.2	Hüllbedingung zur Eingrenzung der Grenzgestalt —— 131	
10	**Tolerierungsgrundsätze —— 135**	
10.1	Unabhängigkeitsprinzip —— 135	
10.1.1	Auswirkung der Tolerierung nach dem Unabhängigkeitsprinzip —— 136	
10.2	Hüllprinzip —— 138	
10.2.1	Bedeutung —— 138	
10.2.2	Auslegung des Hüllprinzips —— 139	
10.2.3	Einschränkungen des Hüllprinzips —— 140	
10.2.4	Überprüfung der Hüllbedingung —— 142	
10.2.5	Aufweitung einer Hülle —— 143	
10.3	Maximum-Material-Bedingung —— 148	
10.3.1	Beschreibung der Maximum-Material-Bedingung —— 148	
10.3.2	Eingrenzung der Anwendung —— 152	
10.3.3	Prüfung der Maximum-Material-Bedingung —— 157	
10.3.4	Tolerierung mit dem Toleranzwert „0" —— 159	
10.3.5	Festlegung von Prüflehren —— 160	
10.4	Minimum-Material-Bedingung —— 163	
10.4.1	Anwendung —— 165	
10.5	Reziprozitätsbedingung —— 166	
10.6	Passungsfunktionalität —— 168	

11 Toleranzverknüpfung durch Maßketten —— 172
- 11.1 Entstehung von Maßketten —— 172
- 11.2 Bedeutung des Schließmaßes und der Schließtoleranz —— 172
- 11.2.1 Vorgehen bei der Untersuchung von Toleranzketten —— 173
- 11.3 Berechnung von Toleranzketten —— 173
- 11.3.1 Worst Case —— 173
- 11.3.2 Arithmetische Berechnung —— 174
- 11.3.3 Vorgehensweise —— 175
- 11.4 Form- und Lagetoleranzen in Maßketten —— 178
- 11.5 Statistische Tolerierung —— 182
- 11.5.1 Erweiterter Ansatz —— 182
- 11.5.2 Mathematische Grundlagen —— 183
- 11.6 Untersuchung der Prozessfähigkeit —— 194
- 11.6.1 Relative Prozessstreubreite —— 194
- 11.6.2 Prozessfähigkeit —— 194
- 11.6.3 Prozessfähigkeitsindex —— 195
- 11.6.4 Beurteilung der Prozessfähigkeit —— 196
- 11.6.5 Interpretation der Fähigkeitskenngrößen —— 196
- 11.6.6 Überprüfung auf Prozessfähigkeit —— 198

12 Festlegung und Interpretation von Form- und Lagetoleranzen —— 200
- 12.1 Festlegung von Form- und Lagetoleranzen —— 200
- 12.2 Interpretation von Toleranzangaben —— 206
- 12.3 Toleranzen und Kosten —— 211
- 12.3.1 Wirtschaftliche Toleranzen —— 211
- 12.3.2 Kostengesetzmäßigkeit —— 215
- 12.3.3 Relativkosten-Katalog —— 217

13 Temperaturproblematik bei Toleranzen —— 218
- 13.1 Ausdehnungsgesetz —— 218
- 13.2 Temperaturabhängigkeit von Passmaßen —— 219
- 13.3 Simulation an einer Spielpassung —— 219
- 13.4 Grenztemperatur —— 222

14 Anforderungen an die Oberflächenbeschaffenheit —— 224
- 14.1 Technische Oberflächen —— 224
- 14.2 Herstellbare Oberflächenrauheiten —— 226
- 14.3 Symbolik für die Oberflächenbeschaffenheit —— 228
- 14.3.1 Oberflächencharakterisierung —— 231
- 14.3.2 Filter und Übertragungscharakteristik —— 233

14.3.3	Definition der Oberflächenkenngrößen ——	**235**
14.3.4	Zeichnungsangaben für Oberflächen ——	**239**
14.3.5	Zeichnungsangaben für Oberflächenrillen ——	**241**

15 Unterschiede zwischen DIN, ISO und ASME —— 244
15.1	ASME-Standard ——	**244**
15.2	Symbole und Zeichen ——	**245**
15.2.1	Maßeintragung ——	**245**
15.2.2	Unterschied zwischen Millimeter und Inch-Bemaßung in ASME ——	**246**
15.2.3	Eintragung von Toleranzen ——	**247**
15.3	Besonderheiten der Maßangabe in ASME ——	**248**
15.3.1	Radientolerierung ——	**248**
15.3.2	Begrenzende Toleranzangaben ——	**249**
15.3.3	Darstellung von Bohrungen und Senkungen ——	**249**
15.3.4	Kennzeichnung statistischer Toleranzen ——	**250**
15.3.5	Tolerierung einer Tangentenebene ——	**251**
15.4	Tolerierungsprinzipien ——	**252**
15.4.1	Bedeutung ——	**252**
15.5	Definition der Materialprinzipien in ASME ——	**253**
15.5.1	Struktur der Toleranzprinzipien ——	**254**
15.5.2	Unterschiede in der Begriffsdefinition ——	**255**
15.5.3	Anwendung einer Materialbedingung ——	**255**
15.6	Form- und Lagetoleranzen ——	**256**
15.6.1	Ebenheitstolerierung bzw. Koplanarität ——	**256**
15.6.2	Profil- und Positionstolerierung ——	**257**
15.6.3	Mehrfachtoleranzrahmen ——	**258**
15.6.4	Profiltoleranzen ——	**261**

16 Referenz-Punkte-Systematik (RPS) —— 264
16.1	Toleranzen im Fahrzeugbau ——	**264**
16.2	Fahrzeug-Koordinatensystem ——	**264**
16.3	Die „3-2-1-Regel" ——	**265**
16.4	RPS-Symbolik ——	**267**
16.5	Verfahrensweise für Baugruppen ——	**268**

17 Geometrische Produktspezifikation/GPS —— 270
17.1	Konzeption ——	**270**
17.2	Normenkette ——	**273**

18 Erfahrungswerte für Form- und Lagetoleranzen —— 276

19	**Übungen zur Zeichnungseintragung —— 278**	
19.1	Geometrische Toleranzen in Zeichnungen —— 278	
19.2	Eintragung von Formtoleranzen —— 278	
19.3	Eintragung von Profiltoleranzen —— 281	
19.4	Eintragung von Lagetoleranzen —— 283	
19.4.1	Richtungstoleranzen —— 283	
19.4.2	Ortstoleranzen —— 287	
19.5	Sonderfälle der Bezugsbildung —— 289	
19.6	Oberflächensymbole in technischen Zeichnungen —— 295	
20	**Normgerechte Anwendungsbeispiele —— 301**	
21	**Fallbeispiele —— 315**	
22	**Im Text verwendete Zeichen, Abkürzungen und Indizes —— 330**	
22.1	Zeichen und Abkürzungen —— 330	
22.2	Indizes —— 331	
22.3	Kurzzeichen Langenmaße, Form- und Lagetoleranzen —— 331	

Literaturverzeichnis —— 333

Stichwortverzeichnis —— 337

1 Allgemeines

1.1 Einleitung

Viele Unternehmen sind heute als Auftraggeber oder Lieferant in globalen Fertigungsketten tätig. Die gegenseitige Abstimmung erfolgt hierbei durch technische Zeichnungen /TRU 97/. Um die Austauschbarkeit von Bauteilen zu sichern, müssen die erforderlichen *dimensionellen* und *geometrischen Spezifikationen* eingehalten werden, welche erst die Voraussetzungen für eine fehlerfreie Funktion und Montage darstellen.

Dies galt schon in der Frühphase der Industrialisierung. Die wohl erste Serienfertigung organisierte um 1860 herum der amerikanische Fabrikant Eli Whitney. Er fertigte Musketen in Losen von 10.000 Einheiten. Hierzu entwickelte er vereinfachte Werkzeugmaschinen und benutzte Gegenlehren zur Prüfung von Einzelteilen. Die Prüfung des Spiels zwischen Schlagbolzen und Bohrung erfolgte beispielsweise mit Lagen von Papier: Ließ sich eine Lage Papier dazwischenschieben, handelte es sich noch um ein Gutteil, bei zwei Lagen Papier lag ein Ausschussteil vor. Diese Prüfung war schon eine Art Grenzlehrung, die aus der französischen Waffenproduktion (Honoré Le Blanc um 1785) übernommen wurde.

Scheinbar ausgereifter waren die Verhältnisse bei dem Nähmaschinenhersteller Wheeler & Wilson, der 1805 schon 50.000 Nähmaschinen/Jahr herstellte und seinen Kunden in Amerika einen Austauschteileservice per Post garantierte. Dies war sicherlich nur auf Basis einer reproduzierbaren Herstellung möglich.

In Europa herrschte zu dieser Zeit noch die handwerkliche Tradition vor, welche vom Prinzip der „Einmaligkeit" oder „vollständigen Austauschbarkeit" von Bauteilen ausging. So zählte beispielsweise die Pariser Werkzeugmaschinenfabrik Panhard et Levassor zu den führenden Automobilmanufakturen der Welt, die im Jahre 1890 bereits schon einige hundert Autos im Jahr herstellte. Basis war die von Gottlieb Daimler erworbene Lizenz zum Bau von „Hochgeschwindigkeits-Benzinmotoren", um die herum Karosseriebauer ein ansprechendes Kleid schneiderten. Die Herstellung war so organisiert, dass selbstständige Zulieferanten Teile beistellten, die in der Fabrik von ausgebildeten Handwerkern angepasst wurden, weil keinerlei Maßsystem existierte. Ratlos war man insbesondere gegenüber dem Phänomen der „schleichenden Maßwanderung", die aus dem Fehlen von Lehren bzw. Vorrichtungen resultierte und jede Art von Serienfertigung sehr erschwerte.

Henry Ford /WOM 97/ hat diese Schwächen der Manufakturen erkannt, als er 1903 seine Autofabrik konzipierte. Sein T-Modell war die zwanzigste Konstruktion, denn Ford ließ sich von der Vision leiten, dass „eine vollständige und passgenaue Austauschbarkeit sowie eine einfache Montage sichergestellt werden muss". Dazu galt es, ein „verbindliches Maß- und Lehrensystem zu schaffen", welches erst in Verbindung mit der Fließbandproduktion 1913 eine konkurrenzlos günstige Fertigung ermöglichte. Die Firma Daimler Benz sah sich zu dieser Zeit noch in der Tradition deutscher

Handwerksbetriebe und organisierte die Fertigung unter der Zielvorgabe „so gut wie möglich". Damit war zwar ein hoher Qualitätsanspruch verbunden, machte die Autoproduktion aber vergleichsweise teuer.

Dies alles gab den Hintergrund ab für die Normung, deren Aufgabe es bevorzugt war, einen hohen Fertigungsstand zu ermöglichen. Hiermit war verbunden, dass innerhalb der DIN-Normen bereits 1917 ein Maß- und Passungssystem geschaffen wurde, welches verbindliche Vorgaben und Grenzen definierte. Das DIN-Normensystem wird heute immer mehr durch ISO-Normen ergänzt. Bezüglich der Bauteilfertigung ist mittlerweile die ganze Breite an zulässigen Maß-, Geometrie- und Oberflächenabweichungen festgeschrieben. Damit sind die Voraussetzungen geschaffen worden für die Übernahme neuartiger Fertigungstechnologien (DNC), einen höheren Qualitätsstandard (SPC) sowie der Adaption manueller und automatischer Montagetechniken (DFMA[1]). Eine besonders zentrale Bedeutung kommt in diesem Umfeld der „Dimensionellen Tolerierung" sowie der „Form- und Lagetolerierung" zu, die wesentliche Eckpfeiler des Systems der „Geometrischen Produktspezifizierung (GPS-Normung)" darstellen.

Intention der nachfolgenden Darlegungen ist es, allen praktisch tätigen Entwicklern und Konstrukteuren die notwendigen Hilfen für die Erstellung „richtiger und vollständiger" Zeichnungen geben zu wollen. Es ist insofern selbstredend, dass damit auch die Fertigungssicherheit, Wirtschaftlichkeit, Qualitätsfähigkeit und die Montagefreundlichkeit angesprochen sind.

1.2 Übersicht über die verwendeten Normen

Zur Problematik „Tolerierung und Toleranzen" existieren mehr als 50 DIN- und DIN EN ISO-Normen bzw. VDI/VDE-Richtlinien (s. auch Tabelle 1.1). Die Anzahl der Normen unterstreicht in diesem Fall die Bedeutung dieses Themas für die Industrie, kann aber auch zu einer gewissen Unsicherheit in der Anwendung führen. Um einen roten Faden entwickeln zu können, wird im Skript nur auf die maßgeblichen Grundnormen eingegangen:

- DIN ISO 128, T. 20–24   Allgemeine Grundlagen der Darstellung
- DIN ISO 129, T. 1   TPS – Angabe von Abmaßen und Toleranzen
- DIN EN ISO 286   Längenmaße, Toleranzen und Passungen
- *DIN 7167*   Zusammenhang zwischen Maß-, Form- und Parallelitätstoleranz (*zurückgezogen*)
- DIN EN ISO 8015   GPS- „Unabhängigkeitsprinzip" (u. a.)

---

[1] Anm.: DFMA® (Design for Manufacture and Assembly) ist von den Professoren Boothroyd und Dewhurst (USA) entwickelt worden, um Montagen zu vereinfachen und insgesamt kostengünstiger zu gestalten. Heute wird DFMA von vielen Unternehmen auf der ganzen Welt eingesetzt.

- *DIN EN ISO 14660*   Geometrieelemente *(zurückgezogen, s. ISO 5459)*
- DIN EN ISO 14405, T. 1–3   Dimensionelle Tolerierung (Maßtolerierung)
- DIN EN ISO 1101   GPS-Tolerierung von Form, Richtung, Ort und Lauf
- DIN ISO 2768, T. 1+2   Allgemeintoleranzen für Längen und Winkel, für Form und Lage *(soll zurückgezogen werden, Nachfolgenorm: DIN 2769)*
- DIN EN ISO 22081   GPS – Allgemeine geometrische und Maßspezifikationen *(soll neben der DIN 2769 existieren)*
- DIN EN ISO 2692   Maximum-Material-Bedingung, Minimum-Material-Bedingung, Wechselwirkungsbedingung
- DIN EN ISO 5458   Positions- und Mustertolerierung
- DIN EN ISO 5459   Bezüge und Bezugssysteme
- DIN EN ISO 1660   GPS-Profiltolerierung
- *DIN 7186*   Statistische Tolerierung *(zurückgezogen)*
- DIN EN ISO 21920, T. 1–3   GPS – Angabe der Oberflächenbeschaffenheit von Profilen
- DIN EN ISO 21204   Spezifikation von Übergängen
- DIN EN ISO 25178, T. 1–3   GPS-Oberflächenbeschaffenheit von Flächen
- DIN EN ISO 14253   Prüfung von Werkstücken und Messgeräten durch Messen (Konformitätsnachweis)
- DIN ISO 16792   Verfahren für digitale Produktdefinitionsdaten (CAD)

und
- DIN EN ISO 17450, T. 1+2   Geometrische Produktspezifikation (GPS)-Grundlagen

Die in diesen Normen festgelegten Prinzipien und Regeln werden in den nachfolgenden Kapiteln näher behandelt und in einen anwendungsgerechten Zusammenhang gebracht. Zum Verständnis der Ausgangssituation soll jedoch noch einiges Historisches ergänzt werden:
1. Mit den stetig gewachsenen Qualitäts- und Zuverlässigkeitsanforderungen an Produkten sind auch die Anforderungen an die Fertigung höher geworden. Bis in die 60er-Jahre hat man es gemeinhin als ausreichend angesehen, nur Maßabweichungen durch Toleranzen einzuschränken. In den USA hatte man zu diesem Zeitpunkt bereits schon die Erkenntnis gewonnen, dass eine weitere Steigerung der Ausführungsqualität industriell hergestellter Produkte nur durch eine eindeutige Begrenzung von Geometrieabweichungen (USASI Y 14.5-1966 und ANSI Y 14.5-1973) möglich sein wird.

Eine ähnliche Entwicklung gab es in den 70er Jahren auch in Russland. Im Jahre 1976 entstand hier die SEV 301 als GPS-ähnliche Norm, die bis heute in vielen osteuropäischen Staaten angewandt wird. (Die SEV 301 interpretiert die F+L-Toleranzen teilweise anders als die ISO 1101, weshalb hier Vorsicht geboten ist.)

2. Die Internationale Organisation für Normung (ISO) hat danach in den 70er-Jahren angefangen, ISO-Normen für Passungssysteme (ISO 286) sowie Zusammenhänge für Maß-, Form- und Lagetoleranzen (ISO 8015) zu schaffen. Das Deutsche Institut für Normung (DIN) fing etwa zum gleichen Zeitpunkt an, nationale Standards für Maß- und Geometrietoleranzen (DIN 7182 in 1971 bzw. DIN 7184 in 1972) festzulegen. Neben dem Tolerierungsgrundsatz „Unabhängigkeit" (DIN 2300) wurde insbesondere der nationale Tolerierungsgrundsatz „Hüllbedingung" DIN 7167 eingeführt. Diese Norm war vom Ansatz her zwar sinnvoll, stiftete jedoch im Zusammenwirken mit der ISO 1101 in der Praxis oft Unklarheiten bzw. führte zu Fehlinterpretationen in der Fertigung. Die Ablösung durch die international gültige ISO 8015 war daher folgerichtig.
3. Neben Deutschland haben noch die USA den nationalen Tolerierungsgrundsatz „Hüllbedingung" in der ASME Y 14.5M-2018 (Dimensioning and Tolerancing) festgeschrieben. Die ASME-Normung steht insofern parallel oder ergänzend zur ISO-Normung. Zu beachten ist, dass die Interpretation der Symbolik teils etwas anders ist, so dass es insbesondere für Unternehmen mit USA-Geschäft wichtig ist, diese Norm im Detail zu kennen.
4. Derzeit ist das ISO-Normenwerk bezüglich Maß- und Geometrieelemente, Form- und Lagetolerierung, Oberflächeneigenschaften sowie deren Messtechniken im Umbruch (bis heute 145 neue Normen) begriffen. Man hat mehr und mehr erkannt, dass im Zusammenwirken mit CAD, DNC und CAQ eine integrativere Betrachtungsweise notwendig ist. Das hierfür entwickelte Konzept fließt derzeit unter dem Begriff „Geometrische Produktspezifikation (GPS)" in das Normenwerk (s. neue ISO 1101:2017) ein. Im Spezifikationsteil einer Norm (erste Seite) wird dann darauf hingewiesen. Viele Normen (z. B. DIN EN ISO 25178-1: „GPS-Oberflächenbeschaffenheit: Flächenhafte", DIN EN ISO 2692:2015 für „Maximum- und, Minimum-Bedingung bzw. Reziprozitätsbedingung" oder E DIN EN ISO 8062-3:2019 „Maß-, F+L-Toleranzen für Formteile", mit dieser Ausrichtung sind bereits erschienen.
5. Mit der neuen ISO 8015:2011 und dem Zurückziehen der alten DIN 7167 (Hüllbedingung) gilt nunmehr in Deutschland verbindlich das „Unabhängigkeitsprinzip". Dennoch kann für Geometrieelemente, die eine Paarungs- oder Passungsfunktion zu erfüllen haben, weiterhin eine Hülle gemäß ISO 14405-1:2017 (Hüllprinzip) definiert werden. Es ist heute unabdingbar, dass dieses Wissen in Unternehmen vorhanden ist.

Diese zusammengefasste Ausführungen belegen noch einmal die Bedeutung des Normenstandes bei der Erstellung von Fertigungsunterlagen, da hiermit auch die Strategie zur Internationalisierung bzw. weltweiter Fertigungsverbünde angesprochen ist. „Zeichnungen sind die Sprache der Techniker" und verschlüsseln Know-how, sie sollten daher verständlich und bezüglich der internationalen Standards eindeutig sein.

Aktuelle Informationen zur Normung können heute recht einfach unter *www.DIN.de*, *Perinorm-Datenbank* und *www.beuth.de* recherchiert werden, sodass sich, wie in der Tabellenübersicht gezeigt, jeweils neueste Festlegungen berücksichtigen lassen.

Tab. 1.1: Übersicht über die aktuellen Normen zur Tolerierung nach http://www.beuth.de bzw. Perinorm-Datei des DIN-Instituts

	Normblatt	Jahr	Inhalt
Grundlagen	DIN 406, T. 10–12	1992	Technische Zeichnungen, Maßeintragung
	ISO 128	1999	Allgemeine Darstellungen in technischen Zeichnungen
	ISO 129	2020	TPD – Angabe von Maßen und Toleranzen
	DIN EN ISO 286, T. 1, 2	2010	Toleranzsystem für Längenmaße
	DIN EN ISO 14405, T. 1, T.3 und T. 2	2017 2019	GPS – Dimensionelle Tolerierung
	DIN EN ISO 17450, T. 1,2	2012	GPS – Grundlagen
	DIN EN ISO 14660, T. 3	2016	GPS – Tolerierte Geometrieelemente
	DIN 30630	2008	Toleranzregel
	DIN 30-10	2006	Zeichnungsvereinfachung
	DIN EN ISO 2692	2015	GPS – Geometrische Tolerierung – Maximum-Material-Bedingung(MMR), Minimum-Material-Bedingung(LMR), Reziprozitätsbedingung(RPR)
Form- und Lagetoleranzen	DIN EN ISO 1101	2017	GPS – Geometrische Tolerierung (F+L)
	DIN ISO 16792	2015	Verfahren für digitale Produktdefinitionsdaten
	DIN 32869, T. 3	2012	CAD-Modelle – Funktionselemente
	DIN EN ISO 8015	2011	Unabhängigkeitsprinzip
	DIN 7167	1987	Hüllbedingung *(zurückgezogen, neu ISO 14405)*
	DIN EN ISO 1660	2017	Profiltoleranzen
	DIN EN ISO 5459	2013	Bezüge und Bezugssysteme
	DIN EN ISO 5458	2018	Positions- und Mustertolerierung
	DIN EN ISO 10579	2013	Tolerierung nicht formstabiler Teile
Allgemeintoleranzen	DIN ISO 2768, T. 1, 2	1991	Allgemeintoleranzen: Länge, Winkel; F+L
	DIN 2769	2020	GPS-Allgemeintoleranzen: Längen, Winkel, Profilform
	DIN EN ISO 22081	2021	Allgemeine geometrische und Maßspezifikationen
	DIN EN 15860	2018	Kunststoffe: Spanende Verarbeitung
	DIN ISO 3302, T. 1	2018	Gummi – Toleranzen für Fertigteile – Maßtoleranzen
	DIN EN ISO 8062, T. 1,	2008	GPS – Maß-, Form- und Lagetoleranzen für Formteile
	E ISO/DIS 8062, T. 3	2019	GPS – Allgem. Maß-, Form- und Lagetoleranzen und Bearbeitungszugaben für Gussstücke
	E ISO/DIS 8062, T. 4	2020	Allgemeintol. für Gussteile durch Profiltolerierung
	DIN CEN ISO 8062, T. 2	2014	GPS – Maß-, Form- und Lagetoleranzen für Formteile

Tab. 1.1: (Fortsetzung)

	Normblatt	Jahr	Inhalt
	DIN ISO 20457	2019	Kunststoff-Formteile, Toleranzen und Abnahmebedingungen *(ersetzt DIN 16742)*
	DIN EN ISO 10135	2010	Angaben für Formteile
	DIN 16794	*1986*	Tol-für Spritzgusswerkzeuge *(zurückgezogen)*
	DIN 6930, T. 2	2011	Toleranzen für Stanzteile
	DIN 6784	1982	Werkstückkanten
	DIN 2310, T. 4	1987	Autogenes Brennschneiden
	DIN EN ISO 13920	1996	Allgemeintoleranzen für Schweißkonstruktionen
	DIN 40680	1983	Keramik
Toleranz-verknüpfung	DIN EN ISO 20170	2019	GPS – Zerlegung von geometrischen Merkmalen für die Fertigungskontrolle (Verknüpfung von F+L-Toleranzen)
	DIN 7186, T. 1, 2	*1974*	Statistische Tolerierung *(seit 1985 ruhend)*
Oberfläche	DIN EN ISO 21920, T.1	2020	Angabe der Oberflächenbeschaffenheit: Profile
	DIN EN ISO 25178, T.1, T. 2 bis T. 3	2013 / 2013	GPS-Oberflächenbeschaffenheit: Flächenhaft., Kenngrößen und Spezifikationsoperatoren
	DIN ISO 13715	2000	Technische Zeichnungen – Werkstückkanten mit unbestimmter Form
	DIN EN ISO 21204	2020	GPS-Spezifikation von Übergängen
Messtechnik	DIN 1319, T. 1 bis T. 4	1995	Grundlagen der Messtechnik
	DIN EN ISO 14253, T. 1 bis T. 3	2013	Prüfung von Werkstücken und Messgeräten durch Messen (Konformität oder Nicht-Konformität)
	DIN EN ISO 10360, T. 1 bis T. 9	2020 / 2012	GPS-Annahmeprüfung und Bestätigungsprüfung für Koordinatenmessgeräte (KMG)
	DIN EN ISO 15530, T. 3	2012	GPS-Verfahren zur Ermittlung der Messunsicherheit von KMG
CAD	ISO 7200	2004	TPD – Datenfelder in Schriftfeldern, Dokumentenstammdaten
	ISO 11442	2006	TPD – Dokumentenmanagement
	DIN 32869, T.1 T. 3	2012 / 2012	TPD – 3D CAD: Anforderungen an Darstellung TPD – 3D CAD: Funktionselemente

Abschließend sei erwähnt, dass der Stand der Technik immer auf dem neuesten Normenstand beruht und den Unternehmen daher Sicherheit gibt auch rechtlich auf der sicheren Seite zu sein.

2 Grundlagen

Werkstücke und Bauteile müssen für ihren Gebrauch funktions-, fertigungs- und prüfgerecht (s. DIN 32869-1/3) festgelegt werden. Dies kann in Form einer 2D-CAD-Zeichnung oder als 3D-CAD-Körpermodell /DIE 00/ erfolgen. Hierbei ist es wichtig, dass die Darstellung oder der Datensatz als so genanntes Spezifikationsmodell (s. ISO 14660)
- **vollständig** (alle wesentlichen Eigenschaften müssen festgelegt werden)
und
- **eindeutig** (es dürfen keine unterschiedlichen Auslegungen möglich sein)

ist. Grundsätzlich ist bekannt, dass die vom Konstrukteur gewünschte ideale Werkstückgeometrie (TEF = Theoretically Exact Feature) aufgrund von unvermeidbaren Ungenauigkeiten in der Fertigung (physikalische Verkörperung) nicht zu realisieren ist. Die Größe der Annehmbarkeit solcher material- und fertigungsbedingter Abweichungen wird im Wesentlichen durch die geforderte Funktions- und Montagefähigkeit /FEL 88/ bestimmt. Das heißt, für jedes Werkstück muss festgelegt werden, wieweit die Ist- von der Soll-Geometrie abweichen darf, ohne dass die Gebrauchsfähigkeit beeinflusst wird. Hierbei sind die Toleranzen *jeweils so klein wie nötig und so groß wie möglich zu wählen*, da die Weite von Toleranzfeldern erheblich zu den entstehenden Fertigungskosten /EHR 00/ beiträgt. Diesbezüglich ist auch die Prüfbarkeit und Messmittelfähigkeit[1] zu berücksichtigen.

Das ISO/GPS-Normenwerk bietet viele Möglichkeiten an, ein Werkstück zu beschreiben. In der Abb. 2.1 ist schematisch eine Zeichnung für ein einfaches Befestigungsteil dargestellt.

Die Dimensionen des Werkstücks werden mittels Größenmaße mit Plus/Minus-Toleranzen (d. h., Zweipunktmaße) festgelegt. Zu den Größenmaßen zählen: Längen, Durchmesser, Weiten und Winkel. Geometrieelemente werden hingegen mit Toleranzzonen festgelegt. Bei der gewählten Bohrung bzw. deren Position muss die ideale Mittenlage der Bohrungstoleranzzone ($\varnothing t_P$) mit TED-Maßen (Theoretically Exact Dimension) festgelegt werden. Ein TED-Maß ist umrahmt, hat keine Toleranz (auch keine Allgemeintoleranz) und darf nur von einem Bezug abgegriffen werden. In dem Beispiel ergibt sich somit ein *Nullpunkt* im Schnitt der Bezüge B,C.

Es liegt im Verantwortungsbereich eines Konstrukteurs, alle Maße eines Werkstücks zweckmäßig festzulegen und die Geometrieabweichungen funktionssicher zu tolerieren. Hierbei reicht es nicht aus, Toleranzen aus ähnlichen Konstruktionen zu übernehmen oder alte Erfahrungswerte zu verwenden. Eine Analyse /GUB 99/ hat gezeigt, dass Toleranzen im Hinblick auf die Bauteilfunktionalität oft zu genau gewählt werden. Hierdurch fallen vermeidbare Kosten in der Fertigung und Montage an. Toleranzen müssen also sinnvoll gewählt und festgesetzt werden.

---

[1] Anm.: Die Automobilindustrie (GUM = Angaben zur Unsicherheit beim Messen) fordert, dass ein Messmittel 2 % eines Toleranzfeldes sicher und reproduzierbar messen können muss.

2 Grundlagen

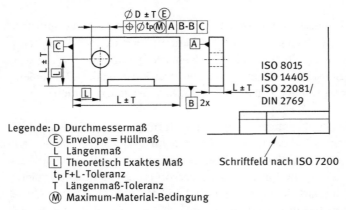

Abb. 2.1: Prinzipzeichnung für die normgerechte Darstellung eines Werkstücks

> **Leitregel 2.1: Kostenwirksamkeit von Toleranzen**
> Mangelnde Kenntnisse über zulässige Tolerierungsgrößen bewirken meist eine Flucht ins „Genaue" /PFE 02/. Durch die Halbierung eines Toleranzfeldes werden die Fertigungskosten einer spanenden Bearbeitung in der Regel vervierfacht!

Häufig sind auch die ISO/GPS-Normen, die sich mit den Tolerierungsmöglichkeiten beschäftigen, in den Unternehmen nur unzureichend bekannt oder sie werden nicht konsequent angewandt. Hinzu kommt noch, dass der Konstrukteur oft keine direkten Informationen über die Auswirkung von Geometrieabweichungen auf das Funktionsmaß von Baugruppen hat. Auch beziehen sich die angewandten Toleranzrechnungsprogramme häufig nur auf Maßtoleranzabhängigkeiten, nicht aber auf Geometrie- und Oberflächenabweichungen. Diese Abweichungen haben insbesondere aber bei sehr kleinen Maßen in der Mechatronik einen erheblichen Einfluss auf die Funktionsfähigkeit von Bauteilen. Deshalb ist es unbedingt erforderlich, auch die Form- und Lagetoleranzen bei der Festlegung von Funktionsmaßen einzuschränken.

Über 70 % der Kundenreklamationen gehen auf nicht richtige oder nur unzureichend festgelegten Maß-, Form- und Lagetoleranzen in den Fertigungsdokumenten zurück.

Grundsatz der bestimmenden Zeichnung: Der Konstrukteur ist für eine richtige und eindeutige Zeichnung verantwortlich. Zeichnungen sind im Außenverhältnis zum Lieferanten ein Vertragsdokument. Alle Anforderungen die nicht in einer Zeichnung dokumentiert sind, können nachträglich nicht mehr geltend gemacht werden.

Im internationalen Normenwesen werden die zulässigen Fertigungsabweichungen /BÖT 98/ in drei Bereiche eingeteilt, und zwar in
- dimensionelle Toleranzen für Längenmaße und Winkel,
- geometrische Toleranzen für Form-, Lage-, Orts- und Richtungstoleranzen (F+L)
und
- Oberflächenbeschaffenheit bzw. flächige Rauheitstoleranzen[2].

In der umseitigen Übersicht von Abb. 2.2 ist das System der ISO/GPS-Normung für Funktions- und Fertigungszeichnungen strukturiert dargestellt.

Die schon mehrfach zitierte ISO 8015 ist die übergeordnete Norm für die Bemaßung und Tolerierung. Sie definiert *dreizehn Grundsätze* für die Bauteilauslegung und deren „Annahme" (u. a.: Referenztemperatur von 20 °C für Nachweismessungen im sog. freien Zustand am starren Teil und Oberfläche frei von Verunreinigungen). Die Norm ist im Wesentlichen für metallische Werkstoffe konzipiert worden. Werden andere Werkstoffe verwendet, so sind die Abnahmebedingen (s. Kunststoff-Norm ISO 20457) entsprechend anzupassen.

In den Abnahmebedingungen ist auch der *Grundsatz der Unabhängigkeit* eingeschlossen. Definitionsgemäß verlangt dieser:

Jede GPS-Anforderung an ein Geometrieelement oder eine Beziehung zwischen Geometrieelementen muss unabhängig von anderen Anforderungen erfüllt werden.

D. h., Längenmaße und Form- und Lagetoleranzen sind gewöhnlich unabhängig von einander zu erfassen und nachzuweisen, falls nicht eine besondere Beziehung (z. B. ein Materialprinzip nach ISO 2692 mit Kompensation) besteht. Eine Materialbedingung (Maximum- bzw. Minimum-Material-Bedingung) hebt nämlich das Unabhängigkeitsprinzip auf, in dem eine Abhängigkeit zwischen dem Längenmaß und der Geometrietoleranz vereinbart wird.

Auf der nachfolgenden Ebene der Übersicht wird differenziert in die Problemkreise Maße, Geometrietoleranzen und Oberflächeneigenschaften.

Bei der Anwendung der aufgeführten Normen sind somit die folgenden, in den weiteren Kapiteln noch genauer erläuterten Tolerierungsgrundsätze zu beachten:
- das Hüll- oder das Unabhängigkeitsprinzip,
- die Minimum-Bedingung,
- die Maximum-Material-Bedingung,
- die Minimum-Material-Bedingung,
- die Reziprozitäts- oder Wechselwirkungsbedingung[3],
- die Bezugs- oder Bezugssystembildung,
- die Positions- oder Mustertolerierung,

---

[2] Anm.: Die Rauheitstoleranzen gehören zur technologischen Beschreibung nach ISO 1302 bzw. ISO 4287 sowie ISO 25178. In diesem Buch werden sie im Kapitel 14 nur kurz angesprochen.
[3] Anm.: Siehe hierzu die Anwendungsbeispiele in der DIN EN ISO 2692:2015

2 Grundlagen

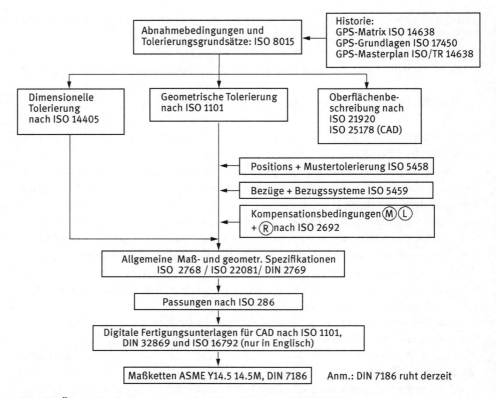

Abb. 2.2: Übersicht zum Zusammenwirken der wichtigsten ISO/GPS-Normen

- die Tolerierung von Nicht-Regelgeometrien,
- die Toleranzregel für Allgemeintoleranzen

sowie als Kontrollprinzipien

- die arithmetische und die statistische Toleranzketten-Simulation.

Hierbei bereitet die Festsetzung von Maßen und Maßtoleranzen die geringsten Schwierigkeiten /JOR 91a/. Oft stellen sich aber Unsicherheiten bei der Vergabe von Form-, Lage- und Lauftoleranzen ein, da hier meist die elementaren Kenntnisse über die Wirkung des Hüll- oder Unabhängigkeitsprinzips bzw. das Zusammenwirken mit der Maximum- oder Minimum-Material-Bedingung fehlen. Diese Lücken können heute jedoch mit der aktuellen Normung, insbesondere dem Konzept der „Geometrischen Produktspezifizierung (ISO/GPS)" nach ISO 14638 und ISO 17450 geschlossen werden.

Die Erfahrung lehrt, dass der in die Bauteil- und Geometriebeschreibung investierte Aufwand sich durch geringere Fertigungs-, Montage- und Änderungskosten schnell amortisiert. Nicht richtig abgestimmte Toleranzen führen zu „technischen Schulden". Diese beinhalten den Mehraufwand der zu leisten ist, wenn später Bauteile überarbeitet werden müssen.

> **Leitregel 2.2: Bedingungen für eine funktions-, fertigungs- und prüfgerechte Geometriebeschreibung**
>
> **Funktionserfüllung:** Das „ungenaue" Bauteil muss seine vorgegebene Funktion während der gesamten Gebrauchsdauer erfüllen können.
>
> **Montierbarkeit:** Das „ungenaue" Bauteil muss sich entweder unbedingt (d. h., gleiche Teile sind beliebig austauschbar) oder bedingt (d. h., gleiche Teile werden zusortiert oder sind nur gemeinsam austauschbar) montieren lassen.
>
> **Fertigbarkeit:** Das Bauteil muss sich prozessfähig und kostengünstig innerhalb der festgelegten Toleranzen fertigen lassen.
>
> **Mess- und Prüfbarkeit:** Das Bauteil muss sich möglichst einfach und sicher prüfen bzw. messen lassen. Dabei müssen die wesentlichen Merkmale für die Funktions- und Montagefähigkeit erfasst werden können.

Um kostengünstig und damit wettbewerbsfähig zu bleiben, müssen alle festgelegten Toleranzen von Anfang an besser mit der Konstruktionsabsicht und der industriellen Realität /MOL 00/ abgestimmt werden.

3 Entstehung von Form- und Lageabweichungen

3.1 Die Bauteilentstehungsphasen

Die Funktionsanforderungen an Bauteile werden in Herstellprozessen realisiert und deren Erreichung durch Messungen nachgewiesen. Wie in Abb. 3.1 skizziert, erfolgt die Realisierung über vier Phasen, u. zw. von der idealen Sollgeometrie ausgehend, über die reale Istgeometrie, zur erfassten Geometrie, letztlich zur abweichungsbehafteten zugeordneten Geometrie.

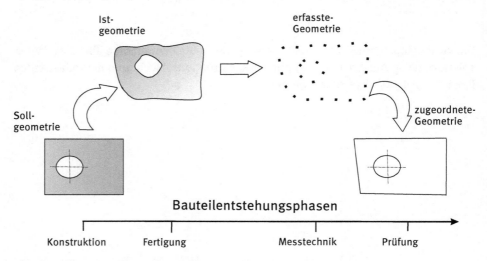

Abb. 3.1: Geometrieelemente in den Bauteilentstehungsphasen nach /ROI 17/

Die in einer Zeichnung dargestellte Sollgeometrie muss durch einen Herstellprozess realisiert werden. Da Herstellprozesse gewöhnlich streuen, stellen sich in der Praxis mehr oder weniger große Abweichungen /NEU 10/ ein. Diese Abweichungen müssen durch Toleranzen begrenzt werden.

3.2 Entstehung von Form- und Lageabweichungen

Die ideale Sollgeometrie mit seinen Spezifikationen wird entweder auf Papierzeichnungen oder als digitales CAD-Modell festgelegt. Eine absolut genaue Fertigung ist aber in der Praxis weder im Hinblick auf die Soll- bzw. Nennmaße, noch auf die Form und Lage der Geometrieelemente bzw. der Oberflächengestalt möglich. Diese Abweichungen werden durch verschiedene Einflüsse hervorgerufen:

- **Maßabweichungen** sind gewöhnlich auf die Bedienung einer Maschine zurückzuführen und sind systematischer (deterministischer) Natur.
- **Form- und Lageabweichungen** können in der Regel nicht direkt beeinflusst werden, da sie stochastischer Natur (unabhängige Gauß-verteilte Zufallsgrößen) sind.

Bei der Entstehung dieser Abweichungen spielen die freigesetzten Eigenspannungen im Werkstück, die angewandte Einspannung bzw. die verwandte Werkzeughalterung, die Zerspankräfte, die Schnittgeschwindigkeit, der Verschleiß des Werkzeugs und die Maschinenschwingungen eine bedeutende Rolle. Nachfolgend sind in Abb. 3.2 und 3.3 einige Beispiele für die Ursachen von Geometrieabweichungen visualisiert worden.

Einspannung des Werkstücks

Eine Welle wird zwischen den Spitzen gespannt und bearbeitet.

Resultierende Formabweichung

Infolge der auf die Welle wirkenden Zustellkraft F_r des Drehmeißels biegt sich diese elastisch durch.

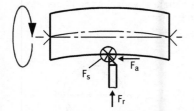
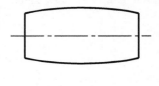

Abb. 3.2: Formabweichung durch Durchbiegung bei beidseitiger Einspannung (nach /DIN 01/)

Die in Abb. 3.3 entstehende Formabweichung soll hier besonders herausgestellt werden, da ihr Nachweis in der Praxis einige Probleme birgt. Diese Art von Abweichung nennt man ein Gleichdick (ein Gleichdick wird geometrisch konstruiert, indem man von den Ecken eines gleichseitigen Dreiecks einen Kreis mit dem Radius der Seitenlänge des Dreiecks schlägt, s. Abb. 3.5). Gleichdickformen /DIN 01/ können bei der Innen- und Außenbearbeitung runder Bauteile (Wellen oder Bohrungen) entstehen.

Ein Gleichdick besitzt bei der Zweipunktmessung an jeder Stelle denselben Durchmesser a wie ein idealer Kreis und es verhält sich beim Vergleich mit einer Rolle wie ein idealer Zylinder. So wird bei der Zweipunktmessung (gegenüberliegender Punkte) eine Kreisform vom Durchmesser a vorgetäuscht. Bei der oft üblichen Überprüfung eines Durchmessers mit einem Messschieber oder einer Bügelmessschraube kann diese Abweichung auch nicht erfasst werden. Rundheit verlangt nämlich nicht nur gleiche Durchmesser, sondern auch eine fixe Mittelpunktlage /ABE 90b/ des umschreibenden Kreises.

3 Entstehung von Form- und Lageabweichungen

Einspannung des Werkstücks

Eine Welle wird einseitig eingespannt und bearbeitet. ⇨

Resultierende Formabweichung

Infolge der auf die Welle wirkenden Zustellkraft F_r des Drehmeißels biegt sich diese elastisch durch.

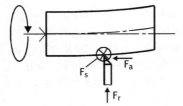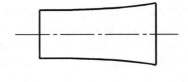

Abb. 3.3: Formabweichung durch Ausbiegung bei einseitiger Einspannung (nach /DIN 01/)

Einspannung des Werkstücks

Eine Hohlwelle wird im Futter gespannt, elastisch verformt und bearbeitet. ⇨

Resultierende Formabweichung

Infolge der punktuellen Spannkräfte entstehen Rundheitsabweichungen in der ausgedrehten Bohrung.

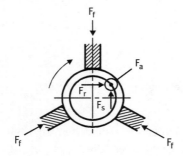

Abb. 3.4: Formabweichung durch Spannkräfte (nach /DIN 01/)

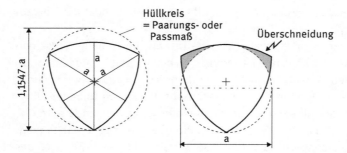

Abb. 3.5: Vergleich einer gleichdickförmigen Welle mit einem Kreis gleichen Durchmessers

Den Vergleich eines Gleichdicks mit einer Zylinderrolle gleichen Durchmessers zeigt die Abb. 3.6, d. h., alle Geometrieformen lassen sich auf einer Unterlage rollen. Während der Mittelpunkt eines Kreise keine Ortsveränderung erfährt, beschreibt der Mittelpunkt des Gleichdicks eine Kurvenbahn.

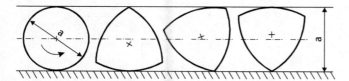

Abb. 3.6: Vergleich eines Gleichdicks mit einer Rolle vom Durchmesser **a**

Ein Gleichdick mit dem fiktiven Durchmesser **a** passt auch nicht in eine Bohrung mit dem Durchmessers **a**, sondern nur in $1{,}1547 \cdot$ **a**. Der Nachweis einer gleichdickförmigen Abweichung erfolgt oft durch die Prüfung mit einem flachen V-Prisma (wie in Abb. 3.7 dargestellt). Ein 60°-Prisma ist für den Nachweis aber ungeeignet, da bei diesem Prismentyp die axialen Ausschläge zu klein sind. Ein exakter Rundheitsnachweis kann nur mit einem taktilen Formmessgerät erfolgen.

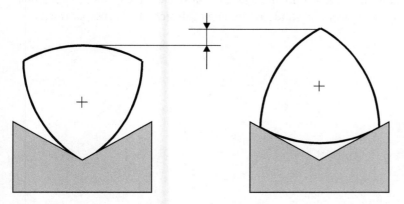

Abb. 3.7: Nachweis einer Gleichdickform mit einem V-Prisma bei einer Zweipunktmessung

In der Praxis werden Rundheitsmessmaschinen oder sogenannte Formtester verwendet. Hierbei wird üblicherweise das Werkstück mittig auf einem Drehtisch eingerichtet und in mehreren Querschnitten die Rundheitsabweichung ermittelt. Diese muss dann kleiner als die vorgegebene Toleranz sein.

Leitregel 3.1: Entstehung von Form- und Lageabweichungen

Form- und Lagetoleranzen sind Zufallsabweichungen und daher nur schwer zu beherrschen. Die Ursachen liegen gewöhnlich in

- freigesetzten Eigenspannungen im Teil,
- Einspannung eines Teils,
- Werkzeughalterung,
- Werkzeugverschleiß,
- Zerspankräfte,
- Schnittgeschwindigkeit,
- Temperaturniveau

und in
- Maschinenschwingungen.

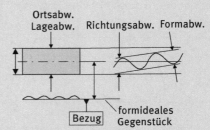

Lagetoleranzen beinhalten in der Regel auch Formtoleranzen (s. ISO 20170). Ein Maschinenbediener kann diese Abweichungen nicht direkt beeinflussen, sondern nur überwachen /KLE 07/, da sie sich im Fertigungsprozess mehr oder weniger ausgeprägt ergeben.

Zusammenfassend kann festgestellt werden, dass die Ursachen für Form- und Lageabweichungen in einer Vielzahl voneinander unabhängigen Einzelpunkten /DIN 01/ liegen, die größtenteils auf stochastische Effekte im Fertigungsprozess zurückzuführen sind. Formabweichungen können daher nicht durch ein hochgenaue Maschineneinrichtung vermieden werden, sondern diese ergeben sich als Prozessparameter.

4 Grundbegriffe der Zeichnungstolerierung

4.1 Maße und Toleranzen

Im Normenwesen sind in der ISO 128 und ISO 129 die Symbole und Regeln zur Maß- und Toleranzeintragung in Zeichnungen festgelegt. Ergänzend sind mit der ISO 14405, T.1,2+3 die „Dimensionelle Tolerierung" und mit der ISO 1101 die „Geometrische Tolerierung" eingeführt worden. Die Nichteinhaltung dieser Konventionen führt zu Missverständnissen /DUB 05/ und unnötigen Folgekosten, da diese international vereinbart worden sind.

4.1.1 Maßtoleranzen

In der DIN EN ISO 14405-1 ist festgelegt, *dass durch eine Maßtoleranz nur die mittels Zweipunktmessung ermittelten örtlichen Istmaße eines Geometrieelementes begrenzt werden, d. h. nicht aber seine Form- und Lageabweichungen.* Eine Maßtoleranz wird somit durch Grenzabmaße (z. B. +0,3/−0,1) oder einer Passungskennung (z. B. ISO-Kode H7) angegeben. Damit sind jedoch keine Einschränkungen für die Form (z. B. Zylinderform) und die Lage bestimmt, weil diese Angaben als „Zweipunktmaße (Modifikator: LP)" nachzuweisen sind.

Beispiel: Interpretation von Maßangaben
In Abb. 4.1 ist ein Wellenzapfen mit seiner Nenngeometrie dargestellt. Damit sind die tabellierten Angaben festgelegt:

N	Nennmaß	20,0
ULS	Höchstmaß	20,3
LLS	Mindestmaß	19,9
A_o	oberes Grenzabmaß	+0,3
A_u	unteres Grenzabmaß	−0,1
T	Toleranz ($A_o + A_u$)	+0,4

Das *gemessene Ist-Maß* muss also im Toleranzfeld minus der Messunsicherheit (s. DIN EN ISO 14253 – Annahmebedingungen), d. h. zwischen 19,9 + u und 20,3 − u, liegen, wenn die Zeichnungsangabe eingehalten werden soll. Die Messunsicherheit ist vom Messgerät abhängig und in ihrem zulässigen Bereich genormt. Als Anhalt kann gelten, dass u bei analogen Messgeräten etwa 0,1 % vom Endwert beträgt und bei digitalen Messgeräten etwa 0,05 % vom Endwert.

Über die Rundheit oder Zylindrizität des Wellenzapfens sind keine Form- und Lageangaben vorgegeben worden. Diese werden jedoch durch die angegebenen „Spezifi-

4 Grundbegriffe der Zeichnungstolerierung

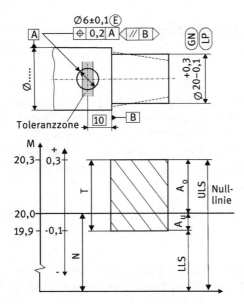

Abb. 4.1: Darstellung einer Bauteilnenngeometrie mit Positionstoleranz und Maßspezifikation

kations-Modifikationssymbole" (s. Kap. 7) indirekt eingeschränkt. Mit „GN" kann die Einhaltung eines (äußeren) Hüllzylinders und mit „GX" eines (inneren) Pferchzylinders verlangt werden. Diese Forderungen können als Einzelvorgabe oder eine Vorgabe auf beiden Toleranzgrenzen vereinbart werden. Alternativ kann auch „GG" zugelassen werden, welches der Auswertung nach Gauß (etwa mittlerer Zylinder im Toleranzfeld) entspricht.

Im Beispiel ist verlangt, dass durch die Spezifikation „GN" der Hüllzylinder vom Maximum-Material-Maß ($\varnothing 20{,}3 - u$) eingehalten werden muss. Das Mindestmaß ($\varnothing 19{,}9 + u$) ist durch mehrere Zweipunktmessungen „LP" nachzuweisen und darf nicht unterschritten werden.

Des weiteren soll eine Bohrung für die Aufnahme eines Stiftes in das mittlere Wellenteil eingebracht werden. Gemäß der ISO 5458 und der ISO 14405-2 dürfen Funktionsbohrungen nur mit Positionstoleranzen bemaßt werden. Eine einfache Plus-Minus-Toleranzangabe ist hier nicht zulässig. Die Positionstoleranzzone legt den Bereich fest, in dem sich die Bohrungsmitten-Abweichung maßlich bewegen darf. Da die Positionstoleranz Bezüge benötigt, müssen diese noch festgelegt werden. Zu beachten ist dabei, dass die Positionstoleranzzone immer rechtwinklig auf dem Primärbezug (A) steht und in Richtung des Sekundärbezuges (B) ausgerichtet wird.

Die Besonderheit des Beispiels ist noch, dass für die Bemaßung der Bohrung ein CAD-Prinzip benutzt worden ist. Während normalerweise die Maßlinie der Bohrung parallel zur Mittellinie verläuft, ist sie in dem Beispiel als Bohrungsdiagonale angegeben. Es gilt nämlich die Standardregel, dass die Toleranzzone stets rechtwinkig zur Maßlinie ausgerichtet ist. Wenn die Einhaltung dieses Prinzips aus mehreren Gründen nicht möglich ist, muss mit einem Orientierungsebenen-Indikator nach ISO 1101) die Verlaufsrichtung der Toleranzzone angegeben werden. Hier parallel zum Orientierungsbezug B. Weiter muss vom Bezug B aus die Mittellage der Toleranzzone vereinbart werden. Hierzu wird mit 10 mm im Rahmen ein theoretisch exaktes Maß (TED) genutzt. TED-Maße weisen gewöhnlich von einem Bezug aus auf die Mittellage der Toleranzzone hin.

Das Beispiel soll weiterhin auf das Zusammenwirken der „dimensionellen Tolerierung (Maßtolerierung) nach ISO 14405" und der „geometrischen Tolerierung (Form- und Lagetolerierung) nach ISO 1101" hinweisen. Diese beiden Tolerierungsprinzipien ergänzen sich in vielfältigen Anwendungen. Bei dem Einsatz von digitalen Koordinatenmess-Maschinen wird gewöhnlich mit Längenmaßabweichungen (z. B. Erstellung von Erstmuster-Prüfberichten) gearbeitet, während Formmess-Maschinen (z. B. Rundheit, Zylindrizität) Geometrieabweichungen erfassen. Beide Nachweismethoden haben in der Prozessanalyse ihre Berechtigung. Die wesentlichen Unterschiede werden im Kapitel 7 ff. noch beispielhaft dargestellt.

4.1.2 Theoretisch exaktes Maß

Das „theoretisch exakte Maß (TED)"[1] diente früher ausschließlich zur Angabe des theoretisch genauen Ortes, der theoretisch genauen Richtung oder des theoretisch genauen Profils eines Geometrieelementes bzw. der Lage deren Toleranzzone in einer Zeichnung.

In der neuen ISO-Normung ist die Bedeutung erweitert worden auf: die Orientierung und Lage von Geometrieelementen zueinander, der Ausdehnung und relativen Lage von tolerierten Teilbereichen, der Länge von projizierten Toleranzzonen und der Nennform von Geometrieelementen. Theoretisch exakte Maße werden rechteckig umrahmt und dürfen nicht toleriert werden (sie unterliegen auch nicht der Allgemeintoleranz).

In der vorhergehenden Abb. 4.1 ist die ideale Position (Mitte der Toleranzzone) der in dem Wellenabschnitt einzubringenden Bohrung bemaßt worden. Eine TED-Angabe (s. ISO 1101) darf nur bei Orts-, Richtungs- und Profiltoleranzen genutzt werden. Sinnvoll ist die Angabe somit bei Positions-, Neigungs- und Profiltoleranzen. Eine Nutzung bei Rechtwinkligkeit und Parallelität ist nicht vorgesehen und somit auch nicht zulässig. Ebenfalls Unzulässig ist auch die Übertragung auf Längen- bzw. Stufenmaße.

---

[1] Anm.: In der ISO 5459 ist die Anwendung des TED-Maßes erweitert worden auf die Erstreckung und relative Lage eines Toleranzfeldes sowie die Nennform eines Geometrieelementes. Nach ISO 14405-2 dürfen *Radien* nur noch als TED-Maß mit einer Geometrietoleranz verwendet werden.

4 Grundbegriffe der Zeichnungstolerierung

> **Leitregel 4.1: Zuordnung von „theoretisch exakten Maßen"**
> Die ISO 1101 legt für drei Toleranzarten die ideale Solllage als Mitte einer Geometrietoleranzzone mit einem „theoretisch exakten Maß" fest. Ein derartiges Maß ist mit einem rechteckigen Rahmen hervorzuheben und hat keine Abweichungen.

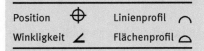

Die geklammerten Symbole gehören zwar zur gleichen Toleranzklasse, werden aber nicht mit TED-Maßen festgelegt. Neuerdings wird auch die *Lage* und *Erstreckung* einer begrenzten Toleranzzone (s. ISO 5459) durch TED-Maße festgelegt.

4.1.3 Geometrietoleranzzone

Die Form- und Lagetolerierung nach ISO 1101 hat die Festlegung von eingrenzenden Toleranzzonen zum Prinzip. Abbildung 4.2 zeigt den Vergleich zwischen geometrisch idealer Form, Toleranzzone und Ist-Profil für ein Kreis-Liniensegment bzw. dessen Eingrenzung durch eine Linienform-Toleranz. Mittels einer Geometrietoleranzzone sollen die Ist-Soll-Abweichungen bei der Fertigung eingegrenzt werden.

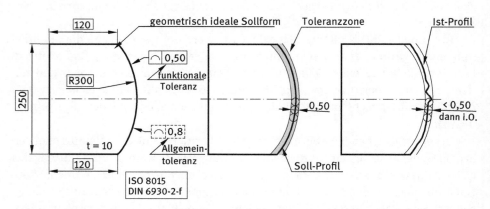

Abb. 4.2: Vergleich zwischen geometrisch idealer Form, Toleranzzone und Ist-Profil an einem Stanzbauteil

Eine Geometrieabweichung fällt stets unabhängig von einer Maßabweichung an, wobei zwischen Form- und Lagetoleranzen sowie dem verwandten Tolerierungsprinzip (ISO 14405 „neue Hülle" oder ISO 8015 „Unabhängigkeit") zu unterscheiden ist. Im vorstehenden Beispiel muss die gesamte Profillinie (in einer festzulegenden Anzahl von Schnitten über die Dicke) innerhalb der Toleranzzone (s. Abb. 4.3) liegen.

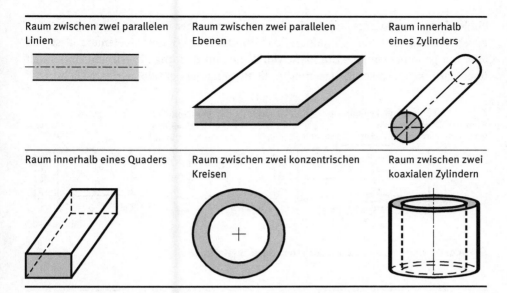

Abb. 4.3: Darstellung der geometrischen Toleranzzonen nach ISO 1101

Im Beispiel sollen zwei alternative Festlegungen für ein und dasselbe Geometrieelement gezeigt werden. Einmal wird von der Definition gebrauch gemacht, dass eine funktionelle Anforderung vorliegt und im anderen Fall soll die Allgemeintoleranz für Stanzen (schematisch: strichierter Toleranzindikator) herangezogen werden.

> **Leitregel 4.2: Toleranzzone von Geometrieelementen**
> Das gekennzeichnete Geometrieelement muss innerhalb der Toleranzzone verlaufen. In der ISO-Norm sind sechs Toleranzzonen (zuzügl. Kugel als Sonderfall) festgelegt worden.

Die Angabe einer Geometrietoleranz soll also dafür sorgen, dass ein Geometrieelement von der gedachten Idealform nur innerhalb seiner Toleranzzone abweicht. Dies ist bei einer Paarungs- oder Passfunktionalität unbedingt notwendig. Ungewollte Abweichungen mindern die Ausführungsqualität und sind daher zu vermeiden. Wie schon angedeutet wurde, gibt es zwei Betrachtungsweisen für das Zusammenwirken von Maßen und Geometrie:

Nach dem Unabhängigkeitsprinzip von DIN EN ISO 8015 (s. Kapitel 11.6) begrenzt die Maßtoleranz eines Geometrieelementes nicht die auftretenden Geometrieabweichungen.

Das heißt, ein Bauteil kann zwar maßlich in Ordnung aber trotzdem nicht funktionsfähig sein, da zu große Abweichungen von der idealen geometrischen Form vorliegen welches die Paarungsfähigkeit unmöglich macht. Im folgenden Beispiel in Abb. 4.4 ist ein Wellenelement dargestellt, welches letztlich mit einer Bohrung zu paaren ist. Angegeben ist das örtliche Sollmaß und das Hüllmaß. Das Geometrieelement lässt sich aber nur paaren, wenn die Hüllmaße von Welle und Bohrung abgestimmt sind. nicht überschritten ist. Wesentlich ist hierfür die Begrenzung der Geometrieabweichung.

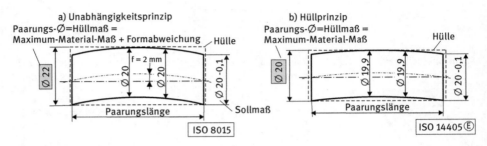

Abb. 4.4: Zusammenhang zwischen Maß- und Geometrietoleranz

Definition der Hülle: Bei der Hüllbedingung nach DIN 7167 (bzw. auch nach dem neuen Hüllprinzip gemäß ISO 14405 (s. Kapitel 3.12 ff.)) dürfen die Formabweichungen und Parallelitätsabweichung über die Paarungslänge den Betrag der Maßtoleranz zwar erreichen, aber nicht überschreiten. Eine Hülle ist nur für zylindrische Geometrieelemente und Geometrieelemente mit gegenüberliegenden parallelen ebenen Flächen vereinbart.

Die Idee der „Hülle" ist es, durch Festlegung einer äußeren *oder* inneren Begrenzung die zuverlässige Paar- oder Paßbarkeit mit einem Gegenstück (Welle – Bohrung) zu gewährleisten. In der neuen ISO 14405 ist die Hülle heute eindeutiger spezifiziert: Verlangt wird die Einhaltung der Minimummaterialbedingung des Größenmaßes als Zweipunktgrößenmaß und Einhaltung des kleinsten oder größten Größenmaßes angewandt auf die Maximummaterialbedingung durch Lehrung. Eine Hülle ist somit mittels des „Taylor'schen Prüfgrundsatzes" (s. Kapitel 9.2) nachzuweisen.

Zu der vorstehend angesprochenen ISO 8015 (GPS-Konzepte, Prinzipien und Regeln) sei noch bemerkt, dass es sich hier um eine Grundnorm handelt, die im Kern die „Abnahmebedingungen für Werkstücke" festlegt. Diese sind als *dreizehn Grundsätze* zusammengefasst und legen fest:

- die Referenztemperatur von 20 °C für Messungen am Werkstück; verunreinigungsfreie Kanten und Oberflächen; Werkstück mit unendlich großer Steifigkeit; Spezifikationen sind im freien Zustand (d. h., unverformt durch äußere Kräfte, einschließlich Eigengewicht) nachzuweisen.

Alle hiervon abweichenden Bedingungen sind auf der Zeichnung (in der Nähe des Schriftfelds) durch das Symbol „AD" (= Alterd Defauld bzw. abgewandelter Standard) entsprechend zu kennzeichnen:

ISO 8015 (AD)-ISO 10579-NR; (AD) -ISO 291

Die dann geltenden neuen Standards sind hinter AD aufzuführen. In dem Beispiel: Aufheben der Starrheit durch die ISO 10579 (= flexible Teile) und aufheben der 20 °C-Referenztemperatur durch das Normklima (= 23 °C ± 2 K).

4.2 Minimum-Bedingung für die Formabweichung

4.2.1 Erklärung

Die Minimum-Bedingung (nicht zu verwechseln mit der Minimum-Material-Bedingung) dient der Ermittlung der tatsächlich vorhandenen Formabweichung eines Bauteils vom geometrisch idealen Maß mittels eines zweckgerechten Messverfahren (z. B. einem Formmessgerät oder einer 3D-Koordinatenmessmaschine). Das Messprinzip ist im Anhang der ISO 1101 an verschiedenen Beispielen erläutert. Es soll in der Praxis als „Annahmekriterium" für Gutteile dienen.

> **Leitregel 4.3: Minimum-Bedingung für die Formabweichung**
> Die tatsächlich vorhandene Formabweichung ergibt sich, indem Grenzflächen bzw. Grenzlinien so an das tolerierte Geometrieelement herangeschoben werden, dass sie es einschließen und ihr Abstand zueinander ein *Minimum* wird. Dieser Abstand stellt die **Formabweichung f** dar. Tschebyschev-Bedingung:
> $$\text{Formabweichung } f \leq \text{Toleranzzone } t.$$

4.2.2 Ermittlung der Formabweichung

Alle an Maß- und Geometrieelementen angegebenen Toleranzen und Toleranzzonen müssen durch geeignete Messmethoden (s. DIN EN ISO 14253) überprüft werden. Für den Nachweis von Geometrietoleranzen ist besonders das Kriterium der „Minimum-Bedingung" und die Standardzuordnung „Gauß" nach ISO 14405-2 (wenn nichts anderes vereinbart ist) zu berücksichtigen.

> **Leitregel 4.4: Grenzflächen, Grenzlinien, Grenzabweichung**
> **Abweichungen liegen stets innerhalb von Grenzlinien oder Grenzflächen:**
> Beispiele hierfür sind die Geradheit, Ebenheit, Rundheit und Zylindrizität.
> **Grenzabweichung:**
> Bei Formtoleranzen entspricht die **Geometrietoleranz t** der *Grenzabweichung*, d. h. der größten zulässigen Abweichung. Das Formelement ist „gut", wenn die **Formabweichung f** kleiner oder gleich der **Grenzabweichung t** ist.

Geradheit und Ebenheit

Zur Bestimmung der Geradheitsabweichung werden zwei parallele Geraden so an die Istkontur[2] eines Geometrieelementes herangeführt, dass sie diese einschließen und ihr Abstand zueinander minimal wird. Dies ist die Voraussetzung zur Überprüfung der Minimum-Bedingung, wie in folgender Abb. 4.5 gezeigt wird.

Muss stattdessen die Ebenheit einer Fläche bestimmt werden, so verwendet man sinngemäß parallele Ebenen (s. DIN EN ISO 1101), welche die Fläche tangieren. Der kleinste Abstand der Flächen zueinander stellt die tatsächliche Ebenheitsabweichung dar. In der digitalen Koordinatenmesstechnik wird die Ebenheit oft aufgelöst in den Nachweis von zwei sich rechtwinklig kreuzenden Geraden (Vogelkäfigraster), welches einfacher nachzuweisen ist.

Beispiel: Prüfung auf Einhaltung der Geradheit als Formtoleranz

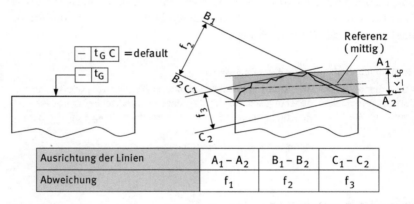

Ausrichtung der Linien	$A_1 - A_2$	$B_1 - B_2$	$C_1 - C_2$
Abweichung	f_1	f_2	f_3

Abb. 4.5: Ausrichtung der Bezugslinien zur Bestimmung der Geradheit nach der Minimum-Bedingung von Tschebyschev

Im Beispiel soll die Geradheit einer einzelnen Kante ermittelt werden. Deshalb werden mögliche Ausrichtungen durch die Parallelen A_1 und A_2, B_1 und B_2, sowie C_1 und C_2 dargestellt. Den zahlenmäßigen Wert der Geradheitsabweichung kann man nur mit einer Messmaschine bestimmen. Ein Haarlineal ist dazu ungeeignet, da hier nur Werte ≥ 3 μm abgeschätzt werden können.

Die Relation dieser Abstände ergeben sich aus Abb. 4.5 zu $f_1 < f_3 < f_2$. Das heißt, die Toleranzabweichung von der Geradheit wird durch den *minimalen Abstand* aus al-

---

[2] Anm.: Die Istkontur muss nicht als geschlossener Kurvenzug vorliegen, sondern nach ISO 1101 genügt auch eine aus Einzelpunkten bestehende Istlinie.

len möglichen Abständen gegeben. Die korrekte Ausrichtung der Geraden zur Bestimmung des „minimalen Abstandes f" ist also $A_1 - A_2$ und bestimmt somit die Größe der Abweichung. Als Bedingung ist somit zu überprüfen, ob $f_1 \leq t_G$ ist.

Rundheit und Zylindrizität

Zur Bestimmung der Rundheitsabweichung werden zwei konzentrische Kreise so positioniert, dass sie die Kontur einschließen und ihr Abstand zueinander minimal wird.

Die Anwendung der Minimum-Bedingung auf Kreisquerschnitte mit Rundheitsabweichung wird in DIN ISO 6318 beschrieben. Ihre Bezeichnung ist „Kreise kleinster Ringzone" oder „MZC (= engl.: **m**inimum **z**one **c**ircles)".

Beispiel: Prüfung auf Einhaltung der Rundheitstoleranz

In Abb. 4.6 wird die Rundheitsabweichung eines Kreisprofils bestimmt, welches in einer Drehoperation entstanden ist. Die konzentrischen Kreise sind A (berührender Innkreis) und B (einschließender Umkreis).

Aus der Messung ist ersichtlich, dass bei der Anordnung der Kreise A und B der Abstand f zwischen den Kreisen der Rundheitsabweichung entspricht. Der Abstand f kann nach Gauß oder Tschebyschev ermittelt werden. Die Standardvereinbarung (default) ist Auswertung nach Tschebyschev (kann mit C gekennzeichnet werden, ist aber nicht notwendig).

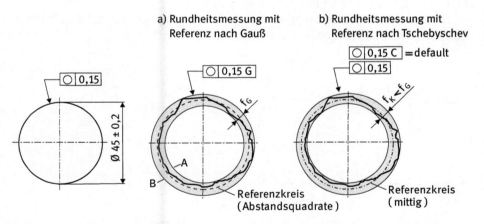

Abb. 4.6: Bestimmung der Rundheitsabweichung nach der Minimum-Bedingung von Tschebyschev

Anzumerken ist, dass bei Gauß der Referenzkreis aus den Abstandsquadraten bestimmt wird, während bei Tschebyschev nur ein mittiger Referenzkreis zu bilden ist.

4.3 Längen- und Stufenmaße

Die Dimensionalität von Bauteilen wird durch Größenmaße (sog. Zweipunktgrößenmaße) bestimmt. Ein Größenmaß ist ein Maßparameter für Größenmaßelemente, mit der eine Nenngeometrie und zulässige Abweichungen festgelegt werden.

Größenmaßelemente sind Kreise, Zylinder, Kugeln, Tori und zwei gegenüberliegende parallele Geraden oder Ebenen.

In der Praxis genutzte Begriffe für Maßparameter sind: Durchmesser, Länge, Breite und Dicke, welche somit auch Synonyme für lineare Größenmaße sind.
Gemäß der ISO 14405-1+2 unterscheidet man die Kategorien.
- lineare Größenmaße (Nenngeometrie ± Grenzabweichungen),
- andere als lineare Maße (Nicht-Größenmaße, d. h. Stufenmaße, festgelegt durch geometrische Abweichungen)

und
- Winkelgrößenmaße (legt Winkelmaß zwischen zwei Geraden oder Ebenen fest).

Hiernach dürfen Plus-Minus-Toleranzen nur noch für lineare Größenmaße und Winkelmaße vergeben werden. Sogenannte Stufenmaße, Mittenabstände, bestimmte Radien und die Konturbeschreibung von Kanten und Flächen darf nur noch mit der Positions-, Linien- und Flächenformtolerierung erfolgen.
Am Beispiel der Stufenmaßtolerierung in Abb. 4.7.soll noch einmal die Mehrdeutigkeit von Größenmaßangaben gezeigt werden.

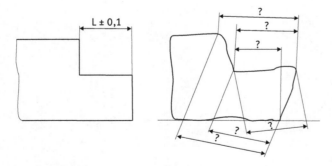

Abb. 4.7: Mehrdeutigkeit von linearen Größenmaßen und deren Nachweis

---

Ein Stufenmaß legt den Abstand von zwei gegenüberliegenden, versetzten und parallelen Kanten oder Ebenen fest.

In der ISO 14405-2 wird gezeigt, wie verschiedene Bemaßungsfälle im Sinne der Normung eindeutiger gemacht werden können. Die Beispiele beziehen sich auf die lineare Größenbemaßung, wie Parallelitätsbemaßung, „Funktions-,„ Radienbemaßung, Positionsbemaßung von Bohrungen sowie die Winkelbemaßung zwischen zwei Kanten und Flächen.

Das ergänzende Beispiel in Abb. 4.8 soll zeigen, wie Stufenmaße eindeutig mit Positionstoleranzen festgelegt werden.

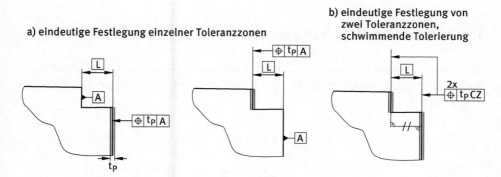

Abb. 4.8: Bemaßung und Tolerierung von Stufenmaße

Der Fall b) stellt ein seltener Sonderfall in der Anwendung der Positionstolerierung da. In der Norm spricht man hier von der „schwimmenden Tolerierung", weil in Verbindung mit dem Modifikator „CZ" die beiden Toleranzzonen nur parallel zueinander ausgerichtet werden sollen. Eine Ausrichtung nach einem festen Bezug ist dabei nicht gefordert. In dem Bild ist daher eine starre Schablone angedeutet worden, die so zu orientieren ist, dass beide Toleranzzonen eingefangen werden.

5 Zeichnungseintragung

Im Weiteren soll exemplarisch die Eintragung von Maßen und Toleranzen in technische Zeichnungen beschrieben werden. Die Zeichnungseintragung der Maße und die Nomenklatur erfolgt nach ISO 129. Die Zeichnungseintragung von Geometrietoleranzen (F+L) wird im Wesentlichen in DIN EN ISO 1101 festgelegt. Die Form, Ausführung und Größe grafischer Symbole erfolgt nach DIN ISO 7083.

5.1 Angabe von Maßen in einer Zeichnung

Anhand des in Abb. 5.1 gezeigten Demonstrationsbauteils sollen die verschiedenen Maßarten in einer Fertigungszeichnung mit einer positionstolerierten Bohrung gezeigt werden.

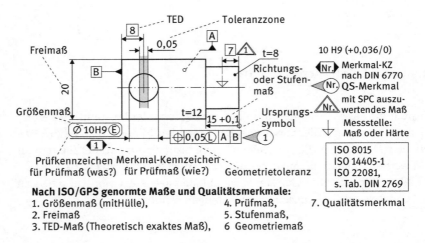

Abb. 5.1: Angabe möglicher Maß-, Geometrie- und Qualitätssicherungsspezifikationen in einer Fertigungszeichnung

– **Theoretisch exakte Maße (TED)** werden in einem rechteckigen Rahmen angegeben und unterliegen keiner Abweichung. Sie legen den idealen Ort oder die Erstreckung einer Toleranzzone fest. In der Zeichnung ist dies der Abstand der Bohrungsachse von der Bezugskante aus. Insbesondere muss ein TED-Maß für den Abstand zwischen der Position der Toleranzmitte und dem Bezug benutzt werden.

- **Prüfmaße** werden mit einem gerundeten Rahmen („Blase"/„Zeppelin" nach DIN 30-10) markiert. Dieser kennzeichnet ein Maß, das bei der Qualitätssicherung mit SPC besonders zu überwachen ist. Mit Ⓔ wird festgelegt, dass die Hülle der Bohrung zu Lehren (nach ISO 14405) ist, um die Passungsfähigkeit zu gewährleisten, hierfür reicht die ISO-Kodeangabe nicht aus. Zusätzlich ist das Merkmal-Kennzeichen nach DIN 6770 angerissen worden, es legt fest, wie die geometrische Eigenschaft zu messen ist.
- **Freimaße** werden nicht besonders gekennzeichnet. Diese Maße unterliegen den angegebenen Allgemeintoleranzen (nach ISO 2768 oder neu ISO 22081). Dies ist bei dem Bauteil der angegebene Abstand der beiden Seitenflächen von 20 mm, der nach dem entsprechenden Fertigungsverfahren festgelegt werden muss. In der gültigen Norm ISO 2768-1 (zukünftig DIN 2769) beträgt in der Toleranzklasse m die zulässige Abweichung ±0,2 mm.
- **Stufenmaß** (nach ISO 128, s. auch Kapitel 4.3) ist der Abstand gegenüberliegender Kanten/Ebenen, die parallel oder parallel versetzt zueinander sind. Hier ist eine Referenzfläche zu dem berührend zugeordneten Geometrieelement (d. h. vom Ursprung) aus nachzuweisen.
- **Toleranzzone** der Position ist in diesem Fall ein 0,05 mm breiter Bereich um das ideale Maß herum. Für eine nähere Beschreibung der Positionstolerierung siehe Kapitel 7.6.2.1 bzw. auch DIN EN ISO 5458.

5.2 Beschreibung der Angaben am tolerierten Element

Die Angaben zu den F+L-Toleranzen werden im Toleranzindikator (früher Toleranzrahmen) angegeben. Dieser besteht aus einem Merkmalfeld, einem Feld für die Toleranzzone und einem Bezugsfeld. Das Bezugsfeld kann aus ein bis drei Abteilungen bestehen. Die Felder werden stets von links nach rechts abgeordnet und sind wie Schrift in einer Zeichnung auszurichten. Zusätzlich können Texte ober- und unterhalb zugefügt werden. Der Toleranzindikator wird mit dem tolerierten Element mittels einer Hinweislinie und einem Hinweispfeil verbunden.

Für den Toleranzindikator gelten die folgenden Normvereinbarungen:
- Im Merkmalsfeld (ersten Feld) steht immer das Symbol für die Toleranzart. Die einzelnen Symbole sind in der ISO 81714-1 festgelegt und entsprechend zu interpretieren.
- Im Zonenfeld (zweiten Feld) wird der Toleranzwert immer in der Maßeinheit der Maße eingetragen. D. h., der Toleranzwert kann in Millimeter oder Inch bzw. Zoll sein.
- Das Bezugsfeld (drittes Feld) enthalten bei einer Lagetoleranz den Kennbuchstaben für Bezüge (max. drei). Das Bezugssymbol begrenzt keine Formabweichungen

Abb. 5.2: Beispielhafte Toleranzangaben am tolerierten Element und verschiedene Stellungen des Hinweispfeils

des Bezugs. Es sind so viele Bezüge (s. ISO 5459) anzugeben, dass ein Teil eindeutig gefertigt und gemessen werden kann.
- Aus dem Toleranzindikator führt eine Hinweislinie heraus, die in einen Hinweispfeil mündet. Dieser muss mittig aus den Stirnseiten des Toleranzrahmens austreten. Rechtwinklig zu seiner Richtung soll normalerweise die Toleranzabweichung *gemessen* werden. (Ausnahme bei 3D-CAD-Zeichnungen).
- Wenn für ein Geometrieelement mehrere Toleranzeigenschaften festgelegt werden sollen, so dürfen diese in einem sog. gestapelten Indikator zusammengefasst werden. Die Toleranzarten müssen jedoch kompatibel zueinander sein und sind entsprechen hierarchisch anzuordnen.
- Soll eine Toleranz für mehr als ein Geometrieelement gelten, so kann über dem Toleranzindikator die Quantität (z. B. Anzahl 6×) angegeben werden. Weitere Angaben zur Qualität müssen unter dem Toleranzindikator stehen.

Sinnvoll (wenngleich nicht vorgeschrieben) ist es, wenn der aus dem Toleranzindikator herausgeführte Hinweispfeil von „außen" oder „in Bearbeitungsrichtung" auf das Geometrieelement zeigt.

Weiter ist in dem Beispiel noch die Verknüpfung eines Toleranzindikators mit einem Schnittebenen-Indikator benutzt worden. Dies verlangt, dass Toleranzen in Schnitten zu einer Orientierungsebene nachgewiesen werden sollen. Hier Parallelität zu der Deckfläche C.

5.3 Festlegung der Toleranzzone

5.3.1 Zuweisung der Toleranzzone

Entsprechend der Norm ist der Hinweispfeil direkt auf die Konturlinie oder eine Maßhilfslinie eines tolerierten Elements zu setzen, wenn sich die Toleranzzone auf eine Linie oder Fläche bezieht. Der Hinweispfeil darf auch auf einer Bezugslinie stehen, die zur tolerierten Fläche gehört. Der Hinweispfeil bzw. die Hinweislinie kann auch an der Verlängerung einer Maßlinie angetragen werden, wenn sich die Toleranz auf die Achse oder Mittelfläche des bemaßten Elementes bezieht.

> **Leitregel 5.1: Zeichnungseintragung an realen Geometrieelementen und abgeleiteten Geometrieelementen (Mittellinien/Mittelebenen)**
> **Reales Geometrieelement:** Bei der Tolerierung eines realen Geometrieelementes steht der Toleranzpfeil *mindestens 4 mm vom Maßpfeil entfernt* (Abb. 5.3a).
> Reale Geometrieelemente sind Kanten und Flächen.
> **Abgeleitetes Geometrieelement:** Wenn ein abgeleitetes Geometrieelement toleriert wird, steht der Toleranzpfeil *unmittelbar auf dem Maßpfeil* (d. h. in der Verlängerung des Maßpfeils). Er kann auch mit dem Maßpfeil zusammenfallen (s. Abb. 5.3b). Abgeleitete Geometrieelemente sind Achsen, Mittelebenen oder Symmetrieebenen.

Aus der Abb. 5.3 ist noch zu entnehmen, dass Wellen (drehen sich im Betrieb) stets mit „Lauf" toleriert werden, während Achsen (steht im Betrieb bzw. auf der Achse dreht sich irgend etwas) oder Bolzen bevorzugt mit „Koaxialität" zu tolerieren sind.

a) Tolerierung des realen Geometrieelementes (Gesamtlauf der Mantelfläche)   b) Tolerierung eines abgeleiteten Geometrieelementes (Achse für Koaxialität)

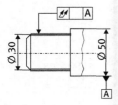
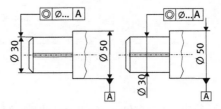

Abb. 5.3: Stellung des Hinweispfeils erzeugt unterschiedliche Bedeutung

Wie die vorstehenden Skizzen auch zeigen, wird durch das Zusammenwirken von Maßpfeil und Hinweispfeil die Lage der Toleranzzone festgelegt.

Die Ermittlung der Laufabweichung erfolgt unter permanentem Drehen der Welle und Abfahren des Geometrieelements mit einer Messuhr über die gesamte Länge des Geometrieelements.

Wenn einfache Bauteile mit einer einfachen Geometrie vorliegen reichen in der Regel ein oder zwei Darstellungsansichten. In diesem Fall und bei eindeutigen Situationen, kann die in der umseitigen Abb. 5.4 gezeigte Hilfskonstruktion zur Toleranzzuweisung mit einer „Fahne" benutzt werden. Zu unterscheiden ist dabei ob das Geometrieelement sichtbar oder unsichtbar ist.

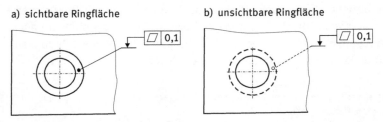

Abb. 5.4: Hinweisfahne zur Tolerierung einer gesenkten Ringfläche

Paarungsprobleme sind in der Praxis immer Fügefälle, bei denen zwei Bauteile mit einander gefügt werden sollen. Damit dies möglich ist, hat eine Abstimmung der Toleranzsituation zu erfolgen. Im Beispiel ist diese Situation durch die Vereinbarung einer Hülle gekennzeichnet, welche nach ISO 14405 (Hüllprinzip) nachzuweisen ist.

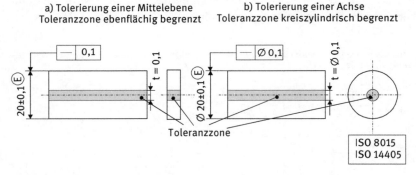

Abb. 5.5: Gestalt der Toleranzzonen und deren räumliche Ausdehnung

Die Beispiele in Abb. 5.5 und in Abb. 5.6 sind dem gemäß wie folgt zu interpretieren:
Form der Toleranzzone: Die Angabe des Toleranzmaßes mit „⌀" weist auf eine kreiszylindrische Toleranzzone hin. Die Angabe der Toleranz ohne „⌀" ergibt eine ebenflächig begrenzte Toleranzzone. Fallweise erstreckt sich die Toleranzzone über die ganze Länge bzw. Breite eines Geometrieelementes.

Lage der Toleranzzone: Der Hinweispfeil sollte immer rechtwinklig auf der Toleranzzone stehen; durch eine falsche Orientierung des Hinweispfeils wird die Ausrichtung der Toleranzzone verändert.

Zeichnungsvereinfachung: Sollen für ein Geometrieelement mehrere Toleranzangaben gelten, zeichnet man den Toleranzindikator im Block (sog. gestapelter Indikator) und verbindet Block und Element mit einem gemeinsamen Toleranzpfeil.

Bei einem gestapelten Toleranz-Indikator sollte die wichtigste Toleranzart als erstes stehen, gefolgt von der weniger wichtigen Toleranz. Dementsprechend sind auch die Größen der Toleranzzonen abzustimmen, weil die weniger wichtige Toleranz von ihrer Größe in die erste Toleranzzone hineinpassen muss.

Beide einzuhaltende Toleranzen müssen jedoch zueinander kompatibel sein. Im Beispiel sind Parallelität und Ebenheit Forderungen an die ganze obere Fläche und daher kompatibel miteinander. Parallelität und Geradheit wären dies entsprechend nicht.

Soll die gleiche Toleranzangabe für mehrere Geometrieelemente gelten, so können von einem Toleranzindikator aus mehrere Toleranzpfeile ausgehen oder die Bezugslinien können verzweigt werden. Man kann auch die Toleranzpfeile als Zuweisungspfeile ausbilden und durch einen Großbuchstaben auf einer Fahne kennzeichnen.

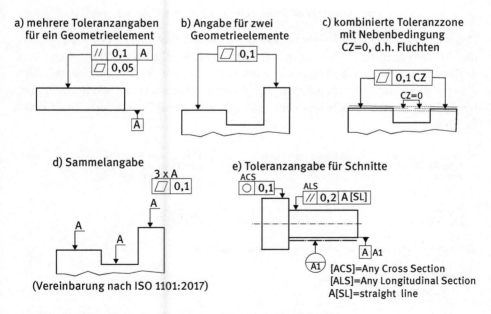

Abb. 5.6: Möglichkeiten der Zuweisung einer Toleranz an Geometrieelementen

Im ersten **Fall a)** werden an die Fläche unabhängige Forderungen bezüglich „der Parallelität zu der gegenüberliegenden Bezugsfläche A" und der „Ebenheit der Fläche in sich" gestellt. Hiermit wird also die ganze Körperausdehnung erfasst. Im **Fall b)** wird durch die beiden Hinweispfeile eine „Ebenheitsforderung" an zwei getrennt zu bearbeitenden Flächen in einer Ebene gestellt. Im **Fall c)** soll die zusätzliche Forderung bestehen, dass die Ebenheit für zwei Flächen in der gleichen Ebene gelten soll. Dies spezifiziert die Nebenbedingung „CZ". Im **Fall d)** ist eine Sammelangabe für mehrere unabhängige Flächen benutzt worden. Im **Fall d)** werden Nachweisforderungen für Toleranzen in beliebigen Schnitten (u. zw. ACS und ALS) gefordert.

Wenn Buchstaben für die Zuordnung oder den Bezug herangezogen werden, kann es möglicherweise einen Konflikt zu „Schnitten" geben. Zweckmäßig ist es dann, für Schnitte die Buchstabenfolge A, B, C und für die Bezüge AA, BB (Normvorschlag) zu wählen.

5.3.2 Gemeinsame Toleranzzone

Wie schon gezeigt, besteht auch die Möglichkeit, eine Toleranzzone auf mehrere Geometrieelemente auszudehnen. In der ISO-Norm GTZ ist dies mit CZ im Toleranzindikator zu vereinbaren. Dies bedeutet:

„CZ = (engl.) Combined Zone bzw. kombinierte Toleranzzone".

Heute ist CZ mit Nebenbedingungen *des Ortes* und *der Richtung* (s. ISO 5458) verbunden. Diese Forderung soll bewirken, dass ein Bauteil letztlich gemäß der „theoretisch exakten Geometrie" (TEF) hergestellt wird. Früher wurde die Angabe hauptsächlich verwendet, um festzulegen, dass wichtige Funktionsflächen (z. B. Dichtflächen) in einer Aufspannung zu bearbeiten sind. Einige Eintragungsbeispiele seien beispielhaft gegeben.

a) Elementgruppenspezifikation ohne Bezug

2x
⌒ 0,1 CZ

b) Elementgruppenspezifikation mit Bezug

2x
⌒ 0,1 CZ │ A

c) keine Elementgruppenspezifikation: zwei unabhängige Spezifikationen mit Bezug

2x
⌒ 0,1 SZ │ A

d) simultane Anforderungen für zwei separate Spezifikationen

2x
⌒ 0,1 CZ │ SIM

Weiter sei mit „SZ" (separate Zonen) hervorgehoben, dass Toleranzzonen getrennt zu behandeln sind. Den gleichen Effekt wie „CZ" bewirkt auch die Angabe von "UF" (vereinigtes Geometrieelement). Eine Erweiterung stellt der SIM-Modifikator (simultane Anforderung oder Simultaneous Requirement) da. Diese wird benutzt, wenn eine Forderung sich über mehrere Elementgruppen (hier über fünf einzelne Geometrieelemente) erstrecken soll.

Beispiel: Angabe von Toleranzzonen
Der in Abb. 5.7 gezeigte Auspuffkrümmer soll an die Dichtfläche eines Motors geschraubt werden. Um die Dichtheit zu gewährleisten, müssen die Oberflächen der Flansche möglichst eine gemeinsame glatte Ebene bilden. Diese Forderung kann nur mit der „gemeinsamen bzw. kombinierten Toleranzzone" erzwungen werden. Im Folgenden seien einige Darstellungen gezeigt.

a) Einzelne Toleranzzonen für jedes Geometrieelement verlangen: Jede Fläche muss in sich eben sein.

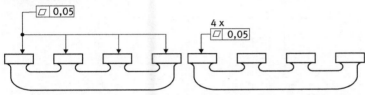

b) Nach ISO 1101 kann über mehrere Geometrieelemente eine gemeinsame Toleranzzone (= CZ) gelegt oder die betroffenen Geometrieelemente (=UF) zusammengefasst werden..

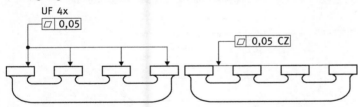

c) Gemeinsame Toleranzzonen mit demselben Wert auf unterschiedliche Flächenniveaus Bedeutung wie unter b), für jede Fläche in einer Aufspannung mit Prüfanforderung.

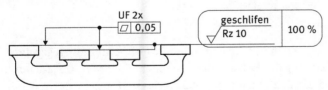

Abb. 5.7: Zeichnungseintragung von Toleranzzonen an einem Auspuffkrümmer

In der Praxis sind die Eintragungen oft nicht eindeutig, wodurch Folgeprobleme in der Funktion oder im späteren Einsatz entstehen können. Hier bietet die DIN 30-10 (Zeichnungsvereinfachung – vereinfachte Angaben und Sammelangaben) noch die

Möglichkeit, verschiedene Kennungen (s. Blase als grafisches Symbol für Prüfmerkmale) anzubringen.

5.3.3 Begrenzung der Toleranzzone

Eine Toleranzzone gilt immer nur für ein Geometrieelement und erstreckt sich über die ganze Ausdehnung des Geometrieelementes. Die Ausdehnung kann aber durch zusätzliche Angaben eingeschränkt werden. Diese maßliche Einschränkung ist dann im Toleranzindikator zu vereinbaren und gegebenenfalls am Geometrieelement darzustellen.

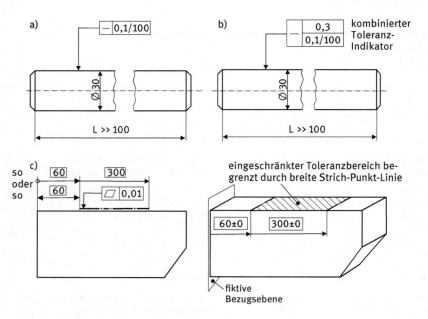

Abb. 5.8: Einschränkung der Ausdehnung einer Toleranzzone

In Abb. 5.8 sind die Möglichkeiten der Einschränkung von Toleranzzonen gezeigt:
a) Die Geradheitsabweichung des Bolzens darf auf einer Länge von 100 mm nur um 0,1 mm abweichen, dies gilt an beliebigen Stellen des Bolzens.
b) Wie a), zusätzlich beträgt jedoch die zulässige Gesamtgeradheitstoleranz über die ganze Länge des Bolzens 0,3 mm.

Die Angaben in a) und b) sind nur sinnvoll, wenn bestimmte Funktionsabschnitte benötigt werden und die Länge des bemaßten Elementes wesentlich länger ist als der separat zu tolerierende Bereich.

c) Die Ebenheitstoleranz gilt nur im bemaßten Funktionsbereich, aber über die ganze Tiefe des Werkstückes. In der Zeichnungsebene ist dies durch eine außen *liegende breite Strichpunklinie*[1] zu kennzeichnen und als TED-Maß anzugeben.

5.3.4 Projizierte und flexible Toleranzzone

Die Toleranzzone kann auch nach außerhalb des Werkstücks verschoben werden. Dies kann durch eine Paarung mit anderen Teilen nötig werden. Gleichfalls sind auch veränderte Toleranzzonen möglich, wenn das Teil selbst sehr elastisch ist.

Beispiel: Angabe projizierte Toleranzzone
In die Bohrung einer Hardyscheibe (s. Abb. 5.9) soll später ein Mitnehmerbolzen eingefügt werden, der in ein anderes Teil greifen soll. Die Lage der Achse der Bohrung ist

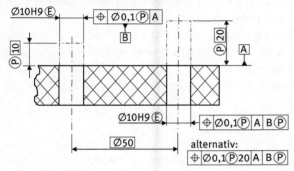

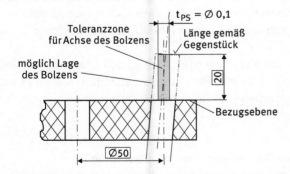

Abb. 5.9: Projizierte Toleranzzone bei einem Zentrierstift nach ISO 1101

---

[1] Anm.: Äußere „Strich-Punkt-Linie" für spanend hergestellte Bereiche (nicht verwechseln mit DIN 6773 für „Härteangaben"); äußere „Strich-Zweipunkt-Linie" für roh belassene Bereiche.

deshalb für die Funktion des Werkstückes nicht so wichtig, wesentlich ist die Position, an der sich später der Bolzen befindet. Deshalb muss in diesem Fall die Position des Bolzens toleriert und geprüft werden.

Die Projizierung der Toleranzzone wird gekennzeichnet durch das mit dem Kreis markierte Ⓟ hinter dem Toleranzwert im Toleranzindikator und vor dem Maß, das die Projizierung festlegt. Die Länge ist als TED-Maß festzulegen.

Projizierte Toleranzen werden nur bei Ortstoleranzen und nur bei abgeleiteten Geometrieelementen (insbesondere Mittelachsen) angewendet. Eine projizierte Toleranzzone darf nur als „Sekundärbezug" benutzt werden.

Die Angabe der Toleranzzone über Ⓟ ist auch messtechnisch sinnvoll, da sich die Schiefstellung über einen spielfrei sitzenden Lehrdorn gut prüfen lässt.

Beispiel: Angabe für flexible Teile
In der Technik können auch Bauteile zum Einsatz kommen, die bewusst elastisch ausgeführt worden sind. Hierzu zählt der klassische Fall des „ovalen Wälzlagerrings" für ein typisches *nicht-formstabiles Teil*. Darüber hinaus können dies auch dünnwandige Metallteile oder elastische Teile aus Gummi bzw. Kunststoff sein.

Nachdem in der ASME-Normung diese „non-rigid parts (NR)" definiert wurden, hat man auch die internationale Norm entsprechend erweitert und die Zusatzangabe „free state" durch das Symbol Ⓕ eingeführt.

Laut Norm ist ein nicht-formstabiles Teil in der Zeichnung bzw. in der Nähe des Schriftfeldes durch den Hinweis:

$$\boxed{\text{ISO 10579 – NR}}$$

zu kennzeichnen. Weiterhin müssen auch auf der Zeichnung die notwendigen Einspannbedingungen eindeutig beschrieben sein.

Eine nicht vorhandene Formstabilität für ein Teil schließt nach der Norm ein, dass „sich ein Teil im freien Zustand bis zu einem bestimmten Ausmaß verformen kann, sodass es außerhalb der in der Zeichnung eingetragenen Maßtoleranzen und/oder Form- und Lagetoleranzen liegt".

Die obere Grenze für eine derartige Toleranz wird durch Ⓕ gekennzeichnet, wobei als zulässige Kraftwirkung nur der Schwerkrafteinfluss auftreten darf. Alle nicht mit einem Ⓕ gekennzeichneten Toleranzen sind unter Funktionsbedingungen (d. h. im eingebauten Zustand) zu prüfen.

Beispiele: Flexible Toleranzen bei Gummi- oder Kunststoffbauteilen
In der ISO-Norm ist das umseitige Beispiel in Abb. 5.10 zur Behandlung flexibler Toleranzen gegeben. Die in der Regel größeren F+L-Toleranzen, die im freien Zustand zugelassen sind, erhalten das Symbol Ⓕ. Ansonsten sind die eingetragenen Toleranzen im eingebauten bzw. eingespannten Zustand einzuhalten.

Insbesondere wird im Beispiel die Kennzeichnungssystematik transparent:
- Im „eingespannten Zustand" werden relativ enge F+L-Toleranzen gefordert, da es sich um eine rotierende Waschmaschinentrommel handelt, die verschraubt eine gewisse Eigensteifigkeit aufweist. Die Stahlteile werden zudem mechanisch bearbeitet, infolge dessen sind die kleineren Toleranzen nicht unrealistisch.
- Im Zustand „vor dem Einbau" werden hingegen für eine Abnahmeprüfung größere Toleranzen zugelassen; diese resultieren aus dem Werkstoffverhalten und der Auslegung der Elastomerelemente. Erfahrungsgemäß kann die Funktion des Bauteils gewährleistet werden, wenn diese Toleranzen maximal eingehalten werden.
- Die Prüfung der Toleranzen ist fallweise unter Schwerkrafteinfluss (auf der Messmaschine) oder gemäß der anzugebenden Einspannbedingung vorzunehmen. Dies bedingt, dass die Einspannbedingungen immer auf der Zeichnung zu spezifizieren sind.

Zeichnungseintragung	Erklärung
	Die zusätzlich mit Ⓕ gekennzeichneten Form- und Lagetoleranzen sind im freiem Zustand einzuhalten. Die anderen Form- und Lagetoleranzen gelten unter den in der Anmerkung angegebenen Bedingungen.
	Einspannbedingung: Die Bezugsfläche A ist mit 12 Schrauben M 10 × 20 befestigt und mit einem Drehmoment von 20 Nm anzuziehen.
ISO 8015 ⒶⒹ -ISO 10579-NR; ⒶⒹ -ISO 291 Allgemeintoleranzen DIN ISO 20457 -TG6, DIN ISO 3302-1 DIN 30630	

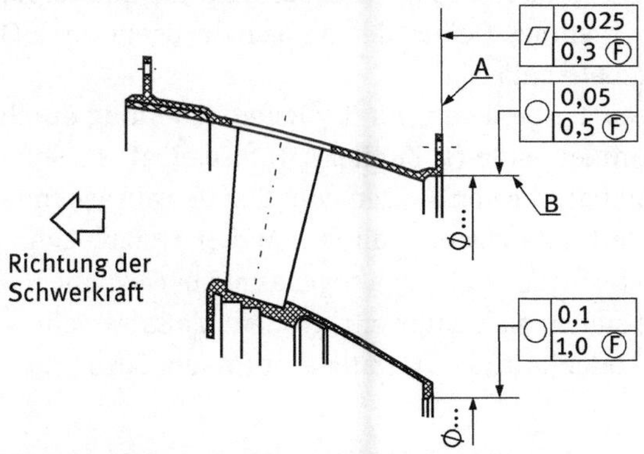

Abb. 5.10: Kennzeichnung „flexibler Toleranzzonen" nach DIN EN ISO 10579 (nicht benutzte Bezüge bei den Toleranzen müssen als „Fahne" angezogen werden)

5.4 Zeichnungseintragung von Bezügen

Ein Bezugselement wird durch ein Bezugsdreieck markiert. Das Bezugsdreieck kann sowohl ausgefüllt als auch nur als Umriss ausgeführt werden. Auf dieses Bezugsdreieck weist ein Bezugsbuchstabe im quadratischen Rahmen (Abb. 5.11) hin. Die für Geometrieelemente geltenden Regeln können sinngemäß auch auf Bezugselemente übertragen werden. Hierzu gehört insbesondere die Eingrenzung von Fertigungsabweichungen durch Geometrietoleranzen, da Formabweichungen eines Bezugs unmittelbar eine andere Lageabweichung beeinflusst.

Für Bezüge gilt ebenso wie für Geometrieelemente (s. Abb. 5.3 auf S. 31):
– Steht das Bezugsdreieck direkt auf dem Maßpfeil, so ist das Bezugselement ein abgeleitetes Geometrieelement, d. h. eine Mittelachse oder Mittelebene.
– Bei realen Bezugselementen (neu: integrale Geometrieelemente, d. h. Oberflächen oder Linien auf Oberflächen) steht das Bezugsdreieck mindestens 4 mm vom Maßpfeil entfernt.

Früher wurde vielfach der so genannte „direkte Bezug" (Bezugsdreieck stand direkt auf der Achse, Mittelebene oder Fläche) genutzt. Gemäß der gültigen Bezügenorm (ISO 5459) ist aber der direkte Bezug nicht mehr zulässig.

Die Problematik des Bezuges ist auch überlagert mit der Referenzbildung durch das Ursprungssymbol, welches für Größenmaße (s. Kapitel 4.3) festgelegt ist. Referenzen werden bei der Bemaßung benötigt, um von Kanten oder Flächen ausgehende meist begrenzte Bezüge oder begrenzte Toleranzzonen mit TED-Maßen festzulegen.

In der ISO 5459 sind neben festen Bezügen auch noch sogenannte bewegliche Bezugsstellen eingeführt worden. Diese stellen sich ein, wenn größere Maßabweichungen (z. B. bei Schmiede-, Sinter-, Guss- oder Kunststoffformteile) auftreten. Bezugsstel-

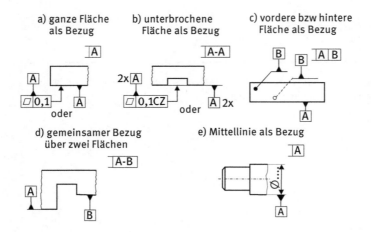

Abb. 5.11: Normgerechte Kennzeichnung von Bezügen

len werden somit benutzt, wenn für einen Bezug nicht das ganze Geometrieelement, sondern nur Abschnitte oder begrenzte Teile (Punkte, Linien, Flächen) herangezogen werden sollen. Der Vorteil liegt darin, dass für eine Messung reproduzierbare Ergebnisse erzielt werden können.

Im Abb. 5.12 ist ein derartiger Anwendungsfall an einem Formteil konstruiert worden. Ziel ist es alle vorhandenen Beweglichkeiten eines Teils für eine eindeutige Messung zu eliminieren.

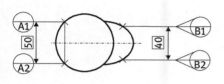

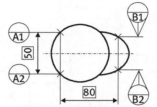

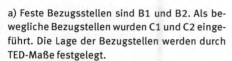

a) Feste Bezugsstellen sind B1 und B2. Als bewegliche Bezugsstellen wurden C1 und C2 eingeführt. Die Lage der Bezugsstellen werden durch TED-Maße festgelegt.
Bei der Messung soll das Teil auf der primären Bezugsfläche A (hintere Auflagefläche) ganz aufliegen.

b) Hier handelt es sich um das selbe Teil, welches wieder auf der primären Bezugsfläche A zur Messung ausgerichtet werden soll. Die beweglichen Bezugsstellen C1 und C2 sind jetzt so ausgerichtet, dass vor allem die Rotation des Teils blockiert werden soll.

Abb. 5.12: Benutzung fester und beweglicher Bezugsstellen an einem Formteil

5.4.1 Mehrere Bezugselemente

Soll ein einzelner Bezug aus mehreren gleichberechtigten Elementen (so genannter gemeinsamer Bezug) gebildet werden, so ist für jedes Element ein Bezugsdreieck mit eigenem Buchstaben zu verwenden. Eine Eintragung „UF" oder „CZ" o. Ä. wie bei den Toleranzen ist bei Bezügen seitens der Normung jedoch *nicht* vereinbart und somit auch *nicht* zulässig.

Wird der Bezug, z. B. aus den Buchstaben **A** und **B** (liegen in einer Ebene) gebildet, heißt der gemeinsame Bezug $\boxed{\text{A-B}}$. Gewöhnlich wird dieser über die Mitten der angedeuteten Zapfen gebildet.

Dies ist beispielsweise bei Nabensitzen notwendig, die eine bestimmte Ausrichtung zu den Lagerstellen benötigen. Der in Abb. 5.13 verlangte gemeinsame Bezug kann entweder durch umschließende Aufnahmen mittels *Prüfprismen* oder zwischen *zwei koaxiale Spitzen* dargestellt bzw. ausgeführt werden. Nach Norm sind beide Möglichkeiten zulässig.

Die Angabe nach **Version b)** findet man oft in der Praxis, ist aber unbrauchbar, da man aus dieser Angabe nicht entnehmen kann, wo die Welle zur Messung des Rund-

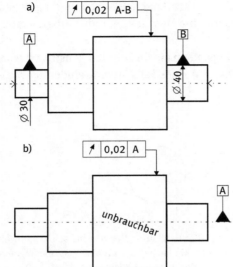

Abb. 5.13: Gemeinsame Bezugsbildung zur Lauftolerierung eines Lagersitzes (Aufnahme zwischen den Spitzen ist angedeutet.)

laufs gelagert werden soll. Es ist somit nicht klar erkennbar, wie der Bezug zu bilden ist.

Die Angabe zur **Version a)** gibt hingegen eindeutig an, dass für die Welle zur Messung des Rundlaufs /ABE 90a/ ein gemeinsamer Bezug aus den Lagersitzen zu bilden ist. Bei Angaben des *einfachen Laufs* ist je Messung nur eine Umdrehung der Welle erforderlich, welche recht gut über die Spitzen eingeleitet werden kann. Wird hingegen der Gesamtlauf gefordert, so muss eine permanente Rotation eingeleitet werden, welches besser über die Lagerspitzen erfolgen kann.

5.4.2 Bezug aus mehreren Bezugsflächen

Wenn eine Bezugsebene aus mehreren einzelnen Flächen wie in Abb. 5.14 zu bilden ist, gibt es verschiedene Möglichkeiten der Zeichnungseintragung, und zwar über
a) **Einzelne Kennbuchstaben** für jede Einzelfläche: Im Toleranzrahmen bedeutet dies oft „gemeinsamer" Bezug.
b) **Kennbuchstabe auf der Maßhilfslinie:** In der ISO 5459 ist der gemeinsame Bezug über eine Maßhilfslinie noch zulässig, wenn dies nicht zu Unklarheiten führt. Notwendig ist es dann, die Anzahl der Bezugsflächen mit anzugeben.
Kennbuchstabe auf außenliegender Strichpunktlinie: Hierdurch werden die markierten Flächen zusammengefasst (nach ISO 15787, dürfen Wärmebehandlungsangaben darüber gesetzt werden), was aber nicht mehr verwendet werden soll.

und
c) **Begrenzte Bezüge:** Sollen an Werkstücken nur einzelne durch genaue Bearbeitung hergestellte Bezüge benutzt werden, so kann dies durch eine außenliegende bemaßte Strichpunktlinie gekennzeichnet werden, deren Lage und Länge durch ein TED-Maß (s. ISO 5459 begrenzte Längen) bestimmt ist.

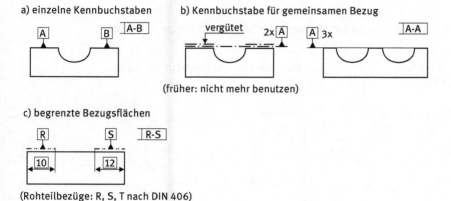

(Rohteilbezüge: R, S, T nach DIN 406)

Abb. 5.14: Möglichkeiten zur Angabe von Bezugsflächen bei spanender Bearbeitung an Bauteilen

Die zu nehmenden Bezüge gelten immer über die ganze Ausdehnung (hier Tiefenausdehnung) eines Geometrieelementes, insofern handelt es sich vereinbarungsgemäß um ganze Bezugsflächen.

Bei der Prüfung darf das Bezugselement nie mit dem tolerierten Element vertauscht werden, weil dann andere Abweichungen erfasst werden.

5.4.3 Bezugsstellenangabe

Bei ur- oder umgeformten Bauteilen können Oberflächen teils beträchtlich von ihrer idealen Form abweichen, deshalb kann die Festlegung einer Gesamtfläche zur Bezugsbildung zu erheblichen Abweichungen und mangelnder Reproduzierbarkeit bei Messungen führen. Sinnvoll ist daher eine Begrenzung auf Bezugsstellen (s. ISO 5459). In diesem Zusammenhang ist zwischen bearbeiteten Bezugsstellen (A, B, C) oder rohen Bezugsstellen (R, S, T) zu unterscheiden, siehe DIN 406-11:2000 (Beiblatt 1).

In der Praxis wird jedoch überwiegend mit A,B,C gekennzeichnet, weil dies ISO-kompatibel ist und die DIN-Vereinbarung international vielleicht nicht bekannt ist. In diesem Zusammenhang sei daran erinnert, dass Bezüge nicht am realen Bauteil genommen werden, sondern durch formideale Elemente (Stifte, Kugeln, Messtischplatte etc.) zu bilden sind, wie im Kap. 6 erläutert.

> **Leitregel 5.2: Beigearbeitete oder rohe Bezugsstellenangabe**
> *Bei ungenauen Bezugsflächen (rohe Oberflächen) sind definierte Bezugsstellen für reproduzierbare Messungen festzulegen.*
> Bezugsstellen (ISO 5459) können in bearbeitete (A,B,C) und rohe Bezugsstellen (R,S.T) mit Strich-Zweipunkt-Umrahmung unterscheidbar gekennzeichnet werden. Gegebenenfalls sind bewegliche Bezugsstellen (s. Abb. 5.12 und Abb. 5.15) zu benutzen.

Beispiel: Bezugsstellen auf ebenen Oberflächen und einer Halbkugel

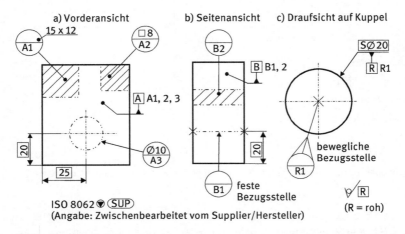

Abb. 5.15: Zeichnungseintragung von Bezugsstellen; Verwendung von Bezugsstellenrahmen, von festen und beweglichen Bezugsstellen

Bezugsstellen müssen mit „theoretisch genauen Maßen" festgelegt werden und sollten in einer Ebene nur mit einem (Zähl-)Buchstaben benannt werden, und zwar

a) **Flächig:** Eingezeichnet mit einer schraffierten Fläche, die von einer *Strich-Zweipunkt-Linie* umrandet ist.
 Beispiel: Auf vordere oder hintere Stirnfläche (mittels Punkt-Linien-Zuweisung)

b) **Linienförmig:** Dargestellt als Linie zwischen zwei Kreuzen oder geschlossener Kreis
 Beispiel: Auf einer gewölbten Fläche bzw. Vorderfläche (mittels Pfeilzuweisung)

und

c) **Punktförmig:** Gekennzeichnet als Kreuz (mittels Linien-Zuweisung).

Die TED-Maße dürfen den einem 3D-CAD-Modell auch aus dem Datensatz abgegriffen werden, d. h., sie brauchen in der Zeichnung nicht explizit angegeben werden.

5.4.4 Bezug über Formelementgruppen

Für den Anschluss von weiteren Bauteilen kann es notwendig sein, dass eine bestimmte Ausrichtung an einem Bauteil hergestellt werden muss. Dies kann außer über Kanten auch über die Achse eines Formelements bzw. die Achsen ausgewählter Formelemente erfolgen.

Beispielsweise ist in der folgenden Abb. 5.16 ein Schließblech eines Türschlosses gezeigt. Als notwendiger weiterer Bezug wird hier ein Bohrungsmuster ausgewählt, das wiederum Bezug (alt: D bzw. neu: (D-D) für festen Abstand bzw. (D-D)[DV] für veränderlichen Abstand) für ein anderes Bohrungsmuster sein soll. Die Anzahl der Bezugselemente (hier: D 4x) muss angegeben werden.

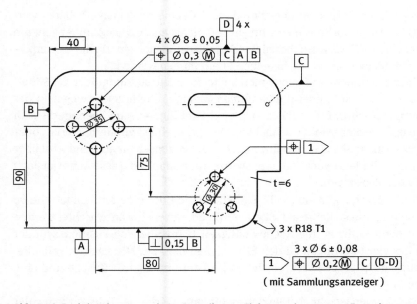

Abb. 5.16: Funktionsbezug an einem Bauteil unter Einbezug einer ganzen Formelementgruppe mit (D-D) und Einführung eines „Zähl- bzw. Zuweisungsindikators"

Weiterhin ist die Angabe von „CZ" im Toleranzindikator zwingend, da hiermit verlangt wird, dass die vier Bohrungen rechtwinklig auf dem Primärbezug „C" stehen sollen und eine gemeinsame Ausrichtung haben sollen.

Des Weiteren ist in der Zeichnung noch ein Zählindikator (nicht genormt) eingeführt worden. Dieser soll bewirken, dass eine Zeichnung nicht überfrachtet wird durch zu viele Toleranzindikatoren. Dadurch wird eine Zeichnung übersichtlicher und besser lesbar. In der Zeichnung ist die Positionstoleranz des abgeleiteten Bohrungsmusters mit einem Zählindikator versehen worden. In der Praxis werden in einer Zeichnung eine Anzahl von durchnummerierten Zählindikatoren auftreten, welche auf der Schriftfeldseite einer Zeichnung aufzulisten sind.

Wie bei dem Flächenmuster in Abb. 5.7, müssen auch bei Lochmustern die Toleranzzonen aneinander gebunden werden. Dies leistet der Modifikator CZ. Die Toleranzzonen liegen danach am gleichen Ort und haben die gleiche Richtung.

Weiterhin ist die reale Bezugsseite „B" mit einer Rechtwinkligkeitsforderung zu „A" belegt worden. D. h., auch an Bezugsseiten können die gleichen geometrischen Anforderungen gestellt werden wie an tolerierte Geometrieelemente.

5.4.5 Zylindrische Bezugselemente

In der Praxis müssen Bezüge oft über zylindrische Geometrieelemente gebildet werden. Die ISO 5459 sagt über diesen wichtigen Fall nichts aus, demgegenüber geht die amerikanische ASME Y14.5M auf diesen Sonderfall ausführlich ein. Da diese Interpretation sehr praktikabel ist, soll sie hier auch übernommen werden.

Bei zylindrischen Geometrieelementen sollte die Bezugsbildung über die Mittelebenen erfolgen und nicht über die (eindimensionale) Mittellinien (welches in der Praxis oft gemacht wird). Die Mittelebenen sind zwei theoretische Ebenen, die sich auf der Bezugsachse rechtwinklig schneiden. Der Bezug einer Zylinderfläche ist somit die Achse des geometrisch genauen Gegenstücks des Bezugselementes und wird über die Achse eines Zylinders in der Fertigungsvorrichtung simuliert. Diese Achse ist auch Fixpunkt für die Messungen.

Ein Beispiel hierfür gibt Abb. 5.17. Es handelt sich um eine Mitnehmerscheibe für eine Kupplung, die später exakt zu einer Mitnehmerscheibe ausgerichtet werden muss. Maßgebend dafür ist die Rechtwinkligkeit (wird über die Positionszylinder vereinbart) der vier Bohrungen zu den Stirnflächen bzw. zur Mittelachse. Falls diese Ausrichtung nicht gegeben ist, entstehen im Lauf unnötige Geräusche und eine Kantenbelastung.

Wie zuvor, werden jetzt auch über den Modifikator CZ die vier Toleranzzonen der Bohrungen (Muster) aneinander gebunden und gemeinsam nach dem Sekundärbezug B ausgerichtet. Dies verlangt so die ISO 5458.

Gleichzeitig ist die Maximum-Material-Bedingung vereinbart auf dem Toleranzwert und dem Bezug. Hiermit ist vereinbart, dass die maßliche Situation mit einer *starren* Lehre zu prüfen ist. Gewöhnlich ist dies der Fall in der Serienfertigung, bei der vor Ort (Werkerselbstkontrolle) eine Gutprüfung durchgeführt werden soll.

Der gewählte primäre Bezug A sorgt für eine ebene Auflage auf einem Messtisch, während das sekundäre Bezugselement B zylindrisch ist und daher mit zwei theoretischen Ebenen verbunden ist, womit eine Drei-Ebenen-Beziehung (s. Abb. 5.18) auf-

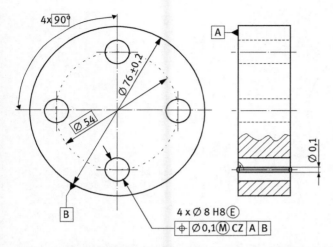

Abb. 5.17: Werkstück mit symmetrischem Bohrungsbild (nach Norm: Lochmuster)

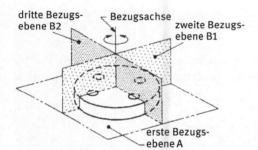

Abb. 5.18: Bezugsebenen am Bauteil nach /ASM 98/

gebaut wird. Messtechnisch lässt sich dies über eine Koordinatenmessmaschine recht einfach abbilden.

Im vorliegenden Fall sind die zwei Ebenen des Bezugssystems in Umfangsrichtung nicht festgelegt, da die Lage des Lochmusters um die Bezugsachse keinen Einfluss auf die Funktionalität hat. D. h., die 90°-Teilung ist immer gewährleistet. Insofern reichen die angegebenen zwei Bezüge aus.

Falls für die Funktion des Werkstücks eine bestimmte Ausrichtung erforderlich ist, muss noch ein tertiärer Bezug (z. B. B2 = C) festgelegt werden. Ein Beispiel hierfür gibt Abb. 5.19, wo wieder alle Bezüge rechtwinklig aufeinander stehen.

Durch die Einführung eines Bezuges durch C liegt jetzt das räumliche Bezugssystem eindeutig über die Nutmitte fest. Die Bezüge A und B sind wie vorher zu interpretieren bzw. von den Bezugsebenen aus kann bemaßt werden.

48 — 5 Zeichnungseintragung

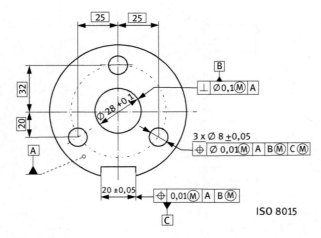

Abb. 5.19: Bauteil mit eindeutiger Ausrichtung der Bezüge bei allen Geometrieelementen

5.4.6 Lageelemente von Bezügen

Teilweise ist in der ISO 1101 auch die Kennzeichnung von Bezügen enthalten. Mit der Neufassung der ISO 5459 wurde der Gesamtkomplex Bezüge als GPS-Norm neu geordnet und zusammengefasst.

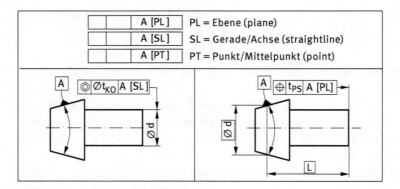

Abb. 5.20: Vereinbarung von Lageelementen bei Bezügen

Wegen neuer digitaler Messmöglichkeiten liegt der Schwerpunkt auf die Präzisierung der Angaben.

Neu ist insbesondere die Charakterisierung von Oberflächen durch Lageelemente. Dies sind theoretisch exakte Geometrieelemente, (Punkt, Gerade/Achse, Ebene etc.) von denen die Richtung und/oder der Ort festgelegt werden können. Mit einer Bezugsangabe wird somit auch das oder die Lageelemente der Bezugsfläche festgelegt. Beispielsweise ist eine ebene Oberfläche durch das Lageelement *Ebene* oder eine zylindrische Oberfläche durch das Lageelement *Gerade* bestimmt. Darüber hinaus gibt es Geometrien, die durch mehrere Lageelemente (Punkt, Gerade, Ebene) charakterisiert sind. Bei einem Kegel besteht der Bezug aus zwei Lageelementen (Achse und Spitze des Kegels). Werden beide Lageelemente für den Bezug benötigt, so erfolgt die Bezugsangabe in bekannter Weise. Wird hingegen nur ein Lageelement (Spitze oder Punkt auf Mantelfläche) benötigt, so sind ergänzende Angaben wie in obiger Abb. 5.20 zu vereinbaren.

6 Bildung von Bezügen

6.1 Grundlagen

Zu jeder Lagetoleranz gehören mindestens zwei Geometrieelemente, nämlich das tolerierte Element und das Bezugselement /DIE 01/. Um die Lage und/oder Richtung einer Toleranzzone festzulegen, müssen Bezuge *gebildet* werden. Nach der ISO 5459[1] stellt ein Bezug „eine theoretisch genaue Sollgeometrie" dar, welches eine Ebene, Gerade oder ein Punkt sein kann. Als Beispiel dient hier ein Bauteil, bei dem die Parallelität der Deckflächen funktionswichtig ist. Parallelität muss stets *zu dem gegenüberliegenden Geometrieelement* erfüllt werden und benötigt daher ein Stellungselement, um die Toleranzzone auszurichten.

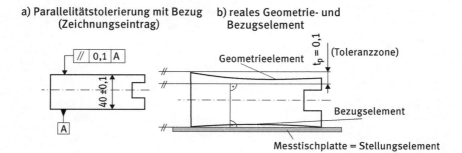

Abb. 6.1: Bezugsangabe und Bezugsbildung über ein ideales Stellungselement

Der vorstehend benutzte Begriff „gebildet" ist anders zu interpretieren, als die geläufige Vorstellung der Konstrukteure, die den Bezug regelmäßig am Bauteil „nehmen" wollen. Nehmen bedeutet am realen Geometrieelement, während bilden ein ideales Geometrieelement meint. Ideale Geometrieelemente sind stets Messtischplatten, Lineale, Dorne oder Hülsen, welche auch durch ein KMG (Koordinaten-Messgerät = 3D-Messmaschine) darstellbar sind.

Zur „Bildung von Bezügen" ist die Minimum-Bedingung zu benutzen, die hier fordert, dass der größte Abstand zwischen dem Bezugselement und dem Hilfsbezugselement den *kleinstmöglichen Wert* einnimmt. Sollte das Bezugselement nicht aufliegen, so muss das Bauteil mit geeigneten Auflagern unterlegt werden.

---

[1] Anm.: In Ergänzung zur DIN EN ISO 5459 ist die ISO 129 zu sehen. Hier wird die Nullpunktbildung für Maße festgelegt und das Ursprungssymbol (⊕⊣) eingeführt, welches den Nullpunkt definiert.

https://doi.org/10.1515/9783110720723-006

> **Leitregel 6.1: Bezugselement und Bildung von Bezügen über Stellungselemente**
>
> Das **Bezugselement** wird gekennzeichnet durch ein Bezugsdreieck. Es ist ein reales Geometrieelement, welches auch noch Formabweichungen haben kann, die aus der Bearbeitung resultieren und die gegebenenfalls eingeschränkt werden müssen.
>
> Die **Bezugsbildung** ist stets über ein *theoretisch genaues* Stellungselement (meist Mittellinie, Mittelebene oder Ausgleichsfläche) vorzunehmen, auf das die Lage eines anderen tolerierten Elements bezogen wird. In Abb. 6.1 ist dies eine ideale gerade Fläche, die hier durch eine hinreichend genaue Messtischplatte (formideale Fläche) verkörpert wird.

6.2 Bezugselemente

6.2.1 Kanten und Flächen

Bei der Bezugsbildung ist die Krümmung von Kanten bzw. Flächen die häufigste Formabweichung. Es treten zwei Arten der Krümmung auf:
- **konkav:** Ist das Bezugselement konkav verformt, dann ergibt das an den Ecken berührende Hilfsbezugselement direkt Richtung und Ort des Bezugs an.

und
- **konvex:** Ist das Bezugselement konvex, dann ergibt sich die Bezugsrichtung durch Abstützung des Bezugselements. Die Abstützung muss so erfolgen, dass die beiden Abstände h zum Hilfsbezugselement gleich groß werden. Messtechnisch ist hier die Min-Max-Bedingung (früher Minimum-Wackel-Bedingung[2] für das Werkstück) zu realisieren.

An einer konvexen Krümmung kann man praktisch nur schlecht einen einwandfreien Bezug bilden, da für eine waagerechte Ausrichtung des Bauteils eine Abstützung notwendig ist (Abb. 6.2b, c). Deshalb sollte man konvexe Bezugskanten möglichst vermeiden. Wenn man konvexe Formabweichungen ausschließen möchte, kann man „nicht konvex" unter dem Toleranzindikator vermerken.

Weiterhin sei noch daran erinnert, dass die als Bezug gekennzeichneten Stellungselemente immer über *Hilfsbezugselemente* von perfekter Form gebildet werden. Dies ist notwendig, weil die als Bezug gekennzeichneten Elemente selbst ja auch nur real sind und Abweichungen /HEN 99/ aufweisen, die funktional oft eingeschränkt werden müssen. Prinzipiell können auch für Bezüge F+L-Toleranzen festgelegt werden, wenn verhindert werden soll, dass die Abweichung des Bezuges das tolerierte Geometrieelement beeinflussen.

---

[2] Anm.: Mit der Neufassung der ISO 5459 wird die Minimum-Wackel-Bedingung durch das mathematische Konzept der *konvexen Hüllen* präzisiert, welche durch die KMT gut darstellbar sind.

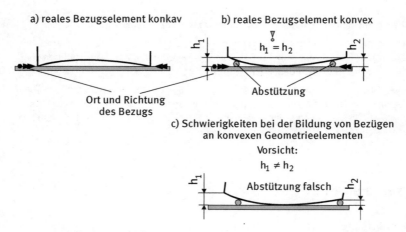

Abb. 6.2: Gerade Fläche als Bezugselement – konvexe und konkave Formabweichung

6.2.2 Achsen und Mittelebenen als Bezüge

Die in der Praxis am häufigsten vorkommenden Bezugsbildungen sind an Achsen oder Mittelebenen vorzunehmen.

Als Bezug für eine Bohrung ist die Achse des *kleinstmöglichen einbeschriebenen Zylinders* (Gutlehrdorn nach DIN 2246) zu nehmen, wobei die Bewegungsmöglichkeit in beliebiger Richtung überall gleich groß sein muss.

Entsprechend ist bei einer Welle die Achse des *kleinstmöglichen umschreibenden Zylinders* (Gutlehrring nach DIN 2248) zu nehmen.

Die Anwendung von formidealen Lehren zeigt die nachfolgende Abb. 6.3.

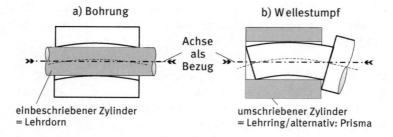

Abb. 6.3: Traditionelle Verkörperung der Bezugsachse über einen Dorn bzw. einen Ring

Bezüge sind dann wie folgt zu bilden oder mit einer KMG nachzubilden:
- **Achse einer Bohrung:** Die Bezugsachse wird gebildet aus der Achse eines spiel- und zwangsfrei in der Bohrung sitzenden (hinreichend idealen) Lehrdorns. Dies kann z. B. ein sich aufdehnender Dorn (bzw. bei Ⓜ ein fester Dorn) sein.

- **Achse eines Wellenzapfens:** Die Bezugsachse ist die Achse einer spiel- und zwangsfrei sitzenden Lehrrings. Dies ist z. B. ein Messfutter oder ein fester Ring.
- **Kegelflächen:** Analog zu Bohrung und Zapfen ist der Prüfkegel ein anliegendes Nachbarbauteil mit Nennkegelwinkel in hinreichend genauer Gestalt.
- **Parallelebenen:** Bei Innenflächen kann z. B. eine Nut das Bezugselement sein, bzw. bei Außenflächen kann dies auch ein Keil sein.

Ein Bezug ist somit stets sinnvoll durch ein ideales Stellungselement zu bilden.

6.2.3 Gemeinsame Bezugsachse aus zwei Elementen

Gleichwertige Bezüge werden als Lagersitze in einem Gehäuse oder auf einer Welle benötigt, wie beispielsweise:
- **Zwei Bohrungen:** Hier ergibt sich die Bezugsachse aus zwei koaxialen, spiel- und zwangsfrei sitzenden Dornflächen (z. B. Dehnelemente).
- **Zwei Wellenzapfen:** Hier ergibt sich die Bezugsachse aus zwei koaxialen, spiel- und zwangsfrei sitzenden Hüllflächen.

Die Notwendigkeit eines gemeinsamen Bezugs besteht immer dann, wenn man die Koaxialität, Geradheit oder den Lauf über mehrere Geometrieelemente begrenzt werden möchte.

6.2.4 Wirkung eines Orientierungsbezugs

Ein Sonderfall stellt die Nutzung von Orientierungsebenen (s. ISO 1101, Kap. 14) gemäß Abb. 6.4 da.

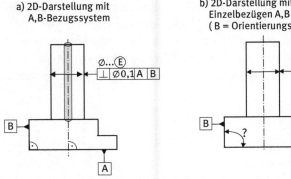
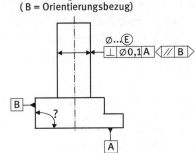

Abb. 6.4: Nutzung eines Bezugssystems oder einer Orientierungsebene

Mittels einer Orientierungsebene kann eine Toleranzzone nach einem einzelnen Geometrieelement ausgerichtet werden, wenn dies erforderlich sein sollte.

In dem vorstehenden Beispiel bei der Ausrichtung eines Zapfens sind zwei Fälle dargestellt, die jedoch zu einem anderen Endergebnis führen.

a) Hier erfolgt die Ausrichtung des Zapfens unter Nutzung eines rechtwinkligen Bezugssystems A,B. Wenn also die Grundfläche auf dem Primärbezug aufliegt, folgt die Toleranzzone dem Bezug B und steht somit auch rechtwinklig auf A.

b) Hier wird kein Bezugssystem sondern die beiden Einzelbezüge A und B benutzt. Die Bezüge stehen nicht rechtwinklig zueinander. Gemäß Angabe sind also die Bezüge an den angerissenen Flächen oder Seiten zu bilden. Die Toleranzzone beginnt somit auf der Grundfläche und folgt der rechten Seite. Die Abweichung von der Rechtwinkligkeit geht daher direkt in die Schiefstellung des Zapfens ein. Diese Information ist dem Orientierungsebenen-Indikator zu entnehmen.

In der ISO 1101 sind drei Orientierungsebenen-Indikatoren festgelegt worden. Dies ist die Ausrichtung nach der Parallelität, Rechtwinkligkeit und Winkligkeit zu einem angegebenen Orientierungsbezug:

⟨ // │ B ⟩   ⟨ ⊥ │ B ⟩   ⟨ ∠ │ B ⟩

6.3 Bildung von Bezugssystemen

Um ein unregelmäßiges oder elastisches Werkstück im Raum[3] zu fixieren, benötigt man mindestens sechs Punkte bzw. unterdrückte Freiheitsgrade (gewöhnlich ein 3-2-1-System oder das RPS-Bezugsstellensystem). Die ersten drei Punkte spannen die Primärebene auf. Die nächsten zwei Punkte bilden die Sekundärebene, die senkrecht auf die Primärebene steht. Durch den letzten Punkt wird die Tertiärebene aufgespannt, die zu den beiden anderen Ebenen (s. Abb. 6.5) senkrecht steht. Insgesamt sind so sechs Freiheitsgrade blockiert.

Das 3-2-1-System setzt voraus, dass ein Bauteil über eine hinreichende Eigensteifigkeit verfügt, d. h., das Bauteil verformt sich nicht alleine schon unter Eigengewicht.

Sehr dünne Bleche, weiche Kunststoffteile oder elastische Gummiteile haben oft keine ausreichende Eigensteifigkeit, weshalb die Primärebene (4+n-Punkte) so viele Stützstellen haben darf, wie für eine reproduzierbare Messung eines Teils erforderlich sind.

---

[3] Anm.: Der ASME-Standard (bzw. VW-Norm 01055) verlangt für alle Bauteile die 3-2-1-Regel, während ISO 5459 für Richtungstoleranzen nur ein oder zwei Bezüge bzw. für Lagetoleranzen drei senkrechte Ausrichtungsebenen fordert.

Bezugsstellensystem auf einer Messtischplatte

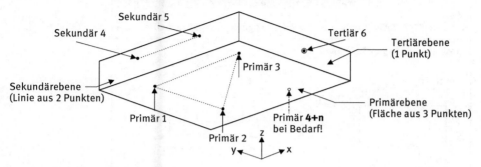

Abb. 6.5: Festlegungen im Referenz-Punkt-System

Die einzelnen Bezugsstellen sollen so weit wie möglich voneinander entfernt liegen, um beispielsweise große Karosserieblech- oder Kunststoffteile sicher aufnehmen zu können.

Leitregel 6.2: Eintragung von Bezügen und Bezugssystemen

Eintragung von gemeinsamen Bezügen A und B oder n × A mit gleicher Rangordnung (die nicht unbedingt in einer Ebene liegen müssen):

	A-B	oder		A-A	

Eintragung eines vollständigen Bezugssystems aus den drei Bezügen A, B und C (stehen rechtwinklig aufeinander) mit unterschiedlicher Rangordnung:

	A	B	C	oder		A-A	C	D

A = primär,
B = sekundär,
C = tertiär.

Eintragung eines Bezuges, welcher aus einer Gruppe von Geometrieelementen mit *festem* bzw. *veränderlichem* Abstand gebildet wird:

	(A-A)	oder		(A-A) [DV]	

In den folgenden Abb. 6.6 sei die Wirkung von Bezügen auf die Positionierung einer Bohrung in einem einfachen Blechteil prinziphaft dargestellt, hierfür werden verschiedene Fälle gewählt:

- Im Fall a) soll funktional eine quadratische Toleranzzone (Quader mit 0,1 × 0,1 mm) ausgenutzt werden. Es sind zwei unabhängige Bezüge vereinbart, die jeweils an den Seitenflächen zu bilden sind. Die reale Toleranzzone verzerrt sich so dann äquidistant zu den Seitenkanten bzw. Seitenflächen die durch ein ideales Lineal zu bilden sind.

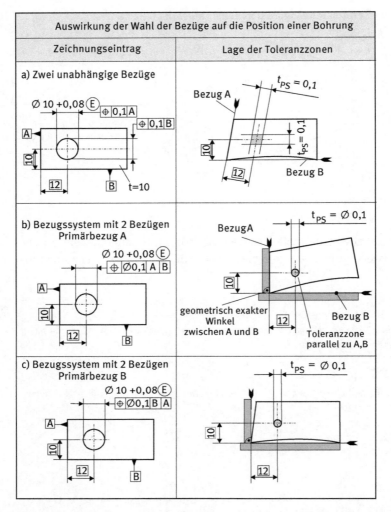

Abb. 6.6: Festlegung der Position einer Bohrung durch Bezüge a) mit zwei unabhängigen Bezügen, b) und c) mit einem rechtwinkligen Bezugssystem in der Ebene (weiter, Vereinbarung einer Hülle für die Bohrung)

- Im Fall b) soll funktional ein Toleranzzylinder mit ⌀0,1 mm ausgenutzt werden. Die Toleranzzone orientiert sich zu dem rechtwinkligen Bezugssystem A,B. Man sieht wie dann die Lage der Toleranzzone festgelegt ist.
- Im Fall c) soll das gleiche Bauteil in dem rechtwinkligen Bezugssystem B,A fixiert werden. Die Konsequenz ist, dass dann der Toleranzzylinder anders positioniert ist.

Wichtig ist hierbei, dass das Bauteil entsprechend der angegebenen Reihenfolge im Toleranzindikator im Bezugsystem ausgerichtet wird.

Je nach der Reihenfolge der Bezugsausrichtung werden sich somit auch andere Messergebnisse ergeben, welches vielleicht nicht identisch ist mit der Konstruktionsabsicht.

In dem weiterführenden Beispiel in Abb. 6.7 soll hingegen die Wirkung eines vollständigen Bezugsystems mit drei Bezügen verdeutlicht werden. Die Reihenfolge der

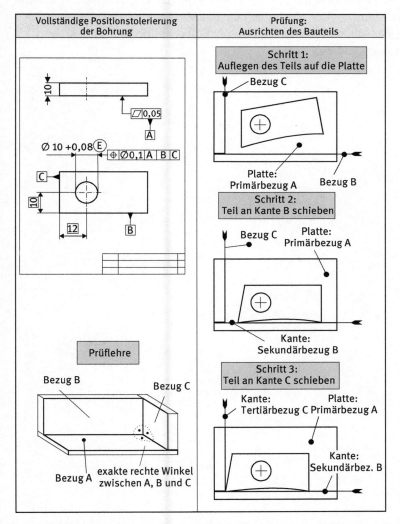

Abb. 6.7: Positionstolerierung und Ausrichtung eines dünnen Blechteils in einem vollständigen räumlichen Bezugsystem (drei senkrecht aufeinanderstehende Ebenen)

Bauteilausrichtung orientiert sich an dem Bezugssystem A, B, C (die Reihenfolge ist so im Toleranzindikator vereinbart); wobei die Bezüge jeweils rechtwinklig aufeinander stehen.

Für die gewählte Benennung der Bezüge gibt es keine feste Regel, d. h., die Benennung der Bezüge mit Buchstaben ist beliebig.

Bei einem vollständigen Bezugssystem mit den drei Bezügen A,B,C wird sich in der Praxis immer ein reproduzierbares Messergebnis ergeben.

Zusätzlich ist die Bohrung mit einer Hüllbedingung (Envelope) belegt, welche die Bohrung auf ein Kleinstmaß (= Maximum-Material-Maß) von ⌀10 mm begrenzt. Dies ist immer dann sinnvoll, wenn in die Bohrung ein Stift o. ä. eingefügt werden soll, also ein Paarungsproblem vorliegt.

7 Maß-, Form- und Lagetoleranzen

7.1 Bedeutung für die Praxis

Um Vorhersagen über die Funktions- und Montagefähigkeit einer Baugruppe machen zu können, bedarf es der Kenntnis der Maß-, Form- und Lagetoleranzen der Einzelbauteile. Nachfolgend werden zunächst die standardisierten Toleranzzonen für Form, Richtung, Ort und Lauf sowie deren Bedeutung an tolerierten Geometrieelementen nach **DIN EN ISO 1101** an einigen Beispielen erläutert.

Darüber hinaus wird mit der **DIN EN ISO 14405** auch ein Exkurs in die dimensionelle Tolerierung gegeben, da dies in der Serienfertigung große Bedeutung hat. In diesem Zusammenhang sei angemerkt, dass die Normung vom **„Grundsatz der bestimmenden Zeichnung"** (s. ISO 8015 und ISO 14659) ausgeht, d. h., nur die auf einer Zeichnung vereinbarten Anforderungen sind einzuhalten und rechtlich verbindlich.

7.2 Toleranzbegrenzungen

Mit der Angabe der Form- und Lagetoleranz wird gleichzeitig eine Toleranzzone vorgegeben, innerhalb deren ein toleriertes Element liegen muss. Tolerierte Geometrieelemente sind Linien, Kurven, Flächen, Achsen oder Mittelebenen, die fertigungsbedingte Grenzabweichungen aufweisen. Zu den wichtigsten Toleranzzonen sind daher zu zählen:
- der Raum zwischen zwei parallelen Geraden bzw. Ebenen,
- der Raum innerhalb eines Zylinders oder Quaders,
- der Raum zwischen zwei konzentrischen Kreisen,
- der Raum zwischen zwei konzentrischen Kreisen oder koaxialen Zylindern

sowie als Sonderfall
- der Raum innerhalb einer Kugel.

Eine ausführliche Erläuterung zu den Geometrietoleranzzonen ist schon im vorstehenden Kapitel 4.1.3 gegeben worden. Ergänzend sei auch auf /ROI 17/ verwiesen. In den dort gezeigten Praxisdarstellungen eines Messmaschinenherstellers (Fa. Zeiss) ist auch ausführlich auf den mess- und prüfgerechten Nachweis von Größenmaßen und F+L -Abweichungen eingegangen worden.

7.3 Angabe der Toleranzzonen

Die nachfolgende Tabelle 7.1 gibt einen Überblick über die sechs genormten Geometrietoleranzen. Zu einer sinnvollen Angabe der Toleranzgrößen sollte die werkstattübliche Genauigkeit bekannt sein. Die werkstattübliche Genauigkeit von Form und Lage ist abhängig von den Ungenauigkeiten der Fertigungseinrichtungen und von der Ungenauigkeit beim Ein- oder Ausspannen eines Werkstückes. Sie entspricht im Maschinenbau erfahrungsgemäß der alten ISO 2768-H bzw., wenn die Allgemeintoleranzen für Maße eingeschlossen sind ISO 2768-mH (s. Kapitel 8.2 zur Größenorientierung).

In den folgenden Abschnitten werden die einzelnen Toleranzarten erläutert und es werden die häufigsten Anwendungsfälle angegeben. Weiter werden Leitregeln aufgestellt, welche die Anwendung der Tolerierungsfälle beschreiben und einige einfache Prüfverfahren angesprochen.

Da die vollständige Angabe aller Prüfmöglichkeiten aber den Rahmen sprengen würde, wird zur Vertiefung dieses Themenbereiches auf die Literatur zur allgemeinen Fertigungsmesstechnik (z. B. /ABE 90/ und /PFE 01/) bzw. zur Koordinatenmesstechnik /NEU 10/ verwiesen. Vor diesem Hintergrund sei darauf verwiesen, dass auch Konstrukteure über Grundwissen zur Messtechnik verfügen sollten, da in einigen Fällen der Konstrukteur festzulegen hat, was an einem Werkstück wie auszuwerten ist.

Zur Anwendung der aufgeführten Toleranzarten sei noch bemerkt, dass in vielen Fällen alternative Festlegungen bei Geometrieelementen möglich sind. Hier soll dann die Regel gelten, dass stets die einfachst zu fertigende Toleranz zu wählen ist, die meist auch am einfachsten gemessen werden kann.

Tab. 7.1: Übersicht über die 14 Toleranzarten zur Geometriebeschreibung nach ISO 1101; diese sind weitestgehend identisch zur Norm ASME Y 14.5M-2018

Art	Gruppe	Symbol	Bezeichnung	Toleranz	Abweichung	Toleranzzone/ Bezug erforderlich	Tolerierte Geometrieelemente
Formtoleranzen	„flach"	—	Geradheit	t_G	f_G	geradlinig/**nein**	alle, d. h. sowohl reale als auch abgeleitete
		⌷	Ebenheit	t_E	f_E	zwischen zwei Ebenen/**nein**	
	„rund"	○	Rundheit	t_K	f_K	zwischen zwei Kreisen/**nein**	nur reale
		⌭	Zylindrizität	t_Z	f_Z	zwischen zwei Zylindern/**nein**	
		⌒	**Profilform** einer beliebigen **Linie**	t_{LP}	f_{LP}	mittig (+/−) zum idealen Profil/**nein**	nur reale
		⌒	**Profilform** einer beliebigen **Fläche**	t_{FP}	f_{FP}		

Tab. 7.1: (Fortsetzung)

Art	Gruppe	Symbol	Bezeichnung	Toleranz	Abweichung	Toleranzzone/ Bezug erforderlich	Tolerierte Geometrieelemente
Lagetoleranzen	Richtungstoleranzen	//	Parallelität	t_P	f_P	geradlinig — Nur Richtung festgelegt. Flachform implizit enthalten./ja	alle
		⊥	Rechtwinkligkeit	t_R	f_R		
		∠	Winkligkeit	t_N	f_N		
		⌒	Profilform einer beliebigen **Linie**	t_{LP}	f_{LP}		nur reale
		⌢	Profilform einer beliebigen **Fläche**	t_{FP}	f_{FP}		
	Ortstoleranzen	⊕	Position	t_{PS}	f_{PS}	symmetrisch (+/−) zum idealen Ort. Richtung und Flachform implizit enthalten./ja	alle
		◎	Koaxialität/ Konzentrizität	t_{KO}	f_{KO}		nur Achsen
		⚌	Symmetrie	t_S	f_S		meist abgeleitete: Symmetrieebenen, Achsen
		⌒	Profilform einer beliebigen **Linie**	t_{LP}	f_{LP}		nur reale
		⌢	Profilform einer beliebigen **Fläche**	t_{FP}	f_{FP}		
	dynamische Lauftoleranzen	↗	einfacher **Lauf** Rund-, Planlauf	t_L	f_L	zylindrisch/ ja	nur reale
		↗↗	Gesamtlauf Rund-, Planlauf	t_{LG}	f_{LP}		

7.4 Formtoleranzen

Formtoleranzen beziehen sich nur auf ein einzelnes Geometrieelement und benötigen daher *keinen Bezug*. Über Formtoleranzen werden nur einfache Geometrieelemente toleriert, die aus Geraden, Ebenen, Kreiszylindern und gegebenenfalls Kreisquerschnitten bestehen. Formtoleranzen charakterisieren im Allgemeinen nur Abweichungen von *der geometrisch idealen Gestalt*. Eine Formabweichung ist als der Abstand zwischen zwei parallelen idealen Linien oder Flächen oder Kreisen definiert, die das Geometrieelement berührend einschließen und so ausgerichtet sind, dass ihr Abstand ein Minimum wird (mathematisch definiert als „Tschebyschev-

Kriterium" s. auch Kapitel 4.1.2). Dies können auch integrale Oberflächen und Mittelinien bzw. Mittelebenen sein.

Für komplexere Bauteile müssen in der Regel Lagetoleranzen herangezogen werden. Eine Lagetoleranz bezieht sich immer auf ein anderes Geometrieelement (benötigt daher eine Bezugselement) und soll die relative Lageabweichung von einer idealen Lage begrenzen.

7.4.1 Geradheit

Die wichtigsten Anwendungen der Geradheitstoleranz sind die Tolerierungen von realen Kanten und Achsen als abgeleitete Elemente. Die Geradheitstoleranz soll dafür sorgen, dass „eine Linie oder Kante in sich hinreichend gerade ist".

 Die tolerierte Gerade (d. h. Kante, Mittellinie) oder Linie auf einer Fläche muss zwischen zwei parallelen geraden Linien oder innerhalb eines Zylinders mit dem Abstand t_G bzw. dem Durchmesser $\varnothing t_G$ liegen.

7.4.1.1 Zeichnungseintrag und Toleranzzone

Die in die Ebene projizierte Toleranzzone wird durch zwei parallele gerade Linien mit einem Abstand t_G zueinander begrenzt.

Das Beispiel in Abb. 7.1 zeigt eine Mantellinie mit einer Geradheitsforderung auf einer Kante. Der Abstand zwischen den beiden begrenzenden Geraden darf maximal 0,1 mm betragen und von der Mantellinie voll ausgenutzt werden.

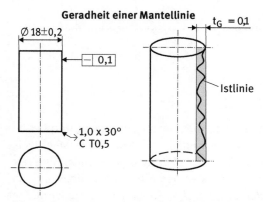

a) Zeichnungseintrag   b) nutzbare Toleranzzone

Abb. 7.1: Eintragung und Interpretation der Geradheitstoleranz einer Kante (Kantenzustand nach ISO 21204)

7.4 Formtoleranzen

Wenn die Geradheit einer Profillinie gefordert wird, so ist diese am Umfang mehrfach nachzuweisen, d. h. für eine festzulegende Anzahl von entsprechenden Kanten (bzw. auch Schnitt bei kubischen Körpern). Der Normenkommentar zu Prüfverfahren /ABE 90b/ verlangt mindestens zwei Messungen am Umfang, um 90° versetzt.

In dem weiteren Beispiel muss die Lage der Ist-Achse des Bauteils (s. Abb. 7.2) innerhalb eines Zylinders mit dem Durchmesser t_G = 0,1 mm liegen und darf darin eine beliebige Form aufweisen.

In der Praxis wird man eine Geradheit auf eine Mittellinie legen, wenn das Bauteil für eine Paarung 8oder Passung) vorgesehen ist. Hierfür muss dann eine Hülle definiert werden, die in dem gezeigten Fall die Geometrie eingrenzt.

Weiter ist der Hüllkörper (definiert durch Envelope) dargestellt, der das formideale Gegenstück (Bohrung) definiert. Der Zylinder darf somit sein Maximum-Material-Maß (MMS = ⌀18,05 mm) aufweisen und die zulässige „Krummheit" von 0,1 mm voll ausnutzen. Hierdurch ergibt sich ein Hülldurchmesser von MMVS = ⌀18,15 mm als Paarungsmaß.

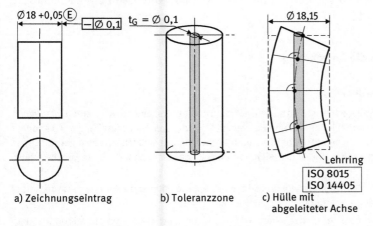

Abb. 7.2: Eintragung und Interpretation der Geradheitstoleranz einer Achse für eine Paarung

Die Geradheitstoleranz kann auch in Sonderfällen auf Wellen angewandt werden, wenn beispielsweise beide Lagersitze zu einander ausgerichtet werden müssen. Dieser Fall ist im Getriebebau bzw. im Triebstrang von Windkraftanlagen (s. Abb 7.3) sehr geläufig. Eine andere Möglichkeit wäre ein schwimmende Koaxialitätstoleranz (s. Kapitel 7.6.2.2), die zu dem gleichen funktionalen Ergebnis führen würde.

Beispielhaft ist in dem Anwendungsfall der Modifikator „CZ" (kombinierte Toleranzzone mit Nebenbedingung des Ortes und der Richtung) und der Modifikator „SZ" (separate Toleranzzonen) benutzt worden.

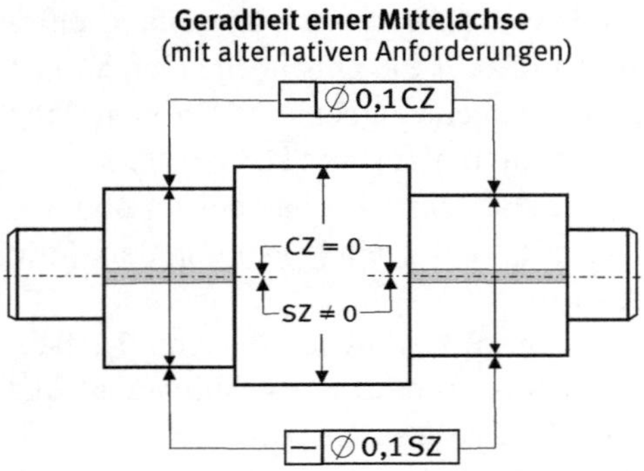

Geradheit einer Mittelachse
(mit alternativen Anforderungen)

Abb. 7.3: Geradheitstolerierung einer langen Welle als Alternative zur Koaxialität

Mit CZ wird Fluchten innerhalb der gemeinsamen Toleranzzone von ⌀0,1 mm verlangt, d. h., die *durchgehende* Mittellinie darf nicht versetzt (hier Nebenbedingung) sein.

Mit SZ wird darauf hingewiesen, dass diese Nebenbedingung aufgehoben sind, d. h., die beide Toleranzzonen der Absätze sind unabhängig von einander und dürfen versetzt zueinander sein. Insofern ist nur die Geradheit eines Geometrieelements „in sich" festgelegt worden.

7.4.1.2 Regeln für die Anwendung

> **Leitregel 7.1: Geradheitstoleranz**
>
> **Form:** Die Geradheitstoleranz lässt sich sowohl auf reale Geometrieelemente wie Kanten oder Mantellinien, als auch auf abgeleitete Geometrieelemente wie Achsen oder Mittellinien anwenden. Werden reale Geometrieelemente toleriert, so befindet sich die Toleranzzone in der Regel zwischen zwei Geraden vom Abstand t_G. Die Geradheitsforderung ist aber „schwächer" als die Ebenheitsforderung.
>
> **Achsen:** Wird die Achse eines Kreiszylinders oder eines Rotationskörpers toleriert, so ist die Toleranzzone in der Regel zylinderförmig.
>
> **Mantellinien und Achsen:** Die Achse eines Kreiszylinders kann nie krummer werden als die krummste Mantellinie.

7.4.1.3 Prüfverfahren

Tolerierte Geometrieelemente müssen auf Übereinstimmung mit den Vorgaben geprüft werden.

1. Einfaches Prüfen durch Vergleichen mit einem Geradheitsnormal: Das Geradheitslineal (DIN 874) wird so auf den Prüfgegenstand gelegt, dass der Abstand zwischen dem Geradheitsnormal und der zu prüfenden Profillinie so klein wie möglich ist. Dieser Abstand ist dann die Geradheitsabweichung der Profillinie. Man kann den Abstand durch die Breite eines Lichtspaltes *nur abschätzen*; der kleinste gut sichtbare Lichtspalt entspricht einer Abweichung von ca. 2 μm.

2. Exaktes Prüfen mit Messuhr: Das Bauteil wird mit einer Profillinie parallel zur Prüfplatte ausgerichtet (dies ist eine Forderung des „Abbe'schen Messprinzips"). Dann wird die erforderliche Anzahl von Messwerten (6 bis 10) entlang dieser Profillinie mit einer Messuhr aufgenommen. Die Geradheitsabweichung f_G ist die Differenz zwischen dem größten und kleinsten Messwert auf der Messlinie: $f_G = y_{max} - y_{min} \leq t_G$.

Die strichierte Linie über der Messuhr in Abb. 7.4 hebt hervor, dass über die Messstrecke nur Einzelwerte aufgenommen werden brauchen. Es wird keine kontinuierliche Messung verlangt.

Bei der Überprüfung der Geradheit von Mantellinien von Zylindern, Kegeln, usw. ist dieses Verfahren an mehreren Profillinien am Umfang zu wiederholen. Die ermittelte Geradheitsabweichung f_G ist mit der Toleranz t_G zu vergleichen.

Die Messung von abgeleiteten Merkmalen (Geradheit einer Mittellinie) muss über reale Geometrieelemente erfolgen, da diese gewöhnlich nicht direkt gemessen werden können.

3. Digitale Oberflächenmessung. Heute bieten moderne Koordinatenmessmaschinen die Möglichkeit, beliebige Oberflächen digital abzutasten. Für dieses Abtastverfahren ist im GPS-Konzept die Norm ISO 12780 geschaffen worden.

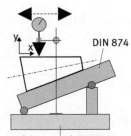

Prüfplatte nach DIN 876

Abb. 7.4: Einfache Prüfung einer Geradheitstoleranz mit Messuhr und einstellbarem Geradheitslineal

---

Normenkommentar: Die Prüfung ist an der geforderten Anzahl von Profillinien durchzuführen, mindestens jedoch 2-mal am Umfang um 90° versetzt. Die Lage und Anzahl der Messlinien muss also vereinbart werden.

7.4.2 Ebenheit

Der normale Anwendungsfall für eine Ebenheitstoleranz sind Auflagerflächen, die als Bezug für andere anzuschließende Geometrieelemente dienen.

Ebenheit ist eine Forderung für eine Fläche „in sich" und muss entweder über einer begrenzten Fläche oder der ganzen Fläche nachgewiesen werden.

> Alle Punkte einer realen Fläche oder abgeleiteten Mittelebene müssen zwischen zwei parallele Ebenen mit dem Abstand t_E liegen.

7.4.2.1 Zeichnungseintrag und Toleranzzone

Die Toleranzzone wird begrenzt durch zwei parallele Ebenen vom Abstand t_E. Entsprechend der Geradheit ist die Ebenheitsabweichung der größte Abstand zwischen zwei anliegenden Ebene und der realen Fläche. Dieser Abstand ist allerdings gegenüber der Geradheit messtechnisch schwerer zu bestimmen.

Im gezeigten Beispiel (Abb. 7.5) muss die Istfläche zwischen zwei parallelen Ebenen vom Abstand $t_E = 0,1$ mm liegen. Durch die Angabe ist jedoch *nicht verlangt*, dass die obere Ebene parallel zur unteren Ebene liegt. Ebenheit kann näherungsweise auch durch zwei Geradheitsangaben mit Schnittebenen-Anzeiger erreicht werden, welches in der Zeichnung alternativ dargestellt ist.

Nach der neuen ISO 21920-1 ist es üblich, eine Oberflächenangabe[1] direkt mit einer geometrischen Toleranz zu verknüpfen. Eine derartige Erweiterung des Symbols ist

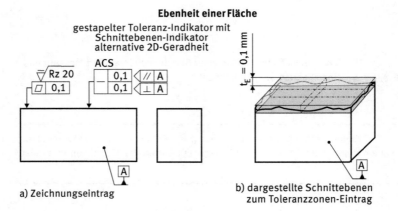

Abb. 7.5: Eintragung und Interpretation der Ebenheitstoleranz einer Deckfläche bzw. alternative Interpretation über zwei Geradheitstoleranzen

---

[1] Anm.: Rz = größte Höhe des Rauheitsprofils in μm (Ra als Mittelwert ist meist für eine Charakterisierung ungeeignet).

vorstehend für die Rauheit gezeigt. Erfahrungsgemäß sollte etwa die Relation $Rz \leq t_E$ bei geringer und $Rz \leq t_E/2$ bei hoher Oberflächenbelastung eingehalten werden.

Wie schon hervorgehoben, ist die Ebenheitsforderung nicht einfach nachzuweisen. Gemäß der ISO-GPS-Normung ist die Alternative, die Ebenheit stets in zwei Geradheitsforderungen aufzulösen.

In der Skizze ist diese Möglichkeit dargestellt. Die Forderung ist hiernach, die Geradheit parallel und rechtwinklig zur vorderen Orientierungsebene A nachzuweisen. Der Orientierungsbezug muss dann im Schnittebenen-Indikator für die beiden Nachweisrichtungen vereinbart werden. Das Ergebnis entspricht dann der üblichen Messstrategie für die Ebenheit d. h., es wird an den Kreuzungspunkten des Schnittebenenrasters die äquivalente Tiefe ermittelt.

7.4.2.2 Regeln für die Anwendung

> **Leitregel 7.2: Ebenheit**
>
> **Form:** Die Ebenheit kann auf reale und abgeleitete Flächen angewendet werden. Abgeleitete Flächen sind stets Mittelebenen.
>
> Die Anwendung auf Mittelebenen ist selten, kommt jedoch meist bei der Anwendung des Maximum-Material-Prinzips (s. Kapitel 10.3) vor.
>
> **Eingeschlossene Geradheit:** Die Ebenheitstoleranz umfasst auch die Geradheit aller Linien in der Ebene, senkrecht zur Toleranzzone gemessen. Da die Bestimmung der Ebenheitsabweichung messtechnisch schwierig ist, wird empfohlen, die Ebenheit durch die Angabe einer oder zwei Geradheitstoleranzen zu ersetzen.

Heute wird überwiegend digital mit KMG gemessen. In der EN ISO 12781:2009, T. 1+2 ist die theoretisch erforderliche Anzahl von Abtastpunkten sowie die Erfassungsstrategie zur Gewinnung und Auswertung von Messpunkten vorgegeben.

7.4.3 Rundheit

Der häufigste Anwendungsfall für die Rundheit ist die Angabe der Rundheitstoleranz von Wellenzapfen oder Lagern. Es bedeutet, dass jeder beliebige Querschnitt kreisförmig sein muss. Die Messung muss also an hinreichend vielen Stellen über die Länge des Geometrieelementes durchgeführt werden.

Die Umfangslinie jedes einzelnen Querschnitts (ACS = jeder Querschnitt) muss zwischen zwei konzentrischen Kreisen mit dem radialen Abstand t_K liegen. Die Durchmesser der Kreise selbst sind nicht festgelegt, sondern ergeben sich.

7.4.3.1 Zeichnungseintrag und Toleranzzone

Die Toleranzzone der betrachteten Querschnittsebene wird bei Vollkreisen begrenzt durch zwei konzentrische Kreise vom radialen Abstand t_K. Diese Forderung kann auch analog auf Kreisbögen (alternative Foderung über Flächenformtoleranz) übertragen werden. Wenn die Abweichung $f_K \leq t_K$ in jedem ausgewerteten Rundheitsprofil die Vorgabe nicht überschreitet, ist die Rundheitstoleranz eingehalten. Die Größe der berührenden Kreisdurchmesse ist für die Einhaltung der Rundheit jedoch nicht vorgegeben.

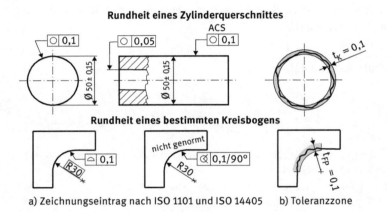

Abb. 7.6: Eintragung und Interpretation der Rundheit eines Zylinderquerschnittes bzw. eines Kreisbogens über Profilnorm oder Winkelsektor

In dem vorstehenden In diesen Beispielen (Abb. 7.6) muss die Umfangslinie eines jeden Querschnittes bzw. Kreisbogens zwischen zwei in derselben Ebene liegenden konzentrischen Kreisen vom Abstand $t_K \leq 0{,}1$ mm liegen. Die Rundheit muss an zu vereinbarenden Stellen über der Länge (d. h. in Radialschnitten) nachgewiesen werden. Bei ISO 8015 kann die Rundheit von Wellenabschnitten auch über die Hüllbedingung $\varnothing 50 \pm 0{,}15$ Ⓔ erzeugt werden, wenn eine Paarung mit einer Bohrung, einer Nabe oder einem Lager hergestellt werden muss.

Aus funktionellen Gründen kann eine sektionale Rundheitsforderung auch an Kreisbögen oder Kreissegmenten (Winkelsektor) gestellt werden. Die Istkontur des Kreisbogens muss dann innerhalb der Kreissegmentfläche verlaufen; es wird aber *keine* Forderung an den Übergang (z. B. „tangential") in das Werkstück gestellt. Die Toleranz des Radius liegt dann in der Formtoleranz. In der Messtechnik ist dies auch als „Winkelsektor-Forderung" bekannt.

7.4.3.2 Regeln für die Anwendung

> **Leitregel 7.3: Rundheit**
> **Form**: Die Rundheitstoleranz kann nur auf **reale** Geometrieelemente angewendet werden; der Toleranzpfeil darf daher nie auf dem Maßpfeil stehen.
> **Formabweichungen**: Andere Formabweichungen wie z. B. Durchbiegung, Balligkeit oder Kegligkeit eines Zylinders werden durch die Rundheitstoleranz bzw. -prüfung nicht erfasst. Die Rundheitstoleranz kann auch auf Kegel angewendet werden.
> **Anwendung**: Da eine Rundheitstolerierung nur an einzelnen Stellen über die Länge nachzuweisen ist, kann eine Balligkeit, Krummheit oder Kegeligkeit nicht erfasst werden.

7.4.3.3 Prüfverfahren

Die gewöhnlichen Messverfahren sind eine Formmessung durch Vergleich mit Kreisquerschnitten oder eine Erfassung mit einer Messuhr.

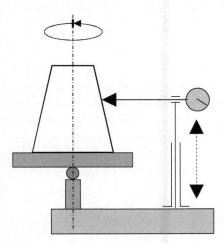

Abb. 7.7: Rundheitsmessung mit Messuhr nach DIN EN 12181-1

Das Bauteil muss gemäß dem Abbe'schen Grundsatz (DIN 1319) koaxial zur Messrichtung ausgerichtet werden.

Während einer ganzen Umdrehung des Messtellers werden die radialen Abweichungen in einer festgelegten Anzahl von Schnitten aufgenommen. Meist erfolgt dies an drei Querschnitten über die Länge des Bauteils. Die Messverfahren für Rundheitsmessungen sind u. a. in der DIN EN 12181-1 erläutert. Die Messung kann erfolgen (s. auch ISO 14405):

- nach der Minimum-Bedingung,
- nach dem Kriterium des größten tangierenden Innenkreises oder größtem umschriebenen Außenkreises

oder

- nach dem Kriterium der Methode der kleinsten Quadrate nach Gauß.

7.4.4 Zylinderform

Die Zylinderformtoleranz erweitert die Rundheitstoleranz um die Dimension der Länge. Die Einschränkung der Zylinderform ist meist bei Achsen und Wellen (z. B. Nabensitze) zur Sicherstellung der Funktion notwendig. Wie bei der Rundheit kann die Zylinderform auch nur auf reale Geometrieelemente angewendet werden.

Die gesamte Zylindermantelfläche muss zwischen zwei koaxialen Zylindern mit dem radialen Abstand t_Z liegen. Die Zylinderdurchmesser werden durch die Toleranzangabe nicht festgelegt.

7.4.4.1 Zeichnungseintrag und Toleranzzone

Die Zylinderformtoleranz oder Zylindrizität begrenzt die Abweichungen von der Zylinderform (einschließlich Geradheit und Parallelität der Mantellinien, Rundheit der Querschnitte über der Länge). Nach der DIN 7190 soll $t_Z \approx 1/3$ der Maßtoleranz sein.

In dem Beispiel muss die Zylindermantelfläche zwischen zwei koaxialen Zylindern vom Abstand $t_Z = 0{,}1$ mm liegen.

Die Zylinderformtoleranz umfasst die folgenden drei Einzeltoleranzen:

—	0,1	Geradheitsabweichung der Mantellinie
//	0,2	Parallelitätsabweichung von zwei gegenüberliegenden Mantellinien (= 2 × Tol.-Wert)
O	0,1	Rundheit in achsensenkrechten Schnitten (ACS)

Mit der Zylinderformtoleranz wird somit eine komplexe „Gesamttoleranz" gebildet. Der Durchmesser des Bauteils wird durch die Zylindrizität jedoch nicht beeinflusst. Die Zylindrizität ist am Umfang des Geometrieelementes nachzuweisen, mindestens an zwei Positionen, welche um 90° versetzt sind. In der Skizze ist die Toleranzzone und ein Verlauf der Mantellinie angedeutet worden.

Zylindrizität einer Zylindermantelfläche

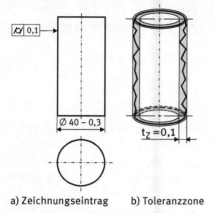

a) Zeichnungseintrag   b) Toleranzzone

Abb. 7.8: Eintragung und Interpretation der Zylindrizität einer Mantelfläche für einen Sicherungsbolzen

7.4.4.2 Regeln für die Anwendung

> **Leitregel 7.4: Zusammengesetzte Zylinderformtoleranz**
> **Form:** Die Toleranz der Zylinderform kann nur auf reale Geometrieelemente angewendet werden. Der Toleranzpfeil darf daher nie auf dem Maßpfeil stehen.
> **Eingeschlossene Toleranzarten:** Die Zylinderformtoleranz umfasst
> – Rundheit aller Querschnitte (Grenzabweichung t_Z) über die Längsachse
> – Geradheit aller Mantellinien und der Achse (Grenzabweichung t_Z)
> – Parallelität der Mantellinien (Grenzabweichung $2 \cdot t_Z$)

7.4.4.3 Prüfverfahren

In der Praxis beschränkt man sich bei der Messung einer vorhandenen Abweichung von der Zylinderformtoleranz auf den Nachweis, dass keine Kegel- oder Tonnenform vorliegt. In einem einfachen Verfahren wird der Prüfling auf einer drehbaren Messplatte ausgerichtet und mit einem vertikal geführten Taster der radiale Ausschlag gemessen.

Für den Nachweis der Zylindrizität ist an mindestens drei Stellen über die Länge die Messung zu wiederholen. Sollte aus Funktionsgründen eine vollständige Erfassung der Zylinderformtoleranz notwendig sein, müssen zusätzlich die Abweichung von der *Geradheit* (bzw. Parallelität) an vier um jeweils 90° versetzten Mantellinien und die Abweichung von der *Rundheit* in mindestens drei Messebenen gemessen werden.

Recht einfach lässt sich die Zylinderform mit einer digitalen Messmaschine bestimmen. Das Messprinzip ist in der ISO 12180 beschrieben und zielt auf die vollständige Erfassung des Oberflächenprofils. Als Messcharakteristik wird die Vogelkäfig-Methode (d. h. ein Gitterraster) vorgeschlagen.

7.5 Profiltoleranzen

In der Norm bilden die Profiltoleranzen eine eigene Gruppe, da sie je nach Anforderung als Form-, Richtungs- und Ortstoleranz eingesetzt werden können. Man unterscheidet hierbei zwischen einem *Linien-* und *Flächenformprofil*. Der Ursprungszweck war, einen beliebigen Profilverlauf auf einer Nichtregelgeometrie eindeutig festlegen zu können.

Mittlerweile werden Profiltoleranzen auch für die Spezifizierung anderer Anforderungen, wie bspw. Parallelität, abgewandelt. Meist lässt die Norm nämlich auch mehrere Möglichkeiten zu, einen bestimmten funktionalen Zweck zu erreichen.

In der Abb. 7.9 ist dies herausgestellt und hierzu der mögliche funktionelle Zweck umrissen. Durch die Angabe der Ebenheit wird nur eine lokale Forderung definiert, d. h., die obere Deckfläche soll innerhalb der angegebenen Toleranz „eben" sein.

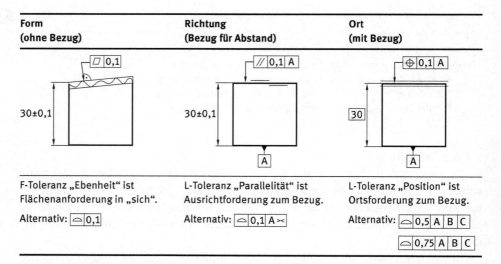

Abb. 7.9: Alternative Nutzung von F+L-Toleranzen als Flächenform-, Lage- und Ortseingrenzung

Bei der Parallelitätsforderung soll die obere Deckfläche zur unteren Bezugsfläche parallel verlaufen, das angegebene Zweipunktmaß (Abstandsmaß) darf aber nicht verletzt werden. Hieraus folgt, dass die Toleranzzone einmal nach außen und einmal nach innen fällt.

Bei der Festlegung einer Positionstoleranz, soll die tolerierte Fläche an einem bestimmten Ort liegen, dies wird durch das TED-Maß ausgedrückt, wozu die Toleranz dann symmetrisch verläuft.

Die benutzten Geometrietoleranzen können auch durch Profiltoleranzen ersetzt werden, die in der neuen ISO-Normung als Universaltoleranzen genutzt werden. Zu beachten ist dabei, dass die Größenmaße dann als TED-Maße zu wählen sind.

Die im Toleranz-Indikator benutzte „Spitzklammer" drückt hierbei aus, dass von der Flächenformtoleranz nur die Nebenbedingung der Richtung und nicht des Ortes zu berücksichtigen ist. Dies ist immer dann erforderlich, wenn das ursprünglich Plus/Minus-tolerierte Größenmaß beibehalten werden soll.

7.5.1 Linienformprofil

 Jede Profillinie muss zwischen zwei äquidistanten Grenzlinien vom Abstand $\pm t_{LP}/2$ von der theoretisch genauen Profillinie ohne oder mit Bezug liegen.

7.5.1.1 Zeichnungseintrag und Toleranzzone

Gewöhnlich wird ein Linienprofil bei dünnen Bauteilen (z. B. Stanzteile) verwendet. Die Toleranzzone wird durch zwei äquidistante Linien mit genau dem Abstand des Toleranzwertes (s. ISO 1660) begrenzt. Diesen Linien begrenzen somit die Toleranzzone[2], bzw. dazwischen muss die Ist-Linie verlaufen.

Normaler Weise begrenzt eine Toleranzangabe auch nur ein Geometrieelement. Im Beispiel soll die Toleranz aber zwei Geometrieelemente (2x) begrenzen, wobei die Forderung besteht, dass die beiden Toleranzzonen „glatt" ineinander übergehen sollen. Im Toleranzindikator ist dies mit der Angabe CZ hervorgehoben.

Als alternative Situation soll die Toleranzangabe umlaufend vereinbart werden. Darauf weißt das Zeichen „rundum" an der Hinweislinie des Toleranzindikators hin.

Weiterhin soll das Bauteil letztlich in seiner idealen Geometrie vorliegen, deshalb werden die umlaufenden Geometrieelemente mit UF zusammengefasst bzw. vereinigt. Hierdurch wird eine umlaufende Toleranzzone mit Nebenbedingungen gebildet, welche die Regelgeometrie mit rechtwinkligen Toleranzzonen umfasst und die Nichtregelgeometrie konturgetreu einschließt. Letztlich bewirkt dies, dass das Bauteil so hergestellt wird, wie es ideal in einer Zeichnung dargestellt worden ist.

---

[2] Anm.: Die ISO 1101 lässt für Profile auch das Symbol „rundherum" zu, welches durch einen Vollkreis auf der Hinweislinie zu fordern ist. Die angegebene Toleranz gilt aber nicht für alle Flächen, sondern nur für die dargestellte Umlaufkontur (also ohne die sichtbaren Stirnflächen).

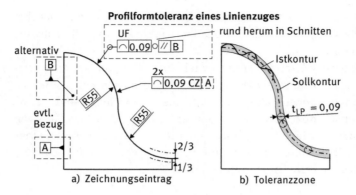

Abb. 7.10: Linienformtolerierung mit Angabe für Kurve und Alternative umlaufend für ganze Kontur

Interpretiert heißen somit die Angaben im Bild:

Projiziert man im obigen Beispiel Kreise vom Durchmesser 0,09 auf die geometrisch ideale Linienform (Abb. 7.10b), so muss das Istprofil oder die Istkontur in jedem zur Zeichnungsebene *parallelen Schnitt* (s. Sammlungsanzeiger für „ringsum" und parallel zur Orientierungsebene B) zwischen zwei Linien liegen, die diese Kreise berührend einhüllen.

Die Mittelpunkte dieser Kreise liegen auf der theoretisch genauen Solllinie. Die Toleranzzone fällt also symmetrisch zur theoretisch genauen Linie, die mit TED-Maßen festgelegt worden ist.

Als „Ausnahme" kann jedoch eine asymmetrische Aufteilung der Toleranzzone vereinbart werden. Dies musste dann früher in der Zeichnung bzw. an der Toleranzzone gekennzeichnet sein, z. B. 2/3 ≅ 0,06 mm und 1/3 ≅ 0,03 mm (ist aber nach der neuen ISO 1101 nicht mehr zulässig).

Für diesen Fall hat man neu das Symbol „UZ" (ungleich verteilte Toleranzzone) eingeführt, welches im Toleranzindikator mit dem Verschiebungswert + 0,015 mm (+ Toleranzzone wird aus dem Material herausgeschoben, – Toleranzzone wird in das Material hineingeschoben) zu vereinbaren ist. Da die Toleranzzone angegeben ist mit ±0,045 mm, ergibt sich mit der Verschiebung die gewünschte Aufteilung.

Das Profil wird im obigen Fall durch die beiden Radien R55 mm; die als *theoretisch exakte Maße* angegeben werden müssen, festgelegt. Ist hingegen die Toleranzzone umlaufend vereinbart, muss die ganze Ausdehnung der Toleranzzone mit TED-Maßen erfasst werden.

Je nach funktionaler Zwecksetzung kann die Profiltoleranz ohne oder mit Bezüge als Form- oder Lagetoleranz auf geraden oder gekrümmten Flächen verwendet werden. Falls Bezüge benutzt werden, ist die Eingrenzung des Profils in der Regel genauer.

Der Nachweis der Linienformabweichung kann mit einer konventionellen Messung (Vergleichsnormal) oder einer Messmaschine (mit verfahrbarem Messkopf) erfolgen, in dem dickenparallele Schnitte abgefahren werden.

Nach der ISO 1101, darf die Linienform auch bei geraden Flächen (als alternative Geradheit) herangezogen werden, was eigentlich aber nur sinnvoll bei umlaufenden Toleranzen ist.

7.5.1.2 Regeln für die Anwendung

Leitregel 7.5: Linienformprofil !

Profil: Linienformprofile werden meist nur für reale Geometrieelemente angewandt und gelten in parallelen Schnitten zur Werkstückachse.

Bezüge: Linienformprofile können sowohl als Formtoleranzen ohne Bezüge als auch als Richtungs- oder Ortstoleranzen mit Bezügen verwendet werden.

Toleranzen und Grenzabweichungen: Die Toleranzzone liegt normalerweise mittig zum idealen Profil. Es besteht jedoch auch die Möglichkeit, die Toleranzzone *ungleich verteilt* (UZ) aufzuteilen.

Aufteilung zum vorstehenden Beispiel:

 | + aus dem Material heraus
− in das Material hinein

Dieses Aufteilungsprinzip kann auf alle Toleranzzonen übertragen werden.

7.5.1.3 Prüfverfahren

Für die Prüfung existieren mehrere Möglichkeiten:
1. Profilschablone bzw. Profilprojektor: Der maximale Abstand zwischen der Schablone und dem Istprofil muss innerhalb der Toleranzzone liegen.
2. Profilnormal: Abtasten von Punkten über die Länge

oder

3. Messmaschine: Vergleich von Koordinaten mit einem idealem Bezugsprofil.

7.5.2 Flächenformprofil

 Die gesamte Profilfläche muss zwischen zwei äquidistanten Flächen im Abstand $\pm t_{FP}/2$ von der theoretisch genauen Fläche ohne oder mit Bezug liegen.

Die Flächenformprofiltoleranz erstreckt sich somit über die ganze Oberfläche des Werkstücks, d. h., sie ist nicht nur begrenzt auf einzelne Schnitte.

7.5.2.1 Zeichnungseintragung und Toleranzzone

Die Flächenformtoleranz ist die Erweiterung der Linientoleranz um die dritte Dimension. Die Toleranzzone der Flächenform wird eingrenzt durch zwei tangierende Flächen, die Kugeln vom Durchmesser t_{FP} einhüllen, deren Mitten auf einer Fläche von geometrisch idealer Form liegen, wodurch die Deckfläche eingegrenzt wird. Diese Forderung kann auch umlaufend (s. Rahmen) über die Kontur gestellt werden.

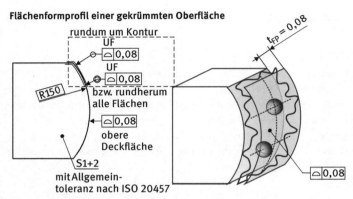

a) 2D-Zeichnungseintrag   b) Toleranzzone und 3D-Zeichnungseintrag

Abb. 7.11: Flächenformprofil oder Flächenformtoleranz einer gekrümmten Oberfläche bzw. umlaufende Kontur an einem Kunststoff-Formteil

In dem betrachteten Beispiel (Abb. 7.11) muss die angerissene Deckfläche zwischen zwei Flächen liegen, deren Abstand durch zwei Kugeln vom Durchmesser $t_{FP} = 0{,}08$ gegeben sind. Die Flächenformtoleranz kann mit oder ohne Bezug genutzt werden. Durch die Nutzung eines Bezuges ist die Tolerierung oft genauer, was auch Abb. 7.12 ausweisen soll.

Wie zuvor kann die Flächenformtoleranz auch umlaufend gefordert werden, u. zw. entweder nur auf die Umlaufflächen oder auch über alle Oberflächen. Bei Kunststoffteilen wird die Flächenformtoleranz sehr gerne über alle Flächen gelegt. Wenn wieder Bedingungen wie die Rechtwinkligkeit von Flächen gefordert wird, ist es sinnvoll hier UF zu benutzen und die Einzelflächen zu einer Fläche zusammenzufassen.

Ein besonderer Hinweis sei noch zur ISO 20457 (Allgemeintoleranzen für Kunststoff-Formteile) gegeben. Hier müssen die Flächen die der Allgemeintoleranz unterliegen sollen mit einer Fahne ($S_{Nr.}$)gekennzeichnet werden.

Als ein weiterer typischer Anwendungsfall zeigt Abb. 7.12 den Zeichnungseintrag am Beispiel einer Kugel. Auch hier erfüllen die Einträge mit der Profilformtoleranz einen bestimmten funktionalen Zweck.

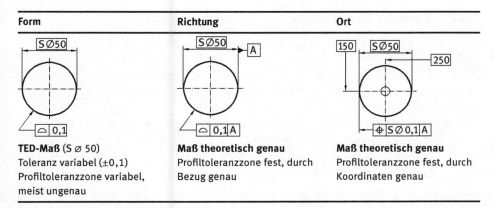

Abb. 7.12: Beispielhafte Übertragung von F+L-Toleranzen und deren Wirkung auf eine Kugel

Im ersten Fall wird die Profilformtoleranz als reine Formabweichung „in sich" gewählt. Im zweiten Fall soll die Mitte der Kugel als Bezug gewählt werden, der Kugeldurchmesser variiert zwischen ⌀49,9 und ⌀50,1 mm. Im dritten Fall soll sich die Bemaßung und Tolerierung auf ein globales Bauteilkoordinatensystem beziehen.

Neben der Lage einer Bohrung (Positionstoleranz) interessiert auch in einigen Fällen die form der Mantelfläche. In der Abb. 7.13 ist dargestellt, wie mittels der Flächenformtoleranz die Ovalität einer Bohrung eingegrenzt werden kann.

Mit Hilfe von TED-Maßen wird die Solllage der Bohrungsmitte und die Mitte der Toleranzzone festgelegt. Das Istmaß der Bohrung darf sich somit zwischen ⌀19,9–⌀20,1 bewegen, d. h., die größte Ovalitätsabweichung darf nur 0,2 mm betragen.

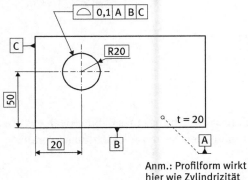

Abb. 7.13: Anwendung der Profilformtoleranz auf eine Bohrung

7.5.2.2 Regeln für die Anwendung

> **Leitregel 7.6: Flächenprofil**
> **Profil:** Flächenprofile werden in der Regel nur für reale Geometrieelemente angewendet.
> **Bezüge:** Flächenprofile können sowohl als reine Formtoleranzen ohne Bezüge als auch als Lagetoleranzen mit Bezügen auftreten.
> **Toleranzen und Grenzabweichungen:** Die Toleranzzone liegt mittig zum idealen Profil. Die größte zulässige Abweichung beträgt somit $\pm 0{,}5 \cdot t_{FP}$.

7.5.2.3 Prüfverfahren

Die Profilformtoleranz kann mittels einer Profilschablone (mit kurvengeführtem Messstift nach DIN 2269), einer Abtastung über ein Formnormal, optisch oder durch Koordinatenmessung mittels einer 3D-Messmaschine (mit höhenverstellbarer Auflage) erfolgen. Der Regelfall wird aber heute aus Gründen der Genauigkeit die digitale Koordinatenmessung sein. Die Messung ist sowohl über die Profillänge als auch in mindestens drei Querschnitten über die Dicke durchzuführen.

7.6 Lagetoleranzen

Wird ein Bauteil mit einer Lagetoleranz versehen, so wird der Ort eines Geometrieelements relativ zu einem Bezug festgelegt. Deshalb gehört zu einer Lagetolerierung neben dem zu tolerierenden Geometrieelement immer auch mindestens ein Bezug. Dieser Bezug ist ein reales Element und deshalb ebenfalls mit Form- und Maßabweichungen behaftet. Zu den Lagetoleranzen zählen die Gruppen
- Richtungstoleranzen,
- Ortstoleranzen

und
- Lauftoleranzen,

die in weitere Einzeltoleranzen untergliedert werden.

7.6.1 Richtungstoleranzen

Richtungstoleranzen begrenzen die Richtungsabweichung eines Geometrieelementes von seiner Nennlage relativ zu einem zu bildenden Bezug. Als Richtungstoleranzen bezeichnet man Toleranzangaben für
- Winkligkeit,
- Parallelität

und
- Rechtwinkligkeit.

Die Parallelität und die Rechtwinkligkeit können als Sonderfälle der Winkligkeit angesehen werden. Bei der Bewertung der Richtungsabweichung /TRU 97/ müssen die Formabweichungen des Bezugselementes eliminiert werden. Dazu müssen die wirklichen Bezugselemente durch Referenzelemente ersetzt werden. Anstelle von Ebenen, Achsen oder Symmetrieebenen der wirklichen Bezüge werden also Referenzbezüge herangezogen. Nachfolgend sollen diese Auswirkungen auf ein Geometrieelement beschrieben werden.

> **Leitregel 7.7: Richtungstoleranzen**
> **Richtung:** Richtungstoleranzen begrenzen die Lage. Sie können sowohl auf reale als auch auf abgeleitete Geometrieelemente angewendet werden und benötigen einen Bezug.
> **Toleranzzone:** Da eine Richtung nur für eine Gerade oder Ebene vorstellbar ist, folgt daraus:
> „Die Toleranzzone von Richtungen ist immer geradlinig. Sie liegt zwischen zwei Ebenen, zwei Geraden oder innerhalb eines Zylinders".
> **Eingeschlossene Formtoleranzen:** Jede Richtungstoleranz enthält implizit auch eine Geradheitstoleranz. Wenn eine Fläche toleriert wird, ist auch eine Ebenheitstoleranz eingeschlossen.

7.6.1.1 Winkligkeit

Die tolerierte Fläche oder Achse/Mittelebene muss zwischen zwei parallelen Ebenen vom Abstand $\pm t_N/2$ bzw. in einem Toleranzzylinder $\varnothing t_N$ liegen, die zu einem Bezug um einen theoretisch genauen Winkel geneigt sind.

7.6.1.1.1 Zeichnungseintrag und Toleranzzone

Die Toleranzzone wird begrenzt durch zwei parallele Linien oder Ebenen vom Abstand t_N, die *zum Bezug im vorgeschriebenen Winkel* geneigt sind. Normalerweise verläuft die Toleranzzone rechtwinklig zum Hinweispfeil. Es ist aber auch eine andere Messrichtung möglich, welches sich durch einen zusätzlichen „Messrichtungs-Anzeiger bzw. Richtungsebenen-Indikator" hinter dem Toleranzrahmen (siehe Abb. 7.13b) zu vereinbaren ist.

Der Zeichnungseintrag in Abb. 7.14a bedeutet, dass die tolerierte Fläche zwischen zwei parallelen Ebenen vom Abstand $t_N = 0{,}05$ mm liegen muss, die zur Bezugsachse A um den theoretisch genauen Winkel von 130° geneigt ist. *Die Toleranzzone liegt hierbei immer symmetrisch zur angezogenen Linie, wodurch die Richtung und die Form festgelegt sind (anders ist $130°\pm2°$, d. h. keine Lagebegrenzung des Scheitels). Diese Vereinbarung gilt auch für Projektionen (d. h. Linie und Bezug liegen in verschiedenen Ebenen).*

In dem Beispiel ist alternativ auch der VA- Modifikator (= variabler Winkel) angezogen worden, damit wird vereinbart, dass der Winkel der tolerierten Ebene auch veränderlich sein darf.

Weiter ist in Abb. 7.14b noch eine andere Richtung für die Messung der Winkelabweichung gewählt worden, d. h., es ist kenntlich gemacht worden, dass die „Mess-

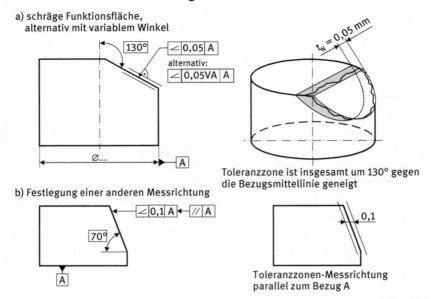

Abb. 7.14: Eintragung und Interpretation einer Neigungstolerierung 8ohne und mit variablem Winkel (VA)

richtung" für die Winkligkeit abweichend zur Norm gewählt worden ist. Dementsprechend muss ein Richtungselement-Indikator angegeben werden, der die Messrichtung zu einem Bezug festlegt. Dies ist ein Hinweis an die Messtechnik, dass der Konstrukteur aus funktionalen Gründen eine andere Toleranzabweichung begrenzen möchte.

Zulässige Richtungselement-Indikatoren:

7.6.1.1.2 Regeln für die Anwendung

> **Leitregel 7.8: Winkligkeit (früher: Neigung)**
>
> **Lage:** Die Winkligkeitstoleranz bezieht sich auf eine gerade Linie oder Ebene.
>
> **Toleranzzone:** Die Begrenzung erfolgt durch geneigte parallele, gerade Linien oder Ebenen mit einem theoretisch genauen Winkel zu einem Bezug.
>
> **Anmerkung:** Es besteht ein messtechnischer Unterschied zwischen der Winkligkeits-[3] und Winkeltolerierung (s. DIN 406).

---

[3] Anm.: In der DIN 406, T. 1 ist ebenfalls die Neigung (Symbol ⌒) für die Kennzeichnung von abgeknickten Kanten eingeführt worden.

7.6.1.1.3 Prüfverfahren

Die Nachweismessung erfolgt gewöhnlich:
1. Durch direkte Winkligkeitsmessung (nach DIN 877)
2. Indirekt durch Messung von Abständen

Das Bauteil wird mit seinem Bezugselement unter einem festen Winkel α auf der Prüfplatte (s. Abb. 7.15) so ausgerichtet, dass die Messstrecke parallel ist. Dann wird das Bauteil durch Drehen um eine Achse senkrecht zum Bezug so ausgerichtet, dass der Abstand zwischen dem tolerierten Element und der Prüfplatte minimal ist. Dann wird die so genannte Abweichungsspanne an einer ausreichenden Anzahl von Messpunkten bestimmt. Die Abweichungsspanne ist die Differenz zwischen größtem und kleinstem Messwert einer Messreihe. Die so ermittelte Abstandsspanne entspricht der Winkligkeitsabweichung, die mit dem Toleranzwert zu vergleichen ist.

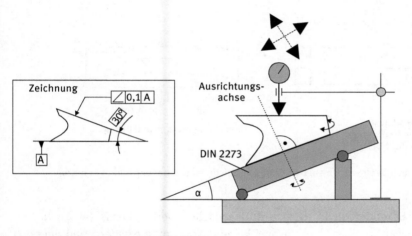

Abb. 7.15: Prüfverfahren für die Winkligkeitsmessung

7.6.1.2 Parallelität

 Die tolerierte Linie, Fläche oder Mittelebene muss zwischen zwei zum Bezug (oder Bezugssystem) parallelen Ebenen im Abstand t_P bzw. in einem Toleranzzylinder mit $\varnothing t_P$ in der festgelegten Richtung verlaufen.

7.6.1.2.1 Zeichnungseintrag und Toleranzzone

Eine übergroße Parallelitätsabweichung ist oft für mechanische Funktionsanforderungen von Bauteilen schädlich. Deshalb werden gewöhnlich Laufflächen, Distanzstücke und Funktionsbohrungen mit einer Parallelitätstoleranz versehen. Die Parallelitätstoleranz benötigt als Lageabweichung einen Bezug. Dieser kann entweder in einer Linie, Ebene oder einem Bezugssystem (gerade Linie und Ebene oder zwei Ebenen) bestehen.

Die Toleranzangabe gemäß Abb. 7.16 bezieht sich normalerweise auf die Parallelität einer Fläche zu einer Bezugsfläche. Gemäß Angabe ist der Abstand der die Toleranzzone begrenzenden Ebenen $t_p = 0,1$ mm. Wird allerdings in Kombination mit dem Toleranzindikator eine Linienanforderung (mit Hilfe des Schnittebenenindikators) definiert, dann wird die Toleranzzone nur durch zwei parallele Linien begrenzt, die parallel zur vorderen Orientierungsebene verlaufen sollen. In diesem Fall ist der Parallelitätsnachweis in Schnitten (beliebige Querschnitte = ACS) über die Bauteildicke zu erbringen.

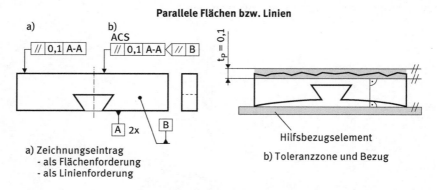

Abb. 7.16: Parallelität einer Ebene a) bzw. Linie b) – Zeichnungseintragung und Toleranzzone

Eine weitere Besonderheit ist, dass die Auflagefläche unterbrochen ist (A-A, d. h., beide Bezüge liegen in einer Ebene, wobei keine Bevorzugung existiert) und dennoch gemeinsam aufliegen soll.

Nachfolgend wird ergänzend gezeigt, dass Parallelität auch sinnvoll auf Mittellinien, und zwar bevorzugt auf Bohrungsachsen angewandt werden kann. Unter Heranziehung von zwei Bezügen kann somit eine definierte Ausrichtung der Bohrungen zueinander hergestellt werden.

Ein Eintrag der Parallelitätstoleranz nach Abb. 7.17 bedeutet, dass die Achse der tolerierten Bohrung innerhalb eines Zylinders von $t_p = \varnothing 0,1$ mm liegen muss, dessen Achse parallel zur Bezugsachse und senkrecht zum Bezug ist. Würde stattdessen nur mit einem Bezug operiert, so würde sich die Toleranzzone der tolerierten Bohrung nur nach der Bezugsbohrung B ausrichten. Ergänzend wird in der Messtechnik die schwache Form der Parallelität auch als „Konizität" genutzt.

7.6 Lagetoleranzen

Parallelität von Bohrungen

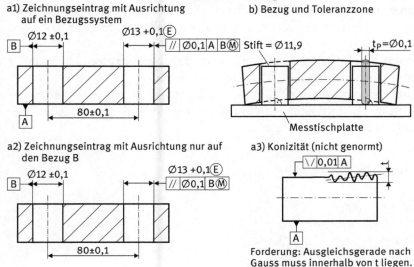

Abb. 7.17: Parallelität – Zeichnungseintrag mit Toleranzzone und Lehrung

Eine andere Art von „bedingter Parallelität" kann wie im Abb. 7.18 gezeigt auch durch eine umlaufende Flächenformtoleranz mit „CZ" hergestellt werden. Nach Norm soll dies die Plus/Minus-Tolerierung von Längenmaßen ersetzen, insbesondere dann, wenn eine Paarung angestrebt wird. Durch die Angabe „CZ" werden vier rechtwinklig aufeinander stehende Toleranzzonen definiert, innerhalb denen die realen Flächen liegen müssen.

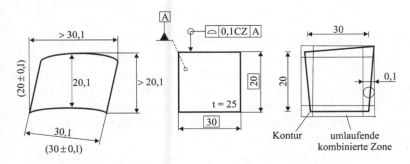

Abb. 7.18: Alternative bzw. schwache Parallelitätsforderung für ein Fügeteil

Wie zuvor schon ausgeführt, hat das Symbol „CZ" (kombinierte Toleranzzone mit Nebenbedingungen) eine erweiterte Bedeutung erhalten. Zweck ist meist, dass die ideale Geometrie (TEF = gezeichnete Geometrie, gleich hergestellte Geometrie) real auch so entsteht.

Im vorliegenden Fall sorgt CZ dafür, dass die Toleranzzonen an einem definierte Ort in der gewünschten Richtung (90° zueinander) verlaufen.

Eine Plus-Minus-Tolerierung kann nicht sicherstellen, dass das Bauteil wie gezeichnet auch in der Herstellung entsteht. Da durch unterschiedliche Seitenlänge stark verzerrte Geometrien möglich sind.

7.6.1.2.2 Regeln für die Anwendung

> **Leitregel 7.9: Parallelität**
> **Lage:** Die Parallelitätstoleranz soll die Lageabweichung von zwei gegenüberliegenden Geometrieelementen zueinander begrenzen. Notwendig ist hierzu ein Bezugselement.

7.6.1.2.3 Prüfverfahren
Entsprechend der Vielfältigkeit der Parallelitätsangaben existieren auch eine Vielzahl von Messaufbauten. Meist haben diese eine große Ähnlichkeit zur Geradheitsmessung (Kapitel 7.4.1.3). Gewöhnlich kann Parallelität unter Nutzung einer Messreferenz über Prüfplatte, Prüfstifte (DIN 2269), Messständer und Messuhren nachgewiesen werden.

7.6.1.3 Rechtwinkligkeit

> Die tolerierte Kante (Mantellinie), Fläche oder Achse muss zwischen zwei parallele zur Bezugsfläche rechtwinkligen Linien/Ebenen vom Abstand t_R bzw. in einem rechtwinkligen Zylinder mit $\varnothing t_R$ verlaufen.

7.6.1.3.1 Zeichnungseintragung und Toleranzzone
Die Toleranzzone wird in dem gezeigten Fall durch zwei parallele, gerade Linien vom Abstand t_R bzw. Toleranzzylinder vom $\varnothing t_R$ begrenzt, die zum Bezug senkrecht stehen.

Bei diesem Beispiel (Abb. 7.19) muss jede beliebige Mantellinie der tolerierten zylindrischen Fläche zwischen zwei parallele, gerade Linien vom Abstand $t_R = 0,1$ mm liegen, die auf der Bezugsfläche senkrecht stehen. Die Rechtwinkligkeit muss am Umfang an mindestens zwei Stellen nachgewiesen werden.

Meist wird die Rechtwinkligkeitsforderung auf Flächen angewandt, z. B. „im rechten Winkel" zu einer Bezugsfläche. Oft reicht aber zur eindeutigen Ausrichtung der Toleranzzone *ein* Bezug nicht aus, insofern muss dann eine weitere Bezugsebene herangezogen werden.

Rechtwinkligkeit integraler Linien und Mittellinien

a) Rechtwinkligkeit der Mantellinien eines angedrehten Zapfens

b) Verlauf einer Mittellinie

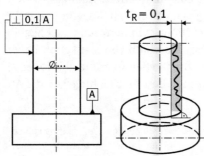
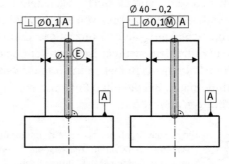

Abb. 7.19: Eintragung und Interpretation der Rechtwinkligkeitstoleranz an einer Mantellinie

7.6.2 Ortstoleranzen

Ortstoleranzen legen den Nennort eines Formelementes relativ zu einem oder mehreren Bezügen fest. Man unterscheidet die folgenden Ortstoleranzen:
- Position,
- Konzentrizität und Koaxialität

und
- Symmetrie.

Diese können auf Linien, Achsen, Punkte und Symmetrieflächen angewandt werden.

Bei der Positionstolerierung wird der Nennort durch *theoretische Maße* (s. ISO 5458) bestimmt, bei der Koaxialitäts- bzw. Konzentrizitätstolerierung ist der Nennort die Achse bzw. der Mittelpunkt des Bezugselementes und bei der Symmetrie ist der Nennort die Mittelebene oder -linie des Bezugselementes.

Die Angabe einer Richtungs- bzw. Formtoleranz für ein Element, das bereits durch eine Ortstoleranz begrenzt ist, ist also nur sinnvoll, wenn die Ortstoleranz größer ist als die Richtungs- bzw. Formtoleranz.

Leitregel 7.10: Ortstoleranzen

Ort: Bei allen Ortstoleranzen ist die Toleranzzone ortsgebunden, d. h. sie liegt symmetrisch zur Nennposition (idealer Ort). Sie ist geradlinig begrenzt durch zwei Ebenen, Geraden oder liegt innerhalb des Zylinders wie bei den Richtungstoleranzen.

Eingeschlossen Abweichungen: Jede Ortstoleranz schränkt am tolerierenden Element ein:
ORT → Grenzabweichung = t/2
RICHTUNG → Grenzabweichung t
FORM → Grenzabweichung t

7.6.2.1 Position

Die Positionstoleranz gehört zu den wichtigsten und vielfältigsten Lagetoleranzen. Es werden sowohl reale als auch abgeleitete Formelemente toleriert. Häufiger Anwendungsfall ist die Tolerierung von Achsen, Bohrungen und Punkten (Kugelmittelpunkt, z. B. bei Gelenken). Die Toleranzzone ist dann geradlinig, zylinderförmig oder kugelig begrenzt und liegt symmetrisch zur Nennposition. Innerhalb von Maßketten haben Positionstoleranzen immer dann Vorteile, wenn es ungünstige Toleranzadditionen zu verhindern gilt. Bei der alten Puls/Minus-Tolerierung pflanzen sich hingegen die Abweichungen additiv fort.

> Die Kanten, Flächen oder Schnittpunkte von sich kreuzenden Achsen, müssen zwischen zwei parallelen Ebenen vom Abstand t_{PS} oder $\varnothing t_{PS}$ am theoretisch genauen Ort in einer zum Bezug festgelegten Richtung liegen.

7.6.2.1.1 Zeichnungseintrag und Toleranzzone

Mit einer Positionstoleranz sollen die Abweichungen eines Geometrieelementes von seinem *theoretisch genauen Ort* begrenzt werden. Dies bedingt die Maßangabe mit *theoretisch genauen Maßen*, die zu einem Bezug oder mehreren Bezügen in Beziehung stehen.

Eine sehr häufige Anwendung von Positionstoleranzen ist die Festlegung von Bohrungen, Lochbildern oder Kanten. Hier gilt es, beispielsweise die ideale Lage einer Bohrung zu fixieren und die Toleranz in die Positionsabweichung zu legen. Sinnvoll ist es, dann dem Toleranzwert t_{PS} das $\varnothing$-Zeichen voranzustellen, um eine zylindrische Toleranzzone[4] zu vereinbaren. Innerhalb der zylindrischen Toleranzzone darf die Bohrung von ihrer Solllage abweichen.

Im Beispiel von Abb. 7.20 muss die Achse der tolerierten Bohrung innerhalb eines Zylinders vom Durchmesser $t_{PS} = \varnothing 0{,}02$ mm liegen, dessen Achse sich bezogen auf das Bezugssystem A, B und C am theoretisch genauen Ort befindet.

Ein häufiger Fehler in der Praxis besteht darin, dass das Prinzip der eindeutigen Ausrichtung von Toleranzzonen nicht beachtet wird. Im vorliegenden Fall steht die zylindrische Toleranzzone rechtwinklig auf dem Primärbezug (A) und die Richtung orientiert sich an den Sekundär- (B) und Tertiärbezug (C). Hierdurch nimmt die Bohrung eine definierte Lage ein. Dies soll die nebenstehende Skizze verdeutlichen.

Wichtig ist in diesem Zusammenhang auch, dass dem Toleranzwert das $\varnothing$-Zeichen vorangestellt wird, somit liegt eine zylindrische Toleranzzone vor. Fehlt das Durchmesserzeichen, so liegt die Toleranzzone zwischen zwei parallelen Ebenen vom Abstand t_{PS} in Richtung des Toleranzpfeils, auf der Mittellinie.

---

[4] Anm.:

 Durch die kreisförmige Toleranzzone können gegenüber einer quadratischen Toleranzzone die Anzahl der Gutteile um 57 % erhöht werden.

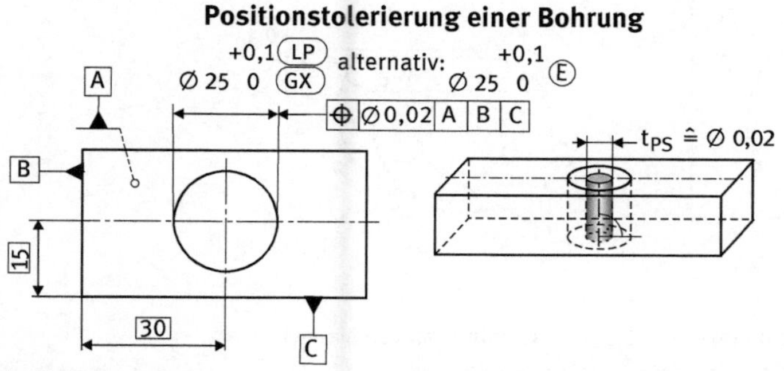

7.6 Lagetoleranzen

Positionstolerierung einer Bohrung

a) Zeichnungseintrag mit Positionstoleranz

b) Toleranzzone steht senkrecht auf der primären Bezugsebene A

Abb. 7.20: Eintragung und Interpretation der Maßtolerierung und der Positionstolerierung einer Bohrung

Die Positionstolerierung kann weiterhin auch auf Kanten oder Flächen angewendet werden, wie das Beispiel in Abb. 7.21 zeigt. Bei dem Bauteil muss dann die Ist-Kante der Aussparung innerhalb zweier paralleler Ebenen liegen, die jeweils ±0,03 mm vom geometrisch idealen Ort entfernt liegen. Der Abstand der Ebenen zueinander beträgt $t_{PS} = 0,06$ mm.

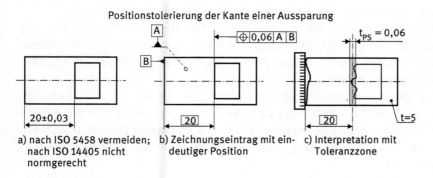

a) nach ISO 5458 vermeiden; nach ISO 14405 nicht normgerecht

b) Zeichnungseintrag mit eindeutiger Position

c) Interpretation mit Toleranzzone

Abb. 7.21: Positionstolerierung einer „festen" Werkstückkante – Zeichnungseintrag und Toleranzzone

Ein häufiger Sonderfall ist gegeben, wenn ein Konstrukteur ein Bezug über ein Dreibackenfutter oder ein Prisma haben möchte. Dies muss dann durch das Modifikationssymbol [CF] am Bezug[5] herausgestellt werden, welches beispielsweise Abb. 7.22 zeigt.

---

[5] Anm.: Wenn die verwendeten Bezugselemente nicht vom selben Typ wie das tolerierte Geometrieelement sind, muss dies durch [CF] hinter dem Bezug gekennzeichnet werden. CF steht für „berührendes Geometrieelement oder Contacting Feature".

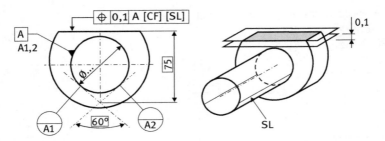

Abb. 7.22: Bezugsbildung über Bezugsstellen bzw. Hilfslinien von einem Prisma

Durch [CF] wird danach vereinbart, dass das Geometrieelement zur Bildung des Bezugs nicht der Zylinder, sondern linienförmige Auflagen in einem Prisma sein sollen. Oder vereinfacht, CF ist immer dann hinter einem Bezug anzugeben, wenn das tolerierte Element eine geometrische Ordnung über dem Bezugselementen liegt. Hier: tolerierte Fläche, Bezug zwei Linien. Um den Linienbezug noch einmal hervorzuheben, ist es sinnvoll den Toleranzindikator um [SL] (= Linienelemente) zu erweitern.

7.6.2.1.2 Positionstolerierung von Geometriemuster

Die wohl häufigste Anwendung der Positionstolerierung findet man bei Anordnungsmustern und Lochbildern. Hier sind mehrere Versionen von Wiederholgeometrien, fixierten Löchern, Lochgruppen bis zur schwimmenden Tolerierung möglich.

Häufig liegt der Fall vor, dass in einem Lochbild mehrere Löcher in einer bestimmten Anordnung zu tolerieren sind, die zu einem Gegenstück passen müssen. In diesem Fall benötigt man neben der Positionstoleranz ausgerichtete Bezüge und meist die Maximum-Material-Bedingung.

Bei Anordnungsmustern (wie beispw. in Abb. 7.23a oder Abb. 7.23b) ist es nach der ISO 5458 üblich „CZ" anzugeben, weil hierdurch die Toleranzzonen für die Bohrungen gemeinsam zu einer Achse ausgerichtet werden. Die Angabe CZ entfällt bei einem vollständigen Bezugssystem (also: A, B, C), weil dann die Toleranzzonen eindeutig ausgerichtet sind.

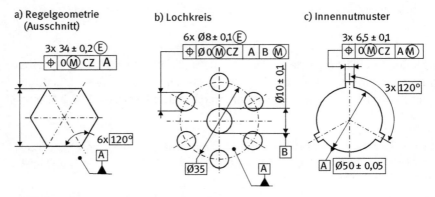

Abb. 7.23: Geometrische Anordnungsmuster von Geometrieelementen

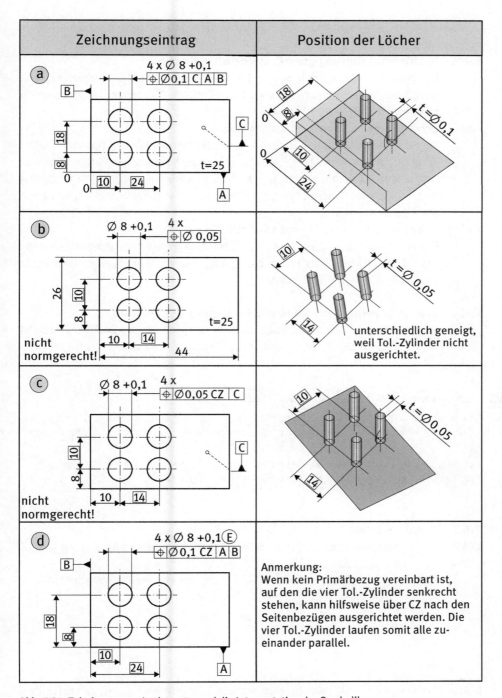

Abb. 7.24: Tolerierung von Lochmuster und die Interpretation der Symbolik

Weiter zeigt die vorstehende Abb. 7.24 noch einige Möglichkeiten der Tolerierung von Lochmuster:

Fall a) **Positionstolerierung mit NC-orientiertem Lochbild**
Die Position des Lochmusters zu den Bezügen A, B und C ist eindeutig und vollständig von einem „Nullpunkt" festgelegt. Die Toleranzzylinder haben eine definierte Lage und Richtung.

Fall b) **Schwimmende Tolerierung ohne Bezug**
Legt nur die Position der Löcher zueinander fest. Hierbei ist nur eine Festlegung für die Anordnung der Löcher[6] untereinander getroffen worden. Die Ausrichtung der Toleranzzonen liegt nicht fest. Es kann so nicht vorausgesetzt werden, dass die Toleranzzonen senkrecht zur Grundfläche stehen, also auch ein Kippen möglich ist.

Fall c) **Schwimmende Tolerierung mit Primärbezug**
Um auszuschließen, dass die Löcher gemeinsam gekippt werden dürfen (wie bei b)), behält man den Primärbezug bei. Dadurch stehen die Löcher exakt senkrecht auf dem Primärbezug

und

Fall d) **Schwimmende Tolerierung und Festlegung der Position**
In der Regel wird **auch** die Position eines schwimmenden Lochbildes relativ zu den Kanten durch *ideale* Maße festgelegt.

Leitregel 7.11: Positionstolerierung von Lochbildern

Nennposition: Die ideale Position des tolerierten Elementes relativ zu den Bezügen muss durch theoretisch ideale Maße angegeben werden. Die Positionstolerierung erfasst dann die Abweichungen.

Lochkreise: Wird eine Geometrie wie ein Lochbild mit theoretischen Maßen festgelegt, dann gelten Achsenkreuze und gleichmäßige Kreisteilungen als *geometrisch exakt*.

7.6.2.1.3 Prüfverfahren

Die Prüfung erfolgt durch Messung von Positionskoordinaten und Abständen gemäß

$$f_{PS} = \sqrt{(x_M - x_{theo})^2 + (y_M - y_{theo})^2} \leq \frac{t_{PS}}{2}, \quad \text{mit } x_M, y_M = \text{Messkoordinaten}.$$

---

[6] Anm.: In den Fällen b) und c) sind zur Lageabstimmung „tolerierte Abstandsmaße" herangezogen worden. Dies ist zwar eine vielfach noch übliche Praxis, die aber nach der ISO 5458 als nicht „normgerecht" eingestuft wird.

7.6.2.2 Konzentrizität bzw. Koaxialität

Koaxialität bzw. Konzentrizität oder auch Konzentrizitätstoleranz sind *Sonderformen der Positionstoleranz*. *Koaxialität* bezieht sich auf die Achsen von rotationssymmetrischen Formelementen. Diese Formelemente müssen also zumindest teilweise einen Kreisquerschnitt haben. Dies sind insbesondere Kreise und Kegel. Konzentrizität bezieht sich hingegen nur auf Kreise in einer Ebene. In der ISO 1101:2012 kann die Konzentrizitätsforderung mit dem Kurzzeichen ACS (jeder beliebige Querschnitt senkrecht zur Mittellinie) vereinbart werden.

 Die tolerierte Kreismitte oder Mittelachse muss innerhalb eines Toleranzkreises bzw. Toleranzzylinders von $\varnothing t_{KO}$ liegen, die konzentrisch oder koaxial zu einem Bezug liegen. Bei ACS gilt dies nur für Längsschnitte.

7.6.2.2.1 Zeichnungseintrag und Toleranzzone

Während die Konzentrizität sich auf Kreismitten in einer Ebene bezieht, begrenzt die Koaxialität die Abweichung bzw. den Versatz von hintereinanderliegenden Außen- oder Innenzylindern. Der Mittelpunkt der kreisförmigen Konzentrizitätstoleranzzone fällt mit dem Bezugspunkt zusammen. Die Toleranzzone der Koaxialität wird durch einen Toleranzzylinder vom Durchmesser t_{KO} begrenzt, dessen Achse mit der Bezugsachse fluchtet.

Am häufigsten wird in der Praxis die Koaxialität (s. Abb. 7.25) benutzt. Die vorstehende Eintragung bedeutet, dass der tolerierte Zylinder innerhalb eines zur idealen

Konzentrizität von Kreisen/Zylindern mit demselben Mittelpunkt

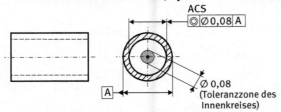

Koaxialität von Zylindern mit derselben Mittellinie

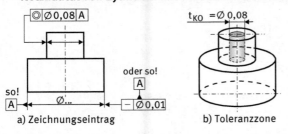

a) Zeichnungseintrag   b) Toleranzzone

Abb. 7.25: Eintragung und Interpretation der Konzentrizitäts- und Koaxialitätstoleranz

Bezugsachse A koaxialen Zylinders vom Durchmesser t_{KO} = 0,08 mm liegt. Früher wurde die Koaxialitätsabweichung auch als Schlag oder Fluchtabweichung (= $\frac{1}{2} \cdot t_{KO}$) bezeichnet, weil sie bei rotierenden Bauteilen deutlich sichtbar war. Hieraus folgt die Anwendung dieser Lagetoleranz auf Achsen mit einer entsprechenden Funktion. In bestimmten Anwendungen ist auch eine Übertragung auf Wellen zulässig.

Die Koaxialitätstoleranz bietet auch die Möglichkeit mehrere Geometrieelemente zueinander auszurichten, siehe die beiden folgenden Fälle im Abb. 7.26.

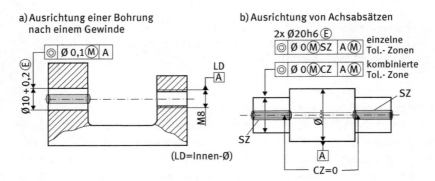

Abb. 7.26: Fluchten einzelner Geometrieelemente und Kombination mit verschiedenen Toleranzzonen

Geometrieelemente bei längeren Wellen können mit Geradheit oder bevorzugt Koaxialität ausgerichtet werden, wie das Beispiel in Abb. 7.27 zeigt.

"Schwimmende Koaxialität" von Lagersitzen langer Wellen

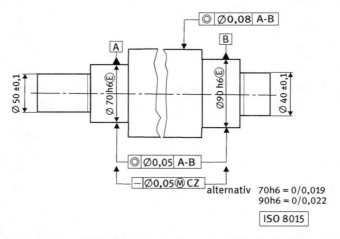

Abb. 7.27: Ausrichtung bzw. Fluchten von Lagersitzen bei Getriebewellen

Bei der dargestellten Welle soll auf dem Mittelteil ein Schneidrad sitzen, welches Folienzuschnitte konfektioniert. Für einen sauberen Schnitt ist es wichtig, dass die beiden Bezugslagerstellen (A,B) formgenau sind und das Mittelteil eine möglichst geringe Koaxialität zu den Lagerstellen hat. Die Formgenauigkeit der Bezugsstellen wird durch die Hüllen gewährleistet. Der Versatz der Bezugsstellen kann durch die beidseitige Koaxialität minimiert werden. Meist wird in der Praxis mit der Geradheitstoleranz mit gemeinsamer Toleranzzone gearbeitet, welche fertigungstechnisch jedoch schwerer einzuhalten ist.

7.6.2.2.2 Regeln für die Anwendung

> **Leitregel 7.12: Konzentrizität und Koaxialität**
> „Konzentrizität" bezieht sich stets auf die Mittelpunkte von Kreisflächen. Der tolerierte Mittelpunkt muss dann innerhalb eines Kreises liegen, der konzentrisch zum Bezugspunkt im Querschnitt liegt. „Koaxialität bezieht sich hingegen auf Mittelachsen von Zylindern.

7.6.2.2.3 Prüfverfahren

Die Prüfung der Koaxialität erfolgt durch Messung der radialen Abweichungen bezogen auf eine Bezugsachse, und zwar
1. durch Messen von Koordinaten oder Versätze,
2. durch Prüfung mit einer
3. durch Prüfung auf einem Rundtisch mit Messuhr oder digitaler Messung

Das Bauteil wird dazu mit seinem Bezugszylinder koaxial zur Achse der Messeinrichtung ausgerichtet und einmal um seine Achse gedreht und dabei wird die größte und die kleinste radiale Abweichung ermittelt. Die Koaxialitätsabweichung bestimmt sich nun zu:

$$f_{KO} = \frac{R_{max} - R_{min}}{2}.$$

Diese Abweichung vergleicht man nun mit der Toleranz $t_{KO}/2$. Die Prüfung ist an einer ausreichenden Anzahl von Messquerschnitten zu wiederholen. Diese Art der Prüfung ist identisch mit der Prüfung des „einfachen Laufs".

7.6.2.3 Symmetrie

Symmetrie (Außermittigkeit) ist ebenfalls eine Sonderform der Positionstoleranz. Symmetrie bedeutet in diesem Fall immer die Symmetrie von Mittellinien oder Mittelebenen.

> Die Mittelebene eines tolerierten Geometrieelements muss zwischen zwei parallelen Ebenen vom Abstand t_S liegen, die zum Bezug symmetrisch sind.

7.6.2.3.1 Zeichnungseintrag und Toleranzzone

Ein häufiger Anwendungsfall ist, dass zwei Geometrieelemente symmetrisch zueinander auszurichten sind. Meist handelt es sich hierbei um Volumenkörper (s. Abb. 7.28, Quader oder *Bohrungen)* die über ihre Mittelebene festzulegen sind.

Symmetrie für die Mitten von Geometrieelementen

a1) Zeichnungseintrag für ganze Tiefe   a2) alternativer Zeichnungseintrag mit ACS

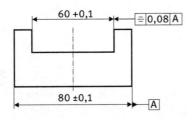 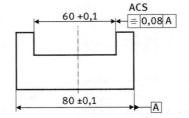

b) Toleranzzone über ganze Tiefe   c) Symmetrie für die Mitte einer Zentrierung

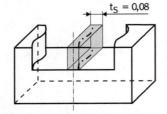 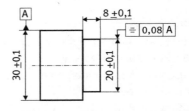

Abb. 7.28: Eintragung und Interpretation der Symmetrie von Mittelebenen von Geometrieelementen

7.6.2.3.2 Prüfverfahren

Bei der Symmetrieprüfung werden Mittelebenenabstände geprüft. Dies kann punktweise durch Koordinatenvergleich erfolgen, was den Nachteil hat, dass die Formabweichungen der Seitenflächen eingehen.

7.6.3 Lauftoleranzen

Lauftoleranzen (Rundlauf, Planlauf, Gesamtlauf) sind als „dynamische Toleranzen" anzusehen; sie begrenzen die Abweichung der Lage eines Elementes bezüglich eines festen Punktes während einer vollen Umdrehung (d. h. 360°).

7.6.3.1 Rundlauf

> ⌐↗ t_L⌐ Die Lauftoleranz einer Umfangslinie oder Stirnfläche darf während einer vollständigen Umdrehung um einen Bezug die Größe t_L nicht überschreiten.

7.6.3.1.1 Zeichnungseintragung und Toleranzzone

Rundlauf wird in der Regel von rotierenden Teilen verlangt. Die Toleranzzone des Rundlaufs wird in der zur Achse senkrechten Messebene durch zwei konzentrische Kreise vom Abstand t_L begrenzt, deren gemeinsame Mitte die Bezugsachse darstellt.

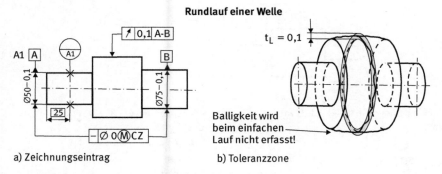

Abb. 7.29: Eintragung und Interpretation der Rundlauftoleranz

Bei diesem Beispiel (Abb. 7.29) muss die Umfangslinie in einer zur vereinbarenden Anzahl von Längsschnitten der tolerierten zylindrischen Fläche zwischen zwei konzentrischen Kreisen vom Abstand t_L = 0,1 mm liegen, deren gemeinsame Mitte auf der aus A und B gebildeten Bezugsachse liegt. (Die Norm verlangt keine kontinuierliche Messung, sondern nur den Nachweis „an hinreichend vielen Stellen" bei *einer* vollen Umdrehung). Als Folge dieses Messprinzips wird gleichzeitig die *Rundheit* und *Koaxialität* mit erfasst. Oft ist es notwendig den Achsversatz zwischen A-B zu reduzieren. Beispielsweise kann dies durch die Angabe einer (durchgehenden) Geradheitstoleranz erfolgen.

7.6.3.1.2 Prüfverfahren

Die Prüfung erfolgt durch Messen der Abweichungen bei einer vollen Umdrehung um die Bezugsachse. Da das Werkstück bei der Messung zu drehen ist, bieten sich alternativ folgende Verfahren an:
1. Das Werkstück wird mit seinen Bezugselementen parallel zur Prüfplatte in zwei ausgerichteten *Prüfprismen* gelegt und gegen axiale Verschiebung gesichert.
2. Es wird mit seiner Bezugsachse zwischen zwei *koaxiale Spitzen* aufgenommen

oder
3. Es wird mit seinen Bezugselementen in zwei *koaxiale Spannfutter* gespannt (nicht bei den Aufbauten dargestellt).

Die Rundlaufabweichung f_L ist dann die Differenz zwischen kleinster und größter Anzeige der Messuhr während einer Umdrehung auf der Zylinderfläche. Diese Abweichung vergleicht man dann mit der Toleranz. Die Messung ist an einer ausreichenden Anzahl von Messquerschnitten durchzuführen.

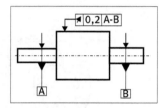

Bezugselemente liegen in ausgerichteten Prüfprismen

Fluchtende Einspannung der Bezugselemente über Spitzen

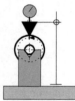
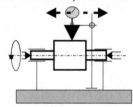

Abb. 7.30: Prüfverfahren für Rundlauf in zwei alternativen Aufbauten

Bei einer Prismalagerung ist von Nachteil, dass *Unrundheit* der Lagerstellen in die Messung eingehen.

7.6.3.2 Gesamtlauf

 Die Lauftoleranz einer Umfangslinie oder Stirnfläche darf bei mehrmaliger Drehung um einen Bezug die Größe t_{LG} nicht überschreiten

7.6.3.2.1 Zeichnungseintragung und Toleranzzone
Bei dieser Toleranzart ist im Gesamtrundlauf und Gesamtplanlauf zu unterscheiden. Als beispielhafter Fall wird hier die Gesamtplanlauftoleranz auf der Stirnfläche einer Welle angewandt. Die Toleranzzone wird durch zwei Ebenen mit dem Abstand t_{LG} begrenzt, die somit der „dynamischen" Rechtwinkligkeitstoleranz entspricht.

In dem Beispiel (Abb. 7.31) muss die *tolerierte Fläche* zwischen zwei parallelen Ebenen vom Abstand t_{LG} = 0,1 mm liegen, die senkrecht zur Bezugsachse A verlaufen. Der Gesamtlauf ist bei *mehrmaliger Drehung* um die Bezugsachse und bei axialer Verschiebung des Messgerätes nachzuweisen, wodurch gleichzeitig auch die *Ebenheits-* und *Rechtwinkligkeitsabweichung* erfasst werden.

Außer bei Stirnflächen kann der Gesamtlauf auch für *Mantellinien* am Umfang gefordert werden. In diesem Fall wird gleichzeitig die Zylindrizität und Koaxialität des Formelementes geprüft.

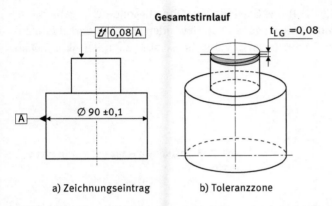

Abb. 7.31: Eintragung und Interpretation der Gesamtstirn- oder Gesamtplanlauftoleranz

7.6.3.2.2 Prüfverfahren

Im Gegensatz zum einfachen Lauf muss das Messprinzip für den Gesamtlauf die Kontinuität der Messung bei gleichzeitiger Bewegung um die Bezugsachse realisieren. Bei dem im Messaufbau dargestellten Bauteil muss dieser in seinem Bezugselement dreh-

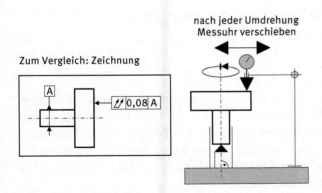

Abb. 7.32: Prüfung des Gesamtplanlaufs

bar aufgenommen werden. Bei Rotation des Bauteils muss dann bei gleichzeitiger radialer Zustellung der Messuhr der axiale Ausschlag erfasst werden. Die Gesamtplanlaufabweichung f_{LG} ist die Differenz zwischen größter und kleinster Anzeige an allen Messpositionen. Damit ist gleichzeitig die Ebenheit und Rechtwinkligkeit zur Bezugsachse bestimmt worden.

7.6.4 Gewinde

Ein Sonderfall stellt nach ISO 1101 das Gewinde dar. Ohne besondere Angabe beziehen sich Lagetoleranzen und Bezugsangaben von Gewinden stets auf den „Flankendurchmesser". Sind andere Festlegungen gewünscht, so sind sie nach Abb. 7.33 zu vereinbaren.

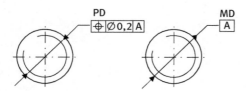

Abb. 7.33: Positionstoleranz und Bezug am Gewinde

Der Flankendurchmesser ist nach Norm „der Durchmesser eines imaginären Zylinders, der koaxial zum Gewinde liegt". Die Flankenmitte halbiert den Abstand zwischen Gewinderille und Gewindekopf. Sollen die Toleranzen und Bezüge für andere Durchmesser gelten, so ist dies folgendermaßen zu vereinbaren:

MD (engl. mayor diameter) für Außendurchmesser,
LD (engl. least diameter) für Innendurchmesser,
PD (engl. pitch diameter) für Flanken- oder Teilkreisdurchmesser (Standard).

Diese Angaben sind auch für Keilwellen und Verzahnungen geeignet.

7.6.5 Freiformgeometrien

Viele Bauteile werden heute mittels Freiformgeometrien (mathematisch nichtbeschreibbare Kurven) durch CAD-Programme beschrieben. Diese müssen später werkzeugtechnisch hergestellt und am Bauteil geprüft werden können. Wie bei jeder anderen Fertigung wird dies nur mit Abweichungen möglich sein. Je nach Anwendungsfall sollten daher Linien- oder Flächenprofiltoleranzen vergeben werden. Auch hierfür ist natürlich die Symbolik nach ISO 1101 geeignet.

In Abb. 7.34 ist ein Segment einer Freiformkurve gezeigt, deren Abweichung aus funktionellen Gründen begrenzt werden soll. Die Nachweispunkte sind auf einen Nullpunkt bzw. Ursprungspunkt bezogen. Nach DIN ISO 129-1 sollte der Ursprungspunkt bei einer „steigenden Bemaßung" angewandt werden, wenn Platzmangel besteht.

Forderung ist hiernach, dass das Istprofil des Bauteils in der angegebenen veränderlichen Toleranzzone liegt und letztlich tangential übergeht. Die Prüfung erfolgt in der Praxis mittels 3D-Koordinaten-Messmaschinen, die jetzt gemäß der Vorgabe von Sollpunkten eine eindeutige Gut/Schlecht-Entscheidung treffen kann.

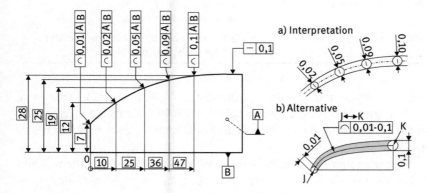

Abb. 7.34: Profiltoleranz einer Freiformkurve nach ISO 1660 *(die Koordinatenbemaßung ist nach zwei Prinzipien durchgeführt worden)*

7.7 Dimensionelle Tolerierung von Längenmaßen

Die bisherige Symbolik bezog sich ausschließlich auf die Tolerierung von Geometrieabweichungen. Vor dem Hintergrund der Anwendung der ISO 1101 ist sichtbar geworden, dass eine gleichwertige Eindeutigkeit bei reinen Maßanforderungen ebenfalls notwendig ist, wenn die heutigen Qualitätsmaßstäbe eingehalten oder weiterentwickelt werden sollen. Hierfür wurde die neue ISO 14405 geschaffen, die Zeichnungseinträge für Maßelemente (Zylinder, gegenüberliegende parallele Flächen) enthält, wenn spezielle Anforderungen an den maßlichen Charakter von Längenmaßen und deren Auswertung gestellt werden.

Intention der neuen Norm ist das unbedingte „Endgültigkeitsprinzip" (siehe ISO 14659), welches festlegt, dass Anforderungen, die nicht auf einer technischen Zeichnung vereinbart sind, später auch nicht „ermessen" werden können. Hiermit ist gemeint, dass ein Auftraggeber im Nachhinein keine anderen Anforderungen stellen kann, als die in der Zeichnung festgelegten. Zeichnung ist hierbei sehr weit zu interpretieren und umfasst alle irgendwie angefertigten Fertigungsunterlagen.

> Die Gültigkeit der Längenmaßtolerierung ist auf die im Tabelle 7.2 strukturierten Maße mit Formabweichungen ausgerichtet.

Tab. 7.2: Anwendungsbereich der dimensionellen Tolerierung

a) örtliches Maß (u. a. Zweipunktmaß)	c) berechnetes Maß durch Messmaschinensoftware)
b) globales Maß (Lehrung)	d) Rangordnungsmaß (kleinstes, mittleres, größtes statistisches Maß)

Die Notwendigkeit, Maße und Toleranzen eindeutiger zu spezifizieren, ist eine Folge der heute verbesserten Messtechnik, welche die Qualitätssicherung in den Unternehmen immer öfter vor dem Problem stellt, wie die Funktionalität messtechnisch bestätigt werden kann.

An dem folgenden Beispiel eines Bolzens in Abb. 7.35 der eine vorgesehene Funktion zu erfüllen hat und daher einen bestimmten Durchmesser (globales Maß) über seine Paarungslänge ausweisen soll, sei die Problematik der Maßerfassung transparent gemacht.

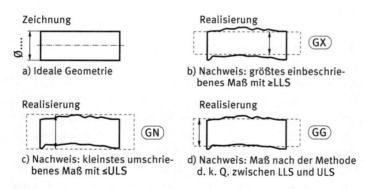

Abb. 7.35: Darstellung verschiedener globalen Maße über ein Maßelement

In der Norm ISO 14405 wird unterstellt, dass ein Konstrukteur mit der Anforderung von Maßen in einer Zeichnung eine bestimmte Absicht verfolgt, deshalb wird in *Querschnittsmaße*, *Teilbereichsmaße*, *globale Maße* und *Rangordnungsmaße* unterschieden. Hiernach ist ein *Querschnittsmaß* nur in Schnitten, ein *Teilbereichsmaß* nur über eine eingeschränkte Länge und ein *globales Maß* über die ganze Länge eines Maßelements[7] nachzuweisen. Ein Rangordnungsmaß ist hingegen ein Merkmal, welches mathematisch aus einer Anzahl von gemessenen Werten für ein örtliches Maß festzulegen ist.

Am häufigsten werden in technischen Zeichnungen globale Maße und Rangordnungsmaße auftreten.

Globale Maße sollen gemäß der vorstehenden Abb. in einer bestimmten Weise nachgewiesen werden, und zwar als
– direktes globales Längenmaß,
– Maß nach der „Methode der kleinsten Quadrate (M.d.k.Q.)",
– größtes einbeschriebenes Maß bzw. Maßelement (Pferchkreis),
– kleinstes umschriebenes Maß bzw. Maßelement (Hüllkreis)

und
– indirekt (berechnetes) globales Maß.

Die Beurteilung von Messwerten über die Methode der kleinsten Quadrate ist ein Standardverfahren der Messtechnik und soll bezogen auf Längenmaße kurz diskutiert werden:
– Annahme ist hierbei, dass n Maße M_i (i = 1, ..., n) an verschiedenen Positionen gemessen wurden; gewöhnlich werden diese Werte unabhängig und normalverteilt sein.
– Für den besten Ausgleichwert gilt dann die Forderung: Summe der kleinsten Abweichungsquadrate muss ein Minimum sein

$$Q = \sum_{i=1}^{n} (M_i - \tilde{\mu})^2 = \text{Minimum} .$$

– Bedingung für ein Minimum ist gewöhnlich „erste Ableitung gleich null":

$$\frac{dQ}{d\tilde{\mu}} = -2 \sum_{i=1}^{n} (M_i - \tilde{\mu}) = 0 .$$

Hierin kann aber nur der Klammerausdruck null werden, was zu der neuen Bedingung

$$\sum_{i=1}^{n} (M_i - \tilde{\mu}) \equiv \sum_{i=1}^{n} M_i - n \cdot \tilde{\mu} = 0$$

führt.
– Der beste Mittelwert für die erfassten Messwerte ist somit

$$\tilde{\mu} = \frac{1}{n} \sum_{i=1}^{n} M_i .$$

---

[7] Anm.: In der ISO 14405 werden ein Zylinder, eine Kugel, zwei parallele sich gegenüberliegenden Flächen, ein Kegel oder Keil als Maßelement bezeichnet. Diese werden durch eine Längen- oder Winkelmaßangabe festgelegt.

Eine ebenfalls große Bedeutung haben örtliche *Rangordnungsmaße*, die mathematisch aus einer Menge von Werten festgelegt werden müssen und entlang eines Maßelements und/ oder um ein solches herum erhalten werden. Auch diese müssen nachgewiesen werden als
- größtes Rangordnungsmaß,
- kleinstes Rangordnungsmaß,
- mittleres Rangordnungsmaß,
- Median des Rangordnungsmaßes,
- Intervallmitte eines Rangordnungsmaßes

und
- Spanne eines Rangordnungsmaßes.

Wie zuvor soll auch hier kurz dargelegt werden, wie das Medianmaß zu bilden ist.
- Vorgabe ist, dass geordnete Daten M_i (i = 1, ..., n) aufsteigend (d. h. Min.-Max.) vorliegen.
- Fall 1: Der Wert n/2 ist *nicht ganzzahlig*, so ist der Median

$$\tilde{\mu} = M_i, \quad \text{wobei} \quad \frac{n}{2} < i < \frac{n}{2} + 1.$$

- Fall 2: Der Wert n/2 ist *ganzzahlig*, so ist der Median

$$\tilde{\mu} = \frac{M_{i-1} + M_i}{2}, \quad \text{wobei} \quad i = \frac{n}{2} + 1.$$

> **Leitregel 7.13: Maßspezifikationen in den ISO-Normen**
> - **Maß** ist ein wesentliches Merkmal eines Maßelements, welches gewöhnlich für ein Nennmerkmal festgelegt wird.
> - **Örtliches Maß** (Längenmaß) ist ein Maßmerkmal, welches kein eindeutiges Ergebnis der Auswertung entlang eines Maßelements und/oder um ein Maßelement herum besitzt.
> - **Zweipunktmaß** (örtliches Längenmaß) ist als Abstand zwischen zwei einander gegenüberliegender Punkte auf einem Maßelement festgelegt.
> - **Querschnittsmaß** (örtliches Längemaß) ist ein globales Maß für einen vorgegebenen Querschnitt.
> - **Teilbereichsmaß** (örtliches Längenmaß) ist ein globales Maß für einen vorgegebenen Teilbereich.
> - **Rangordnungsmaß** (indirektes Maß) wird mathematisch aus einer Anzahl von Werten berechnet und soll ein globales Maß ersetzen.
> - **Berechnetes Maß** (theoretisches Maß) ist ein aus einem Scan nach einer mathematischen Formel bestimmtes Maß.

Als Normalfall wird in der Norm unterstellt, dass ein Maß als Zweipunktmaß („default = vorgegeben bzw. internationaler Standard") entweder für die untere (LLS) und obere (ULS) Spezifikationsgrenze nachzuweisen ist. Wird dies jedoch aus funktionellen Gründen als nicht ausreichend angesehen, so sind Spezifikations-Modifikationssymbole anzuwenden, welche in Abb. 7.36 aufgeführt sind.

7.7 Dimensionelle Tolerierung von Längenmaßen

Mit diesen Symbolen soll eindeutig festgelegt werden, welches Maß wie vereinbart und messtechnisch nachzuweisen ist.

Die Symbole stehen aber nicht in Konkurrenz zu der ISO 1101 – Symbolik und Spezifizieren nur in Ausnahmefällen (Hüllbedingung) die Form eines Geometrieelementes, sondern nur dessen Maß.

Der Typ eines (Längen-)Maßes wird durch die Symbolik spezifiziert und ist auf einer technischen Zeichnung (im Titelfeld, oberhalb des Titelfeldes oder in der Nähe) anzugeben. Während der Übergangszeit ist besonders zu vereinbaren:
- bei Wiederverwendung einer Alt-Zeichnung nach dem Hüllprinzip ist anzugeben *Size ISO 14405* (E) (entspricht den alten Normen DIN 7167 oder ISO 2768-mK-E). Wenn wirtschaftlich vertretbar, sollen Alt-Zeichnungen nach Möglichkeit an das Unabhängigkeitsprinzip (ISO 8015) angepasst werden.
- Für eine angepasste Zeichnung ist dann einzutragen:
  ISO 8015
  Maße ISO 14405.
  Ohne weitere Spezifizierung sind alle ±-Toleranzen und ISO-Kode-Angaben (z. B. H7) jetzt als „Zweipunktmaße" zu interpretieren.

Tab. 7.3: Ausgewählte Spezifikations-Modifikationssymbol für Längenmaße

Anwendung	Modifikationssymbol
(LP)	Zweipunktmaß
(LS)	örtliches Maß, festgelegt durch eine Kugel
(LC)	örtliches Zwei-Linien-Winkelmaß
(GG)	Zuordnungskriterium nach der Methode der kleinsten Quadrate (*Maß bestimmt nach der M. d. k. Q. nach Gauß*)
(GX)	Zuordnungskriterium größtes einbeschriebenes Element (*Maximum des einbeschriebenen Maßes = Pferchkreis*)
(GN)	Zuordnungskriterium kleinstes umschriebenes Element (*Minimum des umschriebenen Maßes = Hüllkreis*)
(CC)	umfangsbezogener Durchmesser
(CA)	flächenbezogener Durchmesser
(CV)	volumenbezogener Durchmesser
(SX)	größtes Rangordnungsmaß
(SN)	kleinstes Rangordnungsmaß
(SA)	mittleres Rangordnungsmaß (Mittelwert)
(SM)	Median des Rangordnungsmaßes
(SD)	Intervallmitte des Rangordnungsmaßes
(SR)	Spanne des Rangordnungsmaß

Spezielle Beispiele für Angaben sind noch:
- Maße ISO 14405 (GG): Maße unterliegen nicht der Zweipunktmaß-Bestimmung, sondern der „Methode der kleinsten Quadrate" nach Gauß,
- Maße ISO 14405 (E): für Maße ist die Hüllbedingung vereinbart,
- Maße ISO 14405 (CC): Maße sind als umfangsbezogener Durchmesser vereinbart,
- Maße ISO 14405 (E) ((LP) (SA) (E)/0): möglich ist auch die gesamte Liste der verwendeten Modifikationssymbole aufzuführen.

Ergänzend zeigt Tabelle 7.4 Eintragebeispiele für ein Maß unter Verwendung der vorstehenden Symbolik.

Tab. 7.4: Einige Anwendungen von Spezifikations-Modifikationssymbolen mit beispielhaften Eintragungen

Beschreibung	Symbole	Eintragungsbeispiele
Hüllbedingung auf Teillänge bzw. für einzelnen Querschnitt	(E)	⌀40 ± 0,1 (E)/10 ⌀40 ± 0,1 (E)/0
beliebige eingeschränkte Teillänge	/Länge	⌀40 ± 0,1 (GG)/10
für einen beliebigen Querschnitt	ACS	⌀40 ± 0,1 (GX)/ACS
für eine festgelegte Querschnittsfläche	SCS	⌀40 ± 0,1 (GX)/SCS
mehr als ein Maßelement	Anzahl ×	2 × ⌀40 ± 0,1 (E)
gemeinsame Toleranz	CT	2 × ⌀40 ± 0,1 (E) CT
Bedingung des freien Zustands	(F)	⌀40 ± 0,1 (LP) (SA) (F)
zwischen	↔	⌀40 ± 0,1A ↔ B

In umseitiger Abb. 7.36 ist dargestellt, wie Anforderungen für einen eingeschränkten Teilbereich eines Maßelementes mit *theoretisch genauen Maßen* festgelegt werden können. Die Norm hat dazu das Modifikationssymbol

(Doppelpfeil) ↔ = „zwischen" theoretisch genauem Maß

geschaffen, wodurch die gezeigten neuen Möglichkeiten sinnvoll anwendbar sind.

Diese Festlegungen werden durch die Angaben in Abb. 7.37 ergänzt, die sich jetzt auf „irgendeinen eingeschränkten Teilbereich eines Maßelementes" mit einer bestimmten Länge erstrecken. Kenntlich wird dies mit dem Modifikationssymbol „/Länge" (d. h. beliebige(s) eingeschränkte(s) Länge/Teil) oder „dazwischen" gemacht.

Gefordert ist, dass der kleinst mögliche umschriebene Durchmesser (Hüllzylinder „GN") für einen beliebigen Längenabschnitt des zylindrischen Maßelementes von 10 mm Länge den Größtwert von ⌀100,1 mm nicht überschreitet und der Kleinstwert von ⌀99,8 mm als Zweipunktmaß einzuhalten ist.

7.7 Dimensionelle Tolerierung von Längenmaßen — **105**

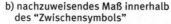
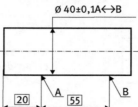

Abb. 7.36: Festlegung für einen bestimmten fest eingeschränkten Teilbereich durch TED-Maße, welche von einer Ebene abzugreifen sind

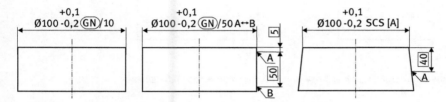

Abb. 7.37: Forderung für irgendeinen eingeschränkten Teilbereich eines Maßelementes

Ergänzend zeigt Abb. 7.38 eine Anforderung von mehr als ein Maßmerkmal auf eine Teillänge und die Gesamtlänge eines Maßelements.

Die Angabe kann auch auf einer Maßlinie durch Klammern getrennt stehen.

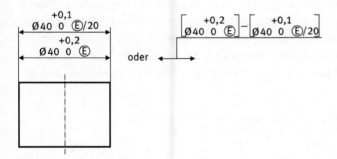

Abb. 7.38: Mehrere Anforderungen für einen eingeschränkten Teilbereich eines Maßelementes

Die Eintragung in Abb. 7.39 verlangt, dass der Durchmesser für irgendeinen Querschnitt (ACS) des Maßelementes nach der Methode der kleinsten Quadrate nach Gauß („GG" = gilt für das Höchst- und Mindestmaß) nachzuweisen ist. Meist ist damit beabsichtigt, dass bevorzugt auf Mitte Toleranz gefertigt werden soll. Insofern ist gefordert, dass das Maßelement als Quadratsummenmaß nachzuweisen ist.

Verwendung des Modifikationssymbols "ACS"

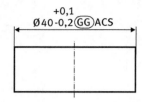

Abb. 7.39: Anforderung für einen beliebigen Querschnitt des zylindrischen Maßelements für das Gaußmaß

a) mit Modifikationssymbol SCS

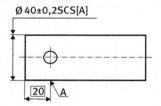

b) ohne Modifikationssymbol SCS

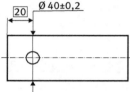

Abb. 7.40: Anforderung für einen bestimmten Querschnitt eines Maßelements

Wenn eine Anforderung nur für einen *bestimmten Querschnitt* eines Maßelements wie in Abb. 7.40 gelten soll, so ist der Querschnitt zu bemaßen und mit „SCS" ein weiteres Spezifikationssymbol einzutragen. Falls keine Verwechsellung bezüglich des bestimmten Querschnitts möglich ist, kann das SCS-Symbol auch weggelassen werden.

In Abb. 7.41 sind zwei Fälle für eine getrennte und eine gemeinsame Toleranz eines zylindrischen Maßelements gegeben. Soll eine Anforderung für mehrere Maßelemente gelten, so ist der Maßangabe das Modifikationssymbol (Zahl ×) vorzustellen. Wenn sich hingegen die Anforderung auf mehrere Maßelemente beziehen soll und dies als ein Maßelement anzusehen ist, so ist folgende Spezifikation Zahl × ... CT (gemeinsame Toleranz) anzugeben. Im dargestellten Fall beziehen sich die Angaben auf den kleinsten umschriebenen Hülldurchmesser am Höchstmaß. Für das Mindestmaß gilt das Zweipunktmaß.

a) Gleiche Anforderungen für zwei, jeweils für sich ausgewertete, getrennte Maßelemente

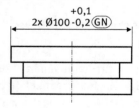

b) Gemeinsame Toleranz für zwei getrennte Maßelemente

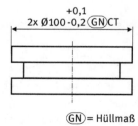

(GN) = Hüllmaß

Abb. 7.41: Gleiche oder gemeinsame Anforderung für zwei getrennte Maßelemente für das kleinste umschriebene Maß

In Ergänzung zur ISO 10579 können, wie in Abb. 7.42 dargestellt, auch nicht formstabile Teile (elastische Dünnbleche, Kunststoffe, Gummi etc.) mit der dimensionellen Tolerierung verknüpft werden.

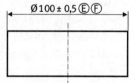

Abb. 7.42: Hüllbedingung für nicht formstabiles Teil

Der dargestellte Fall bezieht sich auf die Tolerierung des so genannten freien Zustands Ⓕ (d. h. nicht eingespannt unter Schwerkraft auf einer Messtischplatte) und verlangt hierfür die Einhaltung der Hüllbedingung (Höchstmaß muss an allen Umfangsstellen und Längsschnitten eingehalten werden) über die ganze Länge des Maßelements.

In der vorherigen Tabelle 7.3 wurden einige Maßspezifikationen eingeführt. Für die messtechnische Auswertung auf Koordinatenmessmaschinen sind vor allem die „Rangordnungsmaße" vorgesehen. Diese haben das Spezifikationssymbol „Sx", wobei Sx auf eine bestimmte statistische Auswertung mit der Messmaschinensoftware hinweist. Im folgenden Beispiel in Abb. 7.43 sei ein Werkstück für eine bestimmte Auswertung spezifiziert.

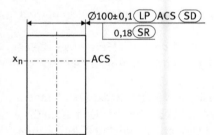

Abb. 7.43: Spezifizierungen für die messtechnische Auswertung eines Bauteils

Die Reihenfolge der Angaben sind in der ISO 14405-1/A1 festgelegt. Das vorstehende Beispiel (es existiert also eine Datensatz) ist wie folgt zu interpretieren:
– die Auswertung hat gemäß LP durch Zweipunktmessungen zu erfolgen,
– in beliebigen Querschnitten (ACS) soll der mittlere Durchmesser aus d_{max} und d_{min} im Toleranzbereich liegen,
– die Spannweite SR = $d_{max} - d_{min}$ darf in jedem Schnitt nicht größer als 0,18 mm sein.

Gewöhnlich wird diese Auswertung benutzt um Informationen über den Herstellprozess zu erhalten, im vorstehenden Fall, ob das Werkstück konisch und oval ist.

7.8 3D-Tolerierung

Die CAD-Technologie führt in Verbindung mit der CNC-Fertigung zu völlig neuen Vorgehensweisen bei der Erstellung von Fertigungsunterlagen und deren Dokumentation für die Werkstatt. Heute werden Zeichnungen in der Regel als 3D-Volumenmodelle erstellt, welche on line mittels Intranet an die Fertigung bzw. direkt an eine Maschine übertragen werden. Oft sind die übernommenen Datenmodelle unbemaßt, so dass man bei der NC-Programmierung die Sollmaß-Toleranzen aus dem Datensatz heraussuchen muss.

Unbemaßte und untolerierte Bauteile fallen nach der Normenlage in die Kategorie „Hilfsmaße bzw. (Längen-) Freimaße", welche somit der Plus/Minus-Allgemeintolerierung unterliegen. Danach ist eine unsymmetrische Toleranzaufteilung, die Einhaltung von Form- und Lagetoleranzen sowie die Berücksichtigung eines Tolerierungsgrundsatzes nicht vereinbart. Wenn Normkonventionen nicht eingehalten werden, ist die Direktübertragung von Geometriedaten und deren Wandlung in Maschinensteuerbefehle hoch riskant.

Die Normung unterscheidet weiter in „Nur-Datenmodelle" und „Modelle mit Zeichnung". Maßgebend hierfür ist die ISO 11442, welche Anforderungen an die digitale Datenübertragung von produktdefinierten Daten beinhaltet. Die Norm fordert u. a. eine vollständige *Notierung* von Modellen und versteht darunter die Möglichkeit der einfachen Sichtbarmachung von Maßen, Toleranzen, Symbolen und den Zugriff auf die Stückliste. Damit ist zwingend der Weg zur Anwendung der ISO 16792 (Verfahren für digitale Produktdefinitionsdaten) in der CAD-Konstruktion vorgegeben, wobei diese Norm Basis des Datensatzes sein soll.

Der bevorzugte Fall der CAD-Technologie soll ein „Modell mit (Fertigungs-)Zeichnung" sein. Die Zeichnung muss den Vollständigkeitsanforderungen des ISO-GPS-Systems genügen, was in der Praxis oft nicht berücksichtigt wird.

Ein vielfach von der Arbeitsvorbereitung kritisierter Mangel ist, dass Datenmodelle zu wenig Maße und fast keine F+L-Toleranzen enthalten, obwohl die meisten CAD-Systeme (s. Abb. 7.44, erstellt mit CATIA FTA- Functional Tolerancing & Annotation) diese Option schon seit vielen Jahren bieten.

Als Vereinfachungen (s. auch ISO 1101:2017) werden heute genutzt:
- Bei einem 3D-Modell brauchen nur die tolerierten Geometrie- und Nicht-Geometrie-Maße dargestellt werden.
- Mittellinien/Mittelebenen brauchen in einem 3D-Modell nicht unbedingt dargestellt werden.
- Wandstärken dürfen mit einem „Dickenanzeiger" angegeben werden.
- Geometrische Toleranzen können alternativ durch eine Koordinaten-Achsbemaßung (Punkt in Fläche mit assoziativen Toleranz-Richtungs-Anzeiger) oder über eine Hilfsgeometrie (Pfeil) vereinbart werden.
- Falls eine Hilfsgeometrie benutzt wird, muss diese sich deutlich von der Körpergeometrie unterscheiden.

7.8 3D-Tolerierung — 109

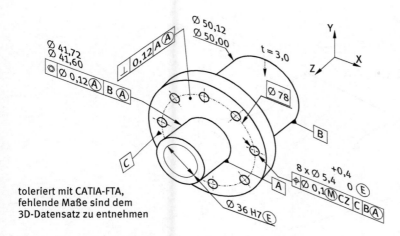

toleriert mit CATIA-FTA,
fehlende Maße sind dem
3D-Datensatz zu entnehmen

Abb. 7.44: vereinfacht bemaßtes 3D-Modell nach ISO-Normung

- Ein Bezugsdreieck kann direkt auf ein Linienelement oder innerhalb einer Fläche gesetzt werden.
- Wenn die Richtung der Toleranzzone nicht eindeutig sein sollte, müssen „Anzeiger" verwendet werden, die in Verbindung mit einem Bezug die Toleranzrichtung anzeigen.
- Weiter wurde der Anzeiger Ⓐ für abgeleitete Elemente eingeführt.

Ziel der Normung ist es somit, auch CAD-Zeichnungen eindeutig und widerspruchsfrei zu machen. Ein CAD-Modell soll somit nur die Komplexität des Bauteiles sichtbar machen.

Die Norm geht weiter davon aus, dass 3D-CAD-Zeichnungen durch die Benutzung von sogenannten „Anzeiger" eindeutig gemacht werden müssen. Die üblichen Anzeiger zeigt die Abb. 7.45.

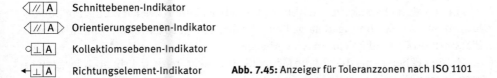

Abb. 7.45: Anzeiger für Toleranzzonen nach ISO 1101

Ergänzend sind in der Abb. 7.46 noch ergänzend die beiden Möglichkeiten zur Angabe von Form- und Lagetoleranzen dargestellt. Die ISO spricht hier alternativ von einer sogenannten *assoziativen* Tolerierung und einer Tolerierung mit *Hilfsgeometrie* (dicke Vollinie entsprechend der Geometriekontur).

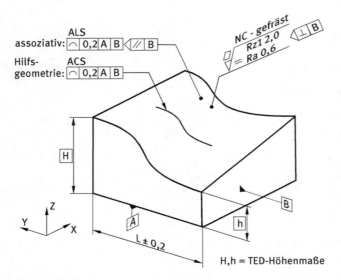

Abb. 7.46: Alternative Festlegung von Toleranzzonen und deren Kennzeichnung

Die Angabe verlangt, dass der Nachweise für die Abweichungen in unterschiedlichen Schnitten (alternativ: ACS = Any Cross Section und ALS = Any Lomgitudinal Section) zu erbringen ist.

Nach Norm soll neben dem 3D-CAD-Modell eine 2D-CAD-Fertigungszeichnung existieren. In der Regel ist es so, dass die Fertigungszeichnung das rechtssichere Dokument ist, welches ein Bauteil mit seiner Technologie beschreibt.

In Abb. 7.47 ist noch ein Kunststoffformteil gezeigt, bei dessen Beschreibung einige der vorstehenden Spezifikationen benutzt worden sind. In der Hauptsache ist hier eine Flächenformtolerierung benutzt worden und die Bezüge als Bezugsstellen vereinbart worden. Ziel ist es am rohen Bauteil reproduzierbare Verhältnisse zu bekommen. Diese Beispiel zeigt weiter auch, dass CAD-Zeichnungen einen besseren Eindruck von der Bauteilkomplexität geben.

In den einfachen Skizzen in Abb. 7.48 sind beispielhaft zwei vereinfachte Darstellungen für CAD-Zeichnungen dargestellt, die oft herangezogen werden, wenn beengte Platzverhältnisse auf Zeichnungen vorliegen.

In den Fällen a) bis d) wird die Möglichkeit gezeigt, dass im Prinzip Toleranzindikatoren und auch Bezugssymbole in beliebiger Lage zu *Rotationsflächen* angeordnet werden können. Wichtig ist dann die indirekte Zuweisung durch das Achssymbol Ⓐ (= Median Feature), welches die Achse als Ort der Zuweisung kennzeichnet.

7.8 3D-Tolerierung

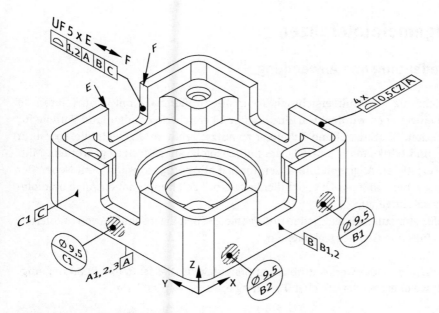

Abb. 7.47: Lagetoleriertes Kunststoffbauteil (s. auch ISO 20457)

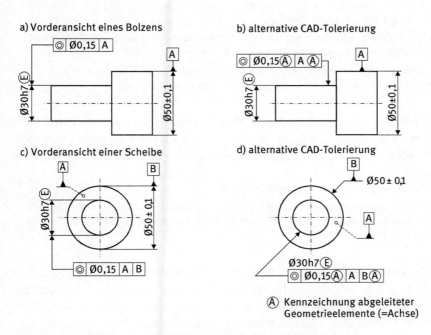

Abb. 7.48: Vereinfachte zeichnerische Darstellungen bei CAD-Zeichnungen

8 Allgemeintoleranzen

8.1 Bedeutung und Anwendung

Eine Zeichnung wird unübersichtlich, wenn alle Größenmaße mit ihren Toleranzen in diese eingetragen würden. Um eine bessere Übersicht zu erhalten und Vorteile für Konstruktion, QS, Einkauf und Zulieferer zu nutzen, sollten Allgemeintoleranzen für Längen- und Winkelmaße sowie Form- und Lagetoleranzen festgelegt worden. Mittlerweile existieren Allgemeintoleranzen für fast alle Fertigungsverfahren. Neben der Schaffung einer größeren Übersichtlichkeit in der Zeichnung haben Allgemeintoleranzen zwei Aufgaben:
- die Eingrenzung der maßlichen und geometrischen Eigenschaften von untolerierten Maß- und Geometrieelementen,

und
- die Sicherung der werkstattüblichen Genauigkeit. Dies ist der Grad an Genauigkeit, welcher von der üblichen Fertigung erwartet werden kann.

> **Leitregel 8.1: Bedeutung von Allgemeintoleranzen**
> **Zweck:** Maße und Geometrieabweichungen zu kennzeichnen, die nur mit der üblichen „Werkstattgenauigkeit" eingehalten werden brauchen.
> **Verfahrensabhängigkeit:** Allgemeintoleranzen sind fertigungsabhängig zu wählen. Mittlerweilen existieren zu jedem Fertigungsverfahren Normen mit Richtwerten.
> **Vollständigkeit:** Auf jeder Zeichnung müssen vollständige Angaben über Allgemeintoleranzen für **Maß**, **Form** und **Lage** gemacht werden, die ggf. eine Lücke schließen.

Wichtig ist: Eingeklammerte Hilfsmaße und Ungefährmaße sind nicht von einer Allgemeintolerierung betroffen. Man bezeichnet diese Maße als nicht tolerierte Freimaße. Auch unterliegen TED-Maßen nicht einer Allgemeintoleranz.

> **Leitregel 8.2: Verbindlichkeit von Allgemeintoleranzen**
> Ein Werkstück ist *nicht* zurückzuweisen, wenn zwar die Allgemeintoleranzen überschritten werden, aber seine Funktion nicht beeinträchtigt wird (siehe Beanstandungsparagraf 459 BGB und Sachmängelparagraf 437+439 BGB).

In vielen Herstellprozessen kommen mehrere Fertigungsverfahren zur Anwendung. Für diese Fälle gilt die *Toleranzregel* nach DIN 30630: „Bei Maßen ohne Toleranzangabe, auf die mehr als eine Norm für Allgemeintoleranzen zutrifft, gilt stets die größere der in Frage kommenden Allgemeintoleranz", diese Regel ist aber explizit auf der Zeichnung zu vermerken.

In der umseitigen Tabelle 8.1 sind Allgemeintoleranzen für einige unterschiedliche Fertigungsverfahren zusammengestellt worden.

Tab. 8.1: Auswahl von Allgemeintoleranzen für verschiedene Fertigungsverfahren

Fertigungsverfahren	Norm	festgelegte Toleranzen	enthält Tolerierungsgrundsatz
Metallguss/ Gussstücke	DIN 1680–DIN 1688 ISO 8062-3	Maße, FS, BZ Maße, F+L, BZ	Festlegung als Hüllprinzip
Kunststoffspritzguss	DIN 16472	Maße, W, F+L	Unabhängigkeit
Kunststoff-Halbzeuge	DIN EN 15860	Maße; — ○ ◎	
Keramik	DIN 40680	Maße; — ☐	
Gummi	DIN 3302-1/2	Maße; ☐ // ⊥ ◎	
Gesenkschmieden St	DIN 7526	Maße, R; FV, BZ; — ☐ ⊥ (nur tiefe Löcher)	entspricht in etwa Hüllprinzip
Gesenkschmieden Al	DIN EN 586-3	Maße, FV; ☐	
Freiformschmieden St	DIN 7527	Maße, BZ; ◎	
Freiformschmieden Al	DIN 71606	Maße; ☐	
Strangpressen Al	DIN EN 755-9	Maße, R; — ☐ ○ ⊥ ∠; ◎ ≡ (über Wanddicke)	
	DIN EN 12020-1/2	Maße, R; — ☐ // ⊥ ∠ ◎ ≡ (über Wanddicke)	entspricht in etwa Hüllprinzip
Schweißen	DIN EN ISO 13920	Maße, W; // — ☐	Unabhängigkeitsprinzip vorgeschrieben
Thermoschneiden	DIN 2310	Maße; ⊥ ∠ (im Profil)	Unabhängigkeitsprinzip vorgeschrieben
Stanzen	DIN 6930-2	Maße, R, W; ◎ ≡ — ☐ (nur für Profile)	
spanende Fertigung	DIN ISO 2768 DIN 2769 DIN EN ISO 22081	Maße, W, alle F+L Maße, W, Profilform individuelle Toleranzen	

Abkürzungen in der Tabelle:
BZ: Bearbeitungszugabe FS: Formschräge FV: Formversatz
F+L: Form- und Lagetoleranzen R: Radienmaße W: Winkelgrößenmaße

Sollte eine spezielle Fertigungsnorm in Bezug auf Allgemeintoleranzen nicht vollständig sein, so kann man die Lücken auf die folgende Art schließen:
- Übertragung der Werte der recht vollständigen DIN ISO 2768 (bisherige Vorgehensweise),

oder
- man erstellt eine eigene Werksnorm für ein neues oder abweichendes Fertigungsverfahren. Man legt also für die fehlenden Toleranzen eigene Grenzwerte fest.

Einige verfahrensspezifische Allgemeintoleranzen decken auch die maßgeblichen Form- und Lagetoleranzen ab. Diese speziellen Toleranzen berücksichtigen hierbei die Besonderheiten des jeweiligen Fertigungsverfahrens. In der Regel sind die einhaltbaren Allgemeintoleranzen beim Gießen, Schmieden, Schweißen oder Stanzen deutlich „gröber" als bei einer spanenden Fertigung.

8.2 Allgemeintoleranzen nach DIN ISO 2768 bzw. DIN 2769

Da sehr viele Endbearbeitungen *spanend* erfolgen, werden hier besonders die Anforderungen der Norm DIN ISO 2768 beschrieben. Diese Norm basiert auf der alten DIN 7168 und ersetzt diese für Neukonstruktionen (für Maße zwischen 4 m und 20 m kann noch DIN 7168 verwendet werden, da DIN ISO 2768 hier keine Angaben macht). Die ISO 2768 besteht aus zwei Teilen:
- Teil 1 enthält Angaben zu Maß- und Winkeltoleranzen,
- Teil 2 beschreibt die Allgemeintoleranzen zu Form und Lage

und ist vom Grundsatz her für die Bearbeitung von Stahl angelegt worden, wobei eine Wertübertragung auf nichtmetallische Werkstoffe (Al, Mg, Ti) zulässig ist, falls eine abtragende Bearbeitung erfolgt. Kunststoffe stellen jedoch einen Sonderfall (s. DIN EN 15860: Spanende Verarbeitung von Kunststoffen) dar.

Die bisherige Normensituation ging davon aus, dass die ISO 2768 durch die ISO 22081 ersetzt werden sollte. Diese Situation hat sich ganz kurzfristig geändert, da der DIN-Normenausschuss (NATG) derzeit davon abrät, das neue ISO 22081-Konzept für Deutschland zu übernehmen und eine ergänzende nationale Norm DIN 2769 vorschlägt.

Stellungnahme des DIN: „Die deutschen Experten des Normenausschuss Technische Grundlagen sind der Meinung, dass festgelegte Zahlenwerte in Tabellen hilfreicher sind als ein allgemeines Konzept zur individuellen Festlegung der Allgemeintoleranz, wie es die Norm DIN EN ISO 22081 vorsieht. Da das DIN sich auf internationaler Ebene nicht durchsetzen konnte, ist der derzeitige Kompromiss, dass die ISO 2768 vorerst bestehen bleiben und bis auf weiteres parallel zur ISO 22081 gelten soll. Als Nachfolgenorm ist dann DIN 2769 vorgesehen."

Als Konsequenz aus dieser Situation ist vereinbart worden, dass in nächster Zeit eine neue DIN-Norm (DIN 2769) zu Allgemeintoleranzen erstellt werden soll, diese Norm soll sich vom Aufbau an die ISO 2768 anlehnen und wieder konkrete Tabellenwerte aufweisen. Von Nachteil ist hierbei, dass es sich dabei um eine nationale Norm handelt.

8.2.1 Fertigungsverfahren und Werkstoffe

Die DIN ISO 2768 ist ausschließlich für spanend gefertigte Maß- und Geometrieelemente erstellt worden und dafür vorgesehen. Dies könne auch Teile sein, die zunächst gefügt wurden und deren Endbearbeitung danach spanend durchgeführt wird. *Sie gilt aber nicht für Teile, deren Lage und Form sich erst aus dem Zusammenbau (z. B. ein eingepresster Bolzen) ergibt, also bei Montageproblemen.*

Der Teil 1 dieser Norm darf gegebenenfalls auf andere Fertigungsverfahren übertragen werden, wenn keine eigenen Allgemeintoleranzen existieren. Die Wertübertragung ist aber nur für Teile zulässig, die mit „bisher nicht genormten Verfahren" gefertigt wurden. Existiert also keine Norm, die ein bestimmtes Fertigungsverfahren beschreibt, oder ist eine vorhandene Norm nicht vollständig, so darf auf DIN ISO 2768 zurückgegriffen werden. Diese Sonderlösung gilt aber nur für Teil 1. *Der spezielle Teil 2 über F+L-Toleranzen bietet diese Möglichkeit zur Schließung von Lücken in anderen Normen nicht.*

8.2.2 Zeichnungseintragung

Die verwendeten Allgemeintoleranzen sind im oder neben dem Schriftfeld einzutragen. In dem Beispieleintrag handelt es sich um ein Stanzteil, welches noch spanend bearbeitet wird. Für Maße, die durch die beiden Fertigungsverfahren beeinflusst werden, soll die Toleranzregel gelten.

	technische Zeichnung	
Schriftfeld:		DIN 6930 - 2 ISO 2768 - m H DIN 30630

Toleranzklasse für Maß- und Winkeltoleranzen (f, m, c oder v)
Toleranzklasse für Form- und Lagetoleranzen (H, K oder L)

Es reicht stets aus, anstatt „DIN EN ISO" nur „ISO" einzutragen. Solange keine Unklarheiten bestehen, kann auch das Wort „Allgemeintoleranzen" weggelassen werden. Falls alle Allgemeintoleranzen abgedeckt werden sollen, sollten immer beide Kennbuchstaben erscheinen. Fehlt der zweite Buchstabe, so ist streng genommen die Zeichnung unvollständig. Die Angabe des Tolerierungsgrundsatzes erfolgt auf folgende Weise:

Unabhängigkeitsprinzip:	Allgemeintoleranzen ISO 22081, s. Tab. DIN 2769
	Tolerierung ISO 8015
Hüllprinzip:	Allgemeintoleranzen ISO 22081, s. Tab. DIN 2769
	Maße nach ISO 14405 Ⓔ

Für das Unabhängigkeitsprinzip, soll nach der neuen Normenlage die dargestellte Kennzeichnung verwendet werden, da die alte DIN 7167 zurückgezogen worden ist. Das angehängte Ⓔ (= Hüllprinzip) drückt aus, dass für die Maßelemente, die eine Passungs- oder Paarungsfunktion haben, eine „Hülle" definiert ist. Die Hülle wird hier über Abmaße oder eine ISO-Codeangabe begrenzt.

Ergänzend sei hier noch einmal ein Hinweis auf die DIN 30630 Allgemeintoleranzen in der mechanischen Technik gegeben. Sie regelt, wie Allgemeintoleranzen (z. B. Schweißen DIN EN ISO 13920 und Mechanische Bearbeitung DIN ISO 2768) festzulegen sind, wenn sich ein Maß- bzw. Geometrietoleranz durch mehrere Bearbeitungsverfahren ergibt.

In oder neben dem Schriftfeld sollte dann folgender Hinweis stehen: „Toleranzregel DIN 30630".

8.2.3 Maß- und Winkeltoleranzen

ISO 2768, T. 1, enthält Toleranzen für Längen- und Winkelmaße sowie für gebrochene Kanten (Rundungsradien und Faserhöhen):
- **Längenmaße** sind die Basis jeder technischen Zeichnung, sie sind damit auch die Grundlage jeder Norm für Allgemeintoleranzen.
- **Winkelmaße** gehören eigentlich zu den Lagetoleranzen (Neigung), sind aber in der ISO 129-1 anders definiert und stehen deshalb in Teil 1 der Norm, siehe auch ISO 128.
- **Gebrochene Werkstückkanten** werden in ihrer Ausprägung in der ISO 13715 (soll ersetzt werden durch ISO 21204) näher behandelt. Maßlich legt die ISO 2768 Radien jedoch über Längenmaße fest.

Die ISO 2768, T. 1, verwendet vier Toleranzklassen. Sie werden klassifiziert mit den kleinen Buchstaben (Zahlenwerte sind der Norm zu entnehmen)

- f = fein (engl.: **f**ine)
- m = mittel (engl.: **m**iddle)
- c = grob (engl.: **c**oarse)
- v = sehr grob (engl.: **v**ery coarse)

Die Toleranzen in ISO 2768 sind gegenüber der alten DIN 7168 nur in den groben Klassen geringfügig vergrößert worden.

8.2.4 Form- und Lagetoleranzen

In der Praxis benötigt man nicht alle in den Normen festgelegten F+L-Toleranzen, um bestimmte geometrische Eigenschaften zu erzielen. Einige Toleranzarten sind durch andere und auch durch Allgemeintoleranzen (Tabelle 8.2) indirekt begrenzt.

Tab. 8.2: Durch Allgemeintoleranzen (ISO 2768, T. 2) direkt und indirekt begrenzte Geometrieabweichungen nach /JOR 20/

Tolerierte Eigenschaften	Begrenzungen	
	Toleranzarten	eingeschlossene Toleranzen
Geradheit Rundheit Parallelität Ebenheit Rechtwinkligkeit Symmetrie Gesamtlauf	Zylindrizität	Rundheit, Geradheit und Parallelität sowie gegebenenfalls Hüllbedingung
	Linienprofil, Flächenprofil	Ebenheit, gegebenenfalls Parallelität
	Neigung	Winkeltoleranzen
	Position	teilweise durch Maßtoleranzen
	Koaxialität	Lauf
	Lauf	Rundheit, Geradheit Parallelität (bei Gesamtlauf) bzw. Rechtwinkligkeit (bei Planlauf)

Für Form- und Lagetoleranzen sind drei Toleranzklassen festgelegt, diese werden mit Großbuchstaben bezeichnet. Diese grenzen ein:
- feine bis mittlere Toleranzen durch H,
- mittlere bis grobe Toleranzen durch K,
- grobe bis sehr grobe Toleranzen durch L.

Die Zahlenwerte für die einzelnen Form- und Lagetoleranzen entnehme man dem entsprechenden Normenblatt.

Die Bedeutung von Allgemeintoleranzen wird oft unterschätzt. Sie sind in der Praxis aber ein wichtiges Element, um gegebenenfalls durch Toleranzerweiterung zu kostengünstigen Lösungen zu kommen.

8.2.5 Allgemeintoleranz-Konzept nach ISO 22081

Das bisherige Konzept zu Allgemeintoleranzen nach ISO 2768 geht von größenskalierten Toleranzfeldern aus, welche auf metallische Maß- und Geometrieelemente anwendbar sind. Weil damit reale Verhältnisse nur unzureichend abgedeckt werden können, geht das neue ISO-Allgemeintoleranz-Konzept von individualisierten Toleranzen aus, die ein Unternehmen gemäß seinen speziellen Fertigungstechnologien festlegen muss. Die skalierten Werte sollen dann auf den Fertigungszeichnungen ausgewiesen werden. In der folgenden Zeichnung Abb. 8.1 ist das Prinzip dargestellt. Die vereinbarte Allgemeintoleranz gilt nur für die Maß- und Geometrieelemente sowie die Bezugselemente die nicht spezifiziert sind. Allgemeintoleranzen gelten nicht für Kanten, Radien, Ausrundungen, Fasen und Gewinde.

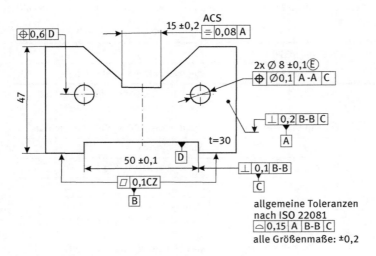

Abb. 8.1: Beispielhafte Fertigungszeichnung mit Allgemeintoleranzspezifikation

Der Gültigkeitsbereich der ISO 22081 ist jedoch beschränkt auf:
- Maßspezifikationen, d. h., lineare Größen- und Winkelgrößenmaße mit ±-Tolerierung

sowie
- integrale Geometrieelemente (= Oberflächen) mit dem Merkmal Flächenformtoleranz; integrale Linien auf Oberflächen sind jedoch ausgenommen.

Die festgelegten Allgemeintoleranzen müssen individuell gemäß der eingesetzten Fertigungstechnologie ermittelt werden. Dies ist heute mittels SPC (Statistical Process Control) ohne weiteres möglich.

In den folgenden direkten Schriftfeldeinträgen (zulässig ist auch die Hinterlegung in einem CAD-Datenmodell) in Abb. 8.2 und Abb. 8.3 sind zwei Beispiele aus der Norm wiedergegeben. In der Norm wird hervorgehoben, dass die folgenden Angaben erforderlich sind:
- Angabe von „allgemeine Toleranzen ISO 22081", gefolgt von der Spezifikation und den Toleranzwerten. Die Hervorhebung von Ⓔ (Hüllbedingung) soll zusätzlich bewirken, dass bei Maßelementen eine Hülle von Maximum-Material-Maß vereinbart ist.
- Anagbe des benutzten Bezugssystems.

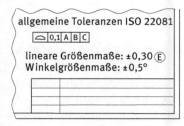

Abb. 8.2: Eintragung von Maßspezifikationen und geometrischen Spezifikationen

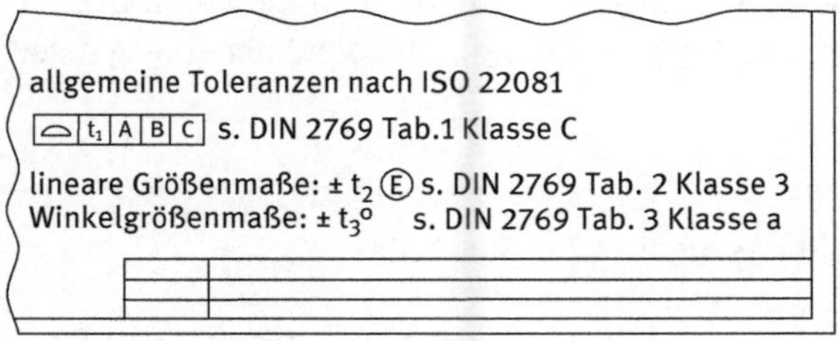

Abb. 8.3: Eintragung von variablen Werten für Maßspezifikationen und geometrischen Spezifikationen

Oft ist es bei Allgemeintoleranzen sinnvoller variable Werte festzulegen und auf ein Dokument mit diesen skalierten Größenbereichen zu verweisen.

Bei dem Verweis auf ein Dokument sollte eine weitestgehend notwendige Spezifizierung wie im Beispiel der Abb. 8.4 angelegt werden. Die maßliche Stufung sollte möglichst die ganze Breite der Anwendungen abdecken.

Werknorm 12345 gemäß der ISO 22081

Tabelle 1: Flächenformtoleranz t_1 in Abhängigkeit vom Größenmaß S (mm)

⌓ 0,5 A B C   für Größenmaße 200 S≤300

⌓ 0,75 A B C   für Größenmaße S≥300

Tabelle 2: Toleranzwerte für Größenmaße S bis 200 mm

Größenmaße	bis 6	6<S≤10	10<S≤50	50<S≤75	....	150<S≤200
Tol.-Wert	± 0,05	± 0,1	± 0,2	± 0,25	....	± 0,40

Tabelle 3: Toleranzwerte für Winkelgrößenmaße S bis 125 mm

kürzerer Schenkel	bis 10	10<S≤20	20<S≤50	50<S≤75	......	100<S≤125
Winkel-Tol.	± 0° 10'	± 0° 30'	± 0° 40'	± 0° 50'	......	± 1°

Zur Beachtung: Angaben gelten auch für Bezugselemente wenn keine individuellen Toleranzen vergeben wurden.

Abb. 8.4: Beispiel für eine Werknormung von Allgemeintoleranzen

Die neue Norm ermöglicht es somit Unternehmen ein eigenes Regelwerk für die Allgemeintolerierung von Bauteilen festzulegen, welches natürlich auch nach außen zu Zulieferanten und Kunden zu kommunizieren ist.

8.3 Bearbeitungszugaben

Bauteile, die zunächst als Rohformteile vorliegen und deren Fertigkontur spanend herausgearbeitet werden soll, müssen mit Bearbeitungszugaben (RMA) und Toleranzen festgelegt werden. Dies ist bei Ur- und Umformverfahren sowie vereinzelt auch bei Schweißgruppen erforderlich. Die festzulegenden Wertebereiche sind im Wesentlichen abhängig vom Fertigungsverfahren, dem Werkstoff und der notwendigen Reproduzierbarkeit für Serienlösungen. Auf einige Aspekte der Funktions- und Qualitätsfähigkeit von Formteilen (s. auch ISO 10135) soll deshalb noch kurz eingegangen werden.

8.3.1 Maßtoleranzen und Bearbeitungszugaben für Gussteile

Gussteile sind meist Montagebasisteile, die alleine oder im Verbund gewisse Funktionen zu erfüllen haben. Nur die wenigsten Maße werden somit „frei" sein. Empfohlen wird, für die Funktionsmaße symmetrische Plus/Minus-Toleranzen zu wählen.

Im Normfall ist für die Bearbeitung eines Gussteils nur ein Toleranzgrad anzunehmen. Dieser ist von der Art des Gussteils (Werkstoff, Fertigungsverfahren), den Gesamtabmessungen nach der spanenden Bearbeitung und der zu erreichenden Prozessfähigkeit abhängig. Das größte Maß eines Geometrieelements im Rohgusszustand sollte das Fertigmaß plus die geforderte Bearbeitungszugabe plus die gesamte Gusstoleranz und eine eventuell auftretende Formtoleranz möglichst nicht überschreiten, da ansonsten unnötiger Fertigungsaufwand durch Abtragen entsteht. Gegebenenfalls müssen auch Formschrägen berücksichtigt werden.

Die Maßbeziehungen für eine zu bearbeitende Außenkontur nach ISO 8062 zeigt Abb. 8.5. Das Rohteil-Nennmaß bestimmt sich somit zu

$$\varnothing R_N = \varnothing F + 2 RMA + 2 \frac{DCT}{4} + (t_F) \tag{8.1}$$

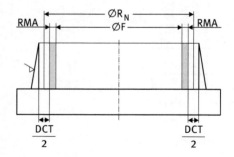

R_N = Nennmaß des Rohgussteils,
F = Maß nach der Fertigbearbeitung
RMA = Bearbeitungszugabe
DCT = Gusstoleranz

Abb. 8.5: Maßbeziehungen an einer rotationssymmetrischen Außenkontur

Dargestellt ist ein Rotationsteil, bei dem ein Bund zu bearbeiten ist. Das Nennmaß ⌀R am Rohgussteil wird um die Verarbeitungstoleranz ±DCT/2 streuen. Extrem kann auch das Kleinstmaß ⌀R_N auftreten. Selbst in diesem Fall muss für die Fertigbearbeitung noch eine ausreichende Bearbeitungszugabe (RMA) vorhanden sein. Falls es sich *nicht* um ein Rotationsteil handelt, brauchen natürlich die Bearbeitungszugabe und die Toleranz nur einmal berücksichtigt werden.

Entsprechend gibt die folgende Abb. 8.6 die Maßbeziehungen für eine zu bearbeitende *Innenkontur* wieder.

Für das Rohteil-Nennmaß ist dann hier einzuhalten:

$$\varnothing R_N = \varnothing F + 2RMA - 2\frac{DCT}{4} - (t_F) \qquad (8.2)$$

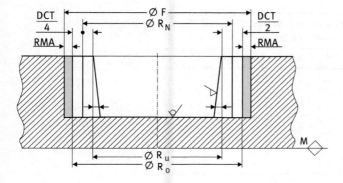

Abb. 8.6: Maßbeziehungen an einer Innenkontur mit Formschräge

---

Leitregel 8.3: Sichern eines Fertigteilmaßes durch Bearbeitungszugabe !
Für ein Gussstück soll nur ein Toleranzgrad als Bearbeitungszugabe (RMA) festgelegt werden. Dieser Wert ist für das größte Außenmaß zu wählen.

Weiter sei darauf hingewiesen, dass die Kennzeichnung von mechanisch zu bearbeitenden Flächen gemäß den Symbolen nach ISO 1302 zu erfolgen hat.

Die Norm ISO 8062 verlangen außerdem, dass die Allgemeintoleranzen und die Bearbeitungszugaben auf der Zeichnung zu vermerken sind, weil diese die Modellerstellung betreffen.

Für das Rohgussteil bestehen die folgenden Möglichkeiten der Angabe:
a) Angabe der Norm und des Gusstoleranzgrades, wie
   Allgemeintoleranz ISO 8062-3–DCTG 10,
b) wenn zusätzliche Einschränkungen des Versatzes bzw. Lage gefordert werden,
   dann Allgemeintoleranz ISO 8062-3–DCTG 10 – SMI ± 1,0,

c) zugelassen ist natürlich auch zu Nennmaßen, „individuelle" Toleranzen festzulegen und damit die Allgemeintoleranzen aufzuheben, z. B. durch

$$90 \pm 2 \text{ oder } 150 \begin{smallmatrix} +4 \\ -3 \end{smallmatrix}.$$

(Zur Maß- und Toleranzeintragung in Formteil-Zeichnungen siehe ISO 8062-3, hier insbesondere die Beispiele im Anhang E.2)

Für den Gusstoleranzgrad sind in der Norm 16 Güteklassen und 16 Nennmaßklassen für Längenmaße von 1–10.000 mm angegeben. In der nachfolgenden Auflistung ist in Tabelle 8.3 eine Auswahl aus dem Hauptmaßbereich wiedergegeben.

Tab. 8.3: Längenmaßtoleranzen in Abhängigkeit vom Nennmaß nach DIN EN ISO 8062

Nennmaß des Formteils		Längenmaßtoleranzen für Gussstücke (DCT) als Toleranzgrade in Millimeter							
von	bis	7	8	9	10	11	12	13	14
100	160	1,2	1,8	2,5	3,6	5	7	10	12
160	250	1,4	2	2,8	4	5,6	8	11	14
250	400	1,6	2,2	3,2	4,4	6,2	9	12	16
400	630	1,8	2,6	3,6	5	7	10	14	18
630	1.000	2	2,8	4	6	8	11	16	20
1.000	1.600	2,2	3,2	4,6	7	9	13	18	23
1.600	2.500	2,6	3,8	5,4	8	10	15	21	26

Diese Klassifizierung ist in Tabelle 8.4 um einige Praxiserfahrungen aus der Fertigung mit unterschiedlichen Werkstoffen ergänzt worden.

Tab. 8.4: Zuordnung von Toleranzgraden zu Gussstücken

Fertigungsverfahren	DCT-Werte für Material- bzw. Legierung		
	Stahl und Grauguss	Kupfer- und Zink- Legierungen	Leichtmetall- Legierungen
Sandformen, händisch eingeformt	11–14	10–13	9–12
Sandformen, maschinell eingeformt	8–12	8–10	7–9
Druckguss/Feinguss	„Werte sollten mit der Gießerei vereinbart werden."		

Ergänzend zu den vorstehenden Zeichnungsangaben müssen auch noch die Bearbeitungszugaben (RMA = Required Material Allowance) vereinbart werden. Die Angaben in der Zeichnung sind somit zu erweitern, z. B. zu

d) ISO 8062 – DCTG 10 – RMA 6 (RMAG H)
   Hierin deutet: Bearbeitungszugabe ist 6 mm mit Grad H für ein Gussteil im Abmessungsbereich von 400–630 mm zur Allgemeintoleranz DCTG 10.

Für Bearbeitungszugaben macht die Norm ausführliche Angaben in 10 Kategorien und 13 Maßbereichen. Hiervon sei wieder nur ein kurzer Auszug in Tabelle 8.5 gegeben.

Tab. 8.5: Erforderliche Bearbeitungszugaben (RMA) für Gussstücke

Größtes Maß		Toleranzgrad der Bearbeitungszugaben (RMAG)						
von	bis	C	D	E	F	G	H	J	K
63	100	0,4	0,5	0,7	1,0	1,4	2,0	2,8	4
100	160	0,5	0,8	1,1	1,5	2,2	3	4	6
160	250	0,7	1	1,4	2	2,8	4	5,5	8
250	400	0,9	1,3	1,8	2,5	3,5	5	7	10
400	630	1,1	1,5	2,2	3	4	6	9	12
630	1.000	1,2	1,8	2,5	3,5	5	7	10	14
1.000	1.600	1,4	2	2,8	4	5,5	8	11	16
1.600	2.500	1,6	2,2	3,2	4,5	6	9	13	18

Die ausgeführten RMAG-Kategorien lassen sich auch wieder nach Erfahrung verschiedenen Fertigungsverfahren und Werkstoffen zuordnen. In der Tabelle 8.6 ist hiervon ebenfalls nur ein Auszug gegeben.

Tab. 8.6: Abhängigkeit des Toleranzgrades vom Fertigungsverfahren und dem Werkstoff

Fertigungsverfahren	Material- bzw. Legierung				
	Stahl	Grau-guss	Kupfer-Legierungen	Zink-Legierungen	Leichtmetall-Legierungen
Sandformen, händisch eingeformt	G-K	F-H	F-H	F-H	F-H
Sandformen, maschinell eingeformt	F-H	E-G	E-G	E-G	E-G
dauerhafte Metallform, Niederdruck	–	D-F	D-F	D-F	D-F
Druckguss	–	–	B-D	B-D	B-D
Präzisionsguss	E	E	E	–	E

Darüber hinaus gibt die Norm mit GCT (F+L-Toleranzen) und GCTG (Toleranzgrade) auch Empfehlungen für Geometrietoleranzen.

8.3.2 Maß-, Formtoleranzen und Bearbeitungszugaben für Schmiedeteile

Schmiedeteile werden eingesetzt, wenn besondere Anforderungen an die Festigkeit durch einen optimierten Kraftflussverlauf bestehen. Das Spektrum reicht somit von kompakten Teilen (Klauen, Zahnrädern), mittelgroße Teile (Fahrwerkskomponenten) bis zu Großteilen (Schiffsantriebe). Der Ungenauigkeitsgrad ist von der Schmiedetechnik abhängig und beim Freiformschmieden naturgemäß größer als beim Gesenkschmieden. Je nach Einsatzweck sind Ganzbearbeitungen oder nur die Bearbeitung von Funktionsflächen notwendig.

Freiformgeschmiedete Teile sind gewöhnlich Kleinserienteile. Eine größere Ungenauigkeit wird dann durch vermehrte Bearbeitung ausgeglichen. Derartige Teile sind nach den Fertigmaßen zu bestellen, wobei eine bestimmte Schmiedgüte vereinbart werden muss. Tabelle 8.7 gibt eine Übersicht über Normen für Freiformschmiedeteile.

Tab. 8.7: Normen über Abweichungen und Bearbeitungszugaben von Freiformschmiedeteilen

Freiformschmieden	
Norm	**Schmiedeteil**
DIN 7527, Bl. 1	Scheiben
DIN 7527, Bl. 2	Lochscheiben
DIN 7527, Bl. 3	Ringe
DIN 7527, Bl. 4	Buchsen
DIN 7527, Bl. 5	gerollte und geschweißte Ringe
DIN 7527, Bl. 6	Stäbe

Zu den Schmiedegüten F (übliche Genauigkeit) und E (höhere Anforderungen) weisen die Normen Tabellen über Bearbeitungszugaben aus, welche den entsprechenden Fertigmaßen zugeschlagen werden müssen.

Gesenkschmiedeteile werden normalerweise für die Großserie hergestellt. Hiermit ist das Ziel eines hohen Endfertigungsgrades verbunden, welches geringe Bearbeitungszugaben und enge Toleranzen erfordert. Durch Normung (s. Tabelle 8.8) sind die notwendigen verfahrensspezifischen Toleranzen festgelegt worden.

Tab. 8.8: Normen über Maß- und Geometrieabweichungen für Gesenkschmiedeteile

Gesenkschmieden	
Norm	**Werkstoff/Verfahren/Geometrie**
DIN EN 10243-1	Stahl/Warmverarbeitung in Hämmern und Senkrecht-Pressen
DIN EN 10243-2	Stahl/Warmverarbeitung in Waagerecht-Stauchmaschinen
DIN 7523, T. 2	Stahl/Gesenkschmieden/Bearbeitungszugaben, Schrägen, Rundungen, Kehlen, Dicken, Breiten
DIN 586-3	Aluminium/Schmiedestücke/Grenzabmaße und Formtoleranzen

Mit der DIN EN 10243 ist die geläufigste Schmiedetechnologie abgedeckt. Die Norm geht insbesondere auf verfahrensbedingte Abweichungen ein und legt vier Gruppen von Toleranzen fest:
- Gruppe 1: Längen-, Breiten- und Höhenmaße; Versatz; Gratansatz/Anschnitttiefe; Lochmaße
- Gruppe 2: Dickenmaße; Auswerfermarken
- Gruppe 3: Durchbiegung und Ebenheit; Mittenabstände

sowie
- andere Toleranzarten: Hohlkehlen und Kantenrundungen; Abgratnasen; Oberflächenbeschaffenheit; Gesenkschrägen; Fluchtabweichungen bei Sacklöchern; Verformung gescherter Enden und Toleranzen für die nicht umgeformten Bereiche

Die Allgemeintoleranz bei Schmiedeteilen soll laut Norm immer 2/3 zu 1/3 aufgeteilt werden. Die 2/3-Toleranz wird sodann als Plustoleranz und die 1/3-Toleranz als Minustoleranz angegeben. Es ergibt sich so das Größt- und Kleinstmaß.

Als Normalfall ist hier noch der alte Tolerierungsgrundsatz *Hüllprinzip* (DIN 7167) vereinbart. Die auftretenden Formabweichungen Unrundheit, Abweichungen vom Kreiszylinder, Abweichungen von der Ebene sowie andere Abweichungen von einem vorgeschriebenen Umriss liegen somit innerhalb der Maßabweichungen, was auch in den Tabellen berücksichtigt wurde.

Falls ein anderer Zusammenhang gewünscht wird, wie nach ISO 8015 (*Unabhängigkeitsprinzip*), so muss dies auf der Zeichnung vermerkt werden.

Der Problemkreis der *Bearbeitungszugaben* für Gesenkschmiedeteile ist in der DIN 7523, T. 1, geregelt worden. Die angegebenen Zuschlaggrößen sind auf Flächen bezogen und sollen sicherstellen, dass durch eine ausreichende Mindestspanabnahme hochwertige Funktionsflächen bzw. -maße hergestellt werden können.

> **Leitregel 8.4: Toleranzkosten von Schmiedeteilen** !
> Allgemeintoleranzen für Güte F führen regelmäßig zu kostengünstigen Teilen. Wird hingegen Schmiedgüte E gewählt, so liegen die Herstellkosten stets deutlich höher.

Neben Stahl werden für gewichtsoptimierte Integralbauteile zunehmend Aluminium bzw. Aluminiumlegierungen als Schmiedeteile eingesetzt. Diese werden üblicherweise im Warmformverfahren als Freiform- oder Gesenkschmiedeteile hergestellt. Für die Ausführungsqualität sind in der EN 586-1 „Technische Lieferbedingungen" festgelegt. Hierzu ergänzend spezifizieren die Norm EN 586-3 Grenzabmaße und Formtoleranzen für form- und nichtformgebundene Maße ohne allseitige Bearbeitung. Da bei Schmiedeteilen häufig prozessbedingter Verzug und Verdrillung auftreten, definiert die Norm noch besondere Grenzen für die Geradheit und Ebenheit, die zusätzlich zu den Maßabweichungen (s. ISO 8015) zu berücksichtigen sind. Die eingrenzenden

Grenzabmaße und Formtoleranzen können durch andere Zeichnungseintragungen erweitert oder enger begrenzt werden. Hierdurch wird möglicherweise die Güteklasse verändert, welches wiederum Einfluss auf die Herstellkosten hat.

8.3.3 Allgemeintoleranzen für Schweißkonstruktionen

Die Schweißtechnik ist ein differenzielles Verfahren, welches im Maschinenbau bei der Einzel- und Kleinserienfertigung bzw. im Fahrzeugbau auch für die Großserienfertigung eingesetzt wird. Zweck ist es hierbei, Halbzeuge sowie Um- und Urformteile zu Baugruppen zu verbinden. Charakteristisch ist, dass die Ausgangsteile oft großen Maßstreuungen (DIN-Gütegrade) unterliegen, von der Baugruppe aber eine gute Maßhaltigkeit verlangt wird.

In der Norm DIN EN ISO 13920 sind die Maß- und Winkeltoleranzen sowie die meist notwendigen Form- und Lagetoleranzen festgelegt. Dem gemäß existieren Tabellen für
- Maßtoleranzen (Längenmaßbereich 2 mm bis über 20 m),
- Winkeltoleranzen (Längenmaßbereich bis über 1 m)

und
- Geradheits-, Ebenheits- und Parallelitätstoleranzen (Längenmaßbereich 30 mm bis über 20 m).

Für die Maß- und Winkeltoleranzen sind vier Klassen A, B, C und D geschaffen worden, die eine Staffelung der Toleranzen von *fein* bis *sehr grob* vereinbaren. Entsprechend sind für die F+L-Toleranzen die Klassen E, F, G und H festgelegt worden.

Da als Endkontrolle bei *Schweißteilen bzw. Schweißbaugruppen* gewöhnlich Funktionsmaße überprüft werden müssen, wird in der Norm die Festlegung eines Bezugspunktes verlangt. Der Bezugspunkt ist vor allem notwendig, um Winkelabweichungen zu kontrollieren und ist normalerweise mit dem kürzeren Winkelschenkel zu bilden.

Für das Zusammenwirken zwischen Maß- und F+L-Toleranzen ist als Tolerierungsprinzip die ISO 8015 vereinbart. Besonders angesprochen sind die Geradheit, Parallelität und Ebenheit, weil diese oftmals an Baugruppen eingerichtet werden müssen. Der Nachweis auf Einhaltung der Geometrieabweichungen ist bevorzugt durch einfache Lehrung zu erbringen.

Zeichnungsangaben sind entsprechend:

$$\text{EN ISO 13920-B} \quad \text{oder} \quad \text{EN ISO 13920-BE}.$$

Die Norm hebt hervor, dass eine Schweißzeichnung unvollständig ist, wenn auf der Zeichnung keine Allgemeintoleranzen für Maße und Winkel sowie für Form und Lage vereinbart worden sind.

9 Tolerierungsprinzipien

9.1 Funktionssicherung

Die zuvor eingeführten Geometrietoleranzen müssen nicht nur mit der Maßtolerierung harmonieren, sondern auch Funktionsanforderungen, wie beispielsweise die Passungsfähigkeit, gewährleisten /BOH 98/ können. Mit diesem Ziel sollen im Weiteren einige Grundbegriffe (s. Abb. 9.1) zur Teileauslegung und Passungs- bzw. Paarungsfähigkeit eingeführt werden.

Insbesondere im Zusammenhang mit der „Dimensionellen Tolerierung" (nach Norm: Längenmaße, Winkel und Hüllmaße) haben die Materialzustände (s. DIN EN ISO 2692) wichtige Bedeutung in der Messtechnik erlangt.

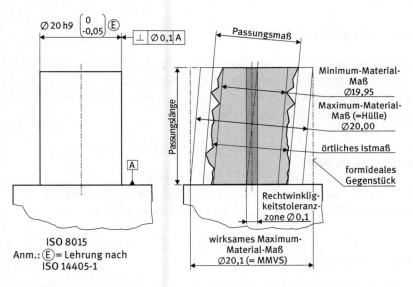

Abb. 9.1: Normgerechte Maß- und Zustandsdefinitionen an einem Geometrieelement

9.1.1 Maximum-Material-Zustand/MMC

MMC ist nach ISO 2692 der Zustand, in dem das Istmaß des Geometrieelementes überall gleich dem maximalen Grenzmaß ist. Das Material des Geometrieelementes hat dann sein Maximum (MMC), welches die *geometrische ideale Hülle* definiert.

Bei einer Bohrung ist MMC das Mindestmaß, bei einer Welle ist MMC das Höchstmaß. Für eine Bohrung wird dies einsichtig, wenn man sich um die Bohrung einen Kontrollraum denkt, der bei der kleinsten Bohrung somit maximales Volumen aufweist.

Nach ISO 8015 darf ein Geometrieelement im Maximum-Material-Zustand seine Form- und Lagetoleranzen noch voll ausnutzen. Der wirksame Zustand mit MMVS (s. Kap. 9.1.6 als fiktives Umschreibungsvolumen) begrenzt dies jedoch. In Verbindung mit einer *Lagetoleranz* liegt dann eine aufgeweitete Hülle vor. Die Hülle erstreckt sich über die gesamte Länge des Geometrielements.

9.1.2 Maximum-Material-Maß

Die **M**aximum **M**aterial **S**ize (Abkürzung: MMS) ist das Grenzmaß, bei dem ein Maximum an Material eines Geometrieelementes vorliegt. Bei einer Welle ist dies immer das Höchstmaß, bei einer Bohrung immer das Mindestmaß. Mit MMS wird der *Maximum-Material-Zustand* beschrieben.

9.1.3 Minimum-Material-Zustand/LMC

LMC ist (analog zum Maximum-Material-Zustand) der Zustand, bei dem das Istmaß des Geometrieelementes an jeder Stelle gleich dem minimalen Grenzmaß ist. Das Material des Geometrieelementes hat sein Minimum. Bei einer Bohrung ist dies das Höchstmaß, bei einer Welle ist dies das Mindestmaß.

9.1.4 Minimum-Material-Maß

Die **L**east **M**aterial **S**ize (Abkürzung: LMS) ist das Maß, bei dem das Geometrieelement den Minimum-Material-Zustand bzw. das Minimum-Material-Maß hat.

9.1.5 Material-Bedingungen

Die Materialbedingungen (nach ISO 2692: Ⓜ, Ⓛ evtl. Ⓡ) haben bei der Bauteilauslegung die wichtige Aufgabe, die Paarbarkeit, Funktionssicherheit und Wirtschaftlichkeit sicherzustellen:
- Die Maximim-Material-Bedingung (MMR) wird herangezogen, um durch erweiterte F+L-Toleranzen zu einer insgesamt funktions- und paarungsgerechten Auslegung zu gelangen.
- Die Minimum-Material-Bedingung (LMR) wird herangezogen, um z. B. die Mindestwandstärke zwischen zwei symmetrisch oder koaxial liegenden Maßelementen zu sichern.
- Die Reziprozitätsbedingung (RPR) wird zusätzlich zur MMR oder LMR herangezogen, um die Maßtoleranz um die nicht ausgenutzte Geometrietoleranz erweitern zu können.

9.1.6 Wirksames Maximum-Material-Maß

Das Maximum-Material-Virtual-Größenmaß (**M**aximum **M**aterial **V**irtual **S**ize) oder vereinfacht der „wirksame Zustand" (Abkürzung: MMVS) ist das Maß der gedachten Umhüllung und entspricht dem Maß des zu paarenden formidealen Gegenstücks. Dieses Maß ergibt sich aus der gemeinsamen Wirkung des Maximum-Material-Maßes (MMS) und der Form- und Lagetoleranz (Form, Richtung, Ort) des *abgeleiteten* Geometrieelements desselben Maßelements (Definition nach ISO 2692).

Für Wellen: MMVS = MMS + (Form- oder Lagetoleranz)
Für Bohrungen: MMVS = MMS − (Form- oder Lagetoleranz)

Entsprechend existiert auch ein wirksames Minimum-Material-Maß (LMVS).

9.2 Der Taylor'sche Prüfgrundsatz

Seit Beginn der industriellen Produktion erfolgt die maßliche Überprüfung der Werkstückgeometrie durch „Lehrung". Sie ist stets eine funktionsorientierte Prüfung, und es soll so geprüft werden, wie es der spätere Einsatz erfordert. Der hieraus abgeleitete Taylor'sche Prüfgrundsatz entstand somit, bevor Form- und Lagetoleranzen festgelegt wurden. Er basiert auf der Tatsache, dass das Mindestspiel bei Maximum-Material-Grenzmaßen nur dann vorhanden ist, wenn das Bauteil *keine zusätzlichen Formabweichungen* aufweist. Nach Taylor gilt folgender *Grundsatz*: Die Gutseite einer starren Lehre muss dem idealen Gegenstück eines Geometrieelementes entsprechen, um die Paarungsmöglichkeit des Werkstücks zu prüfen. Die Ausschussseite braucht nur punktweise das Gegenstück zu prüfen, um örtliche Maßüberschreitungen festzustellen, die die Toleranz überschreiten.

> **Leitregel 9.1:** Taylor'scher Prüfgrundsatz: Gutprüfung nach ISO R 1938:
> Die **Gutprüfung** wird als Paarungsprüfung mit einer „starren" Lehre, die über die ganze Länge des Geometrieelementes geht, durchgeführt. Die Gutseite MMS stellt demnach das **formideale Gegenstück** zur Bohrung mit Maximum-Material-Virtual-Maß MMVS dar. Die Gutseite einer Taylor'schen Prüflehre verkörpert somit die „Hülle". Es ist für die Gutprüfung **notwendig**, dass die Prüfbedingung **über die Paarungslänge erfüllt** wird.

Die Abbildungen 9.2 und 9.3 zeigen eine Lehre, die zur Gut- und Ausschussprüfung einer Bohrung nach dem Taylor'schen Prüfgrundsatz dient. Bei der Bohrung wird stets geprüft, ob die Form eingehalten wird, d. h. das ideale Gegenstück mit Maximum-Material-Maß (MMS) gepaart werden kann. Weiter wird im Zeitpunkt-Messverfahren nach ISO 14405 geprüft, ob das Minimum-Material Maß (LMS = größte Bohrung) nicht überschritten wird.

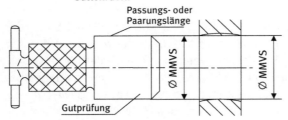

Abb. 9.2: Starre Lehre nach Taylor (engl. Pat. Nr. 6900 von 1905) für Bohrungen

> **Leitregel 9.2: Taylor'scher Prüfgrundsatz: Ausschussprüfung nach ISO R 1938**
> Die Ausschussprüfung ist eine Einzelprüfung im Zweipunktmessverfahren.
> Es ist für die Ausschussprüfung **hinreichend**, dass die Gutbedingung **an einer Stelle nicht erfüllt** wird, d. h. die Bohrung zu groß ist (nach ISO: Default Definition).

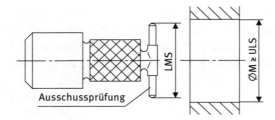

Abb. 9.3: Ausschussprüfung nach Tayor als LML-Prüfung

Daraus folgt die Aussage, dass Geometrieelemente die für Passungs- oder Paarungszwecke immer nach dem spezifizierten Taylor'schen Prüfgrundsatz zu bewerten sind.

> **Leitregel 9.3: Taylor'scher Prüfgrundsatz: Messprinzip**
> Der Taylor'sche Prüfgrundsatz definiert:
> Bei umhüllend zu paarenden Bauteilen ist auf der Gutseite die Paarbarkeit zu prüfen. Mit der Ausschussseite sind sämtliche voneinander unabhängige Istmaße getrennt zu erfassen.
> Messprinzip:
> **Gut**   = Prüfbedingung **überall** erfüllt.
> **Ausschuss** = Prüfbedingung **an mindestens einer Stelle nicht erfüllt**.
> Diese Aussage gilt für starre Lehren und natürlich auch für so genannte Spreizdorne (können auch MMVS prüfen).

Im Laufe der Jahre ist der *alte* Taylor'sche Prüfgrundsatz von *Weinhold* erweitert worden, und zwar sollen Lehren neben der Form auch die Lage von Geometrieelementen prüfen können. Wenn beispielsweise eine Bohrung auch einer Rechtwinkligkeitsforderung bezüglich einer Werkstückebene genügen muss, muss auch der Prüfdorn senkrecht zu dieser Ebene stehen. In der erweiterten Formulierung ist deshalb zu fordern:

> Die Gutlehre muss alle Elemente (Geometrie- und Bezugselement), die bei der Paarung zugleich beteiligt sind, gemeinsam erfassen. Es müssen bei der Lehrung Werkstück und Gutlehre alle Relativlagen einnehmen, die zwischen dem Werkstück und seinem Gegenstück vorkommen können oder durch zusätzliche Lagebedingungen vorgeschrieben sind /PFE 01/.

9.3 Grenzgestalt von Bauteilen

9.3.1 Auswirkung auf Funktion

Im Zusammenhang mit den funktionalen Forderungen ist auch die Grenzgestalt zu berücksichtigen. Die Grenzgestalt ist diejenige geometrische Gestalt eines Geometrieelementes, die unter Ausnutzung *aller Toleranzen* eine extreme Auswirkung auf die Dimensionalität hat. Das bedeutet: Mit der Grenzgestalt werden die geometrischen Verzerrungen eines Bauteils erfasst.

Die Bestimmung der Grenzgestalt /DEN 99/ ist wichtig zur Überprüfung der Funktionsfähigkeit eines Bauteils. Als Beispiel diene hier ein Bauteil, dessen Oberfläche auf Ebenheit toleriert sei, da es als Ausgleichslineal in einen Messaufbau zur Neigungsmessung (Kapitel 7.6.1.1.3) eingesetzt werden soll.

Das gezeigte Bauteil muss für den Einsatzzweck möglichst „plan" sein. Je nach Art der Grenzgestalt kann dann das Teil funktionsfähig oder nicht zu verwenden sein.

Ist die Grenzgestalt konkav oder schief, kann das zu messende Teil kippfrei aufgelegt werden. Ist die Grenzabweichung konvex, kann man das zu messende Teil nicht stabil auflegen. Die Gleitfunktion ist somit nicht gegeben.

Mit den modernen Formmessmitteln und der 3-D-Messtechnik ist die Erfassung der Grenzgestalten von Geometrieelementen aber kein größeres Problem mehr.

9.3.2 Hüllbedingung zur Eingrenzung der Grenzgestalt

Mit dem Ziel der eindeutig bestimmten maßlichen Auslegung von Bauteilen bzw. der Definition von Passungen wird in Ergänzung der später noch interpretierten ISO 8015 in der neuen ISO 14405 die *Hüllbedingung* als alternative dimensionelle Tolerierung festgelegt. Hier gelten die folgenden „übergeordneten" Definitionen:

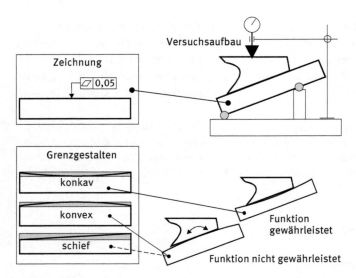

Abb. 9.4: Beispiel für die Bedeutung der Grenzgestalt für ein Bauteil bzw. im Zusammenwirken von Bauteilen

- Die *Hüllbedingung* Ⓔ verlangt die gleichzeitige Anwendung des Zweipunktmaßes auf die Minimum-Material-Bedingung des Maßes und entweder dem kleinsten umschriebenen Maß (Welle) oder dem größten einbeschriebenen Maß (Bohrung), angewandt auf die Maximum-Material-Bedingung für das Maßelement.

Dies ist sinngemäß die Definition des vorstehenden Taylor'schen Prüfgrundsatzes. Übertragen auf die beiden charakteristischen Maßelemente Welle/Bohrung lauten die entsprechend angepassten Definitionen:
- Die *Hüllbedingung für ein äußeres Maßelement* stellt die gleichzeitige Anwendung einer Kombination aus dem Zweipunktmaß, angewendet auf das Mindestmaß (LLS), und dem kleinsten umschriebenen Maß, angewendet auf das Höchstmaß (ULS), dar.
- Die *Hüllbedingung für ein inneres Maßelement* stellt die gleichzeitige Anwendung einer Kombination aus dem Zweipunktmaß, angewendet auf das Höchstmaß (ULS), und dem größten einbeschriebenen Maß, angewendet auf das Mindestmaß (LLS), dar.

Der Eintrag der Hüllbedingung (HB) soll hinter dem Maß mit dem vereinfachten „Spezifikations-Modifikationssymbol Ⓔ" nach ISO 8015 erfolgen und bezieht sich immer auf das Maximum-Material-Maß (ein Bauteil hat nur ein Maximum-Material-Maß).

Eine völlig identische Festlegung kann mit den Spezifikations-Modifikationssymbolen nach ISO 14405 vorgenommen werden, z. B. für die Passung H7/g6.

HB für Welle: Ø 40 g6$\left(\begin{smallmatrix}-0,009\\-0,025\end{smallmatrix}\right)$ Ⓔ ist gleichbedeutend mit Ø 40 $^{-0,009}_{-0,025}$ ⓊⓅ

oder

HB für Bohrung: Ø 40 H7$\left(\begin{smallmatrix}+0,025\\0\end{smallmatrix}\right)$ Ⓔ ist gleichbedeutend mit Ø 40 $^{+0,025}_{0}$ ⓁⓅ/ⒼⓍ

Mit „GN" ist das kleinste umschreibende Maßelement am Höchstmaß, mit „GX" ist das größte einbeschriebene Maßelement an der unteren Toleranzgrenze. Mit „LP" wird der Nachweis durch das Zweipunktmaß gefordert. Hierzu passend sind die Abmaße zu wählen.

Die folgenden Darstellungen in Abb. 9.5 sollen diesbezüglich noch einmal die Anwendung der Symbole an zylindrischen Bauteilen vermitteln. Hierzu wird einmal als

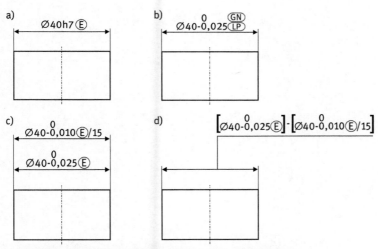

Wenn Bohrungen nicht näher spezifiziert sind, sind beliebige Geometrieabweichungen möglich und zulässig.

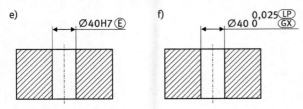

Legende:
a + b) HB für ein äußeres Maßelement mit alternativer Spezifikation
c + d) HB für Gesamtlänge und „schärfer" für eingeschränkte Länge von 15 mm
e + f) HB für ein inneres Maßelement mit alternativer Spezifikation

Abb. 9.5: Verschiedene Angaben der Hüllbedingung nach gültigen ISO-Normen

Außenformelement eine Welle und als Innenformelement eine Bohrung gewählt. Zu berücksichtigen ist hierbei der Wechsel bei den Spezifikationen.

Bei der Hüllforderung sollte immer berücksichtigt werden, dass Lehren nicht für „beliebig" abgestufte Maße verfügbar sind, sondern meist nur für glatte Außen- oder Innenmaße (gewöhnlich in glatten 5 mm-Sprüngen). Dies ist vorstehend durch die Abmaßwahl berücksichtigt worden.

Ansonsten ist heute der Eintrag von „Spezifikations-Modifikationssymbolen" international genormt und sicherlich sinnvoll, um einen noch höheren Qualitätsstandard zu erreichen.

10 Tolerierungsgrundsätze

10.1 Unabhängigkeitsprinzip

Im ISO/GPS-System ist der „Grundsatz der Unabhängigkeit" als übergreifender Tolerierungsgrundsatz in der DIN EN ISO 8015:2011 (Kap. 5.5) international vereinbart worden. Fehlte auf einer technischen Zeichnung der Hinweis auf den verwendeten Tolerierungsgrundsatz, so galt bisher in Deutschland automatisch die Hüllbedingung nach DIN 7167. Neue Zeichnungen (ab 2011) sollten daher nach dem Unabhängigkeitsprinzip aufgebaut werden. Ist jedoch für ein Geometrieelement eine Hülle notwendig, so ist diese nach ISO 14405-1 mit Ⓔ als Hüllprinzip zu vereinbaren.

> **Leitregel 10.1:** Optionaler Zeichnungseintrag: „Tolerierung ISO 8015"
>
> Das ISO-Normenwerk stellt heraus, dass wahlweise im oder am Schriftfeld der Hinweis: „**Tolerierung ISO 8015**" oder nur „**ISO 8015**" angegeben werden soll!
>
> Diese Angabe bedingt dann auch, dass das gesamte ISO-GPS-System aufgerufen wird (d. h., für die Zeichnungen sind alle gültigen ISO-Normen vereinbart).

Das Unabhängigkeitsprinzip nach ISO sagt aus:

> *Standardmäßig muss jede GPS-Anforderung an ein Geometrieelement oder eine Beziehung zwischen Geometrieelementen unabhängig von anderen Anforderungen erfüllt werden, außer wenn dem eine andere Norm oder eine besondere Angabe (z. B. nach ISO 2692, d. h. Abhängigkeit von Maß- und Geometrietoleranz) entgegensteht.*

Wird hingegen eine Beziehung, z. B. ein Toleranzausgleich (nach ISO 2692), gewünscht, so kann dieser über Ⓜ, Ⓛ oder eventuell Ⓡ hergestellt werden. Mittels eines derartigen Kompensationsprinzips kann regelmäßig ein Kostenvorteil erzielt werden. Soll hingegen für ein Maß eine *Hülle* gelten, so ist das „Spezifikations-Modifikationssymbol Ⓔ" anzugeben, welches in der dimensionellen Tolerierung immer direkt am Maß (s. Kapitel 9.3.2) angegeben werden muss.

Die beiden Eintragmöglichkeiten sind wie folgend zu kennzeichnen:

	geom. Tolerierung (Lehrenprüfung)		dim. Tolerierung (Messmaschine)
äußeres Maßelement mit Hüllkreis:	⌀40 0 / −0,25 Ⓔ	oder	⌀40 0 / −0,25 ⒼⓃ / ⓁⓅ
inneres Maßelement mit Pferchkreis:	⌀40 0 / +0,25 Ⓔ	oder	⌀40 0 / −0,25 ⓁⓅ / ⒼⓍ

Das angegebene Ⓔ weist immer auf das Maximum-Material-Maß hin, welche mit einer starren Lehre zu prüfen ist und an keiner Stelle der Längenausdehnung überschritten werden darf. Der Modifikator (GN) weist auf den Hüllzylinder hin, der über die ganze Länge eines äußeren Maßelements durch Zweipunkt-Messungen (LP) auf einer digitalen Koordinaten-Messmaschine zu erfassen ist. Entsprechend weist (GX) auf den Pferchzylinder hin, der für ein inneres Maßelement zu bestimmen ist.

> **Leitregel 10.2: Toleranzprüfung beim Unabhängigkeitsprinzip**
>
> Das **Unabhängigkeitsprinzip** besagt: Jede angegebene GPS-Anforderung an ein Geometrieelement ist separat einzuhalten und zu überprüfen. Maßtoleranzen sind hierbei **unabhängig** von den Form- und Lagetoleranzen.
>
> Für die Prüfung einer Maßtoleranz reicht eine Zweipunktmessung aus. Eine Form- oder Lagetoleranz muss hingegen **immer** mit einer Lehre oder Messmaschine überprüft werden. Die Gutprüfung ist stets eine Paarungsprüfung, die über das ganze Formelement geht. Die Lehre entspricht somit dem formidealen Gegenstück.

10.1.1 Auswirkung der Tolerierung nach dem Unabhängigkeitsprinzip

10.1.1.1 Ebenheit

Die folgenden Darstellungen zeigen beispielsweise die Auswirkungen einer unvollständigen und vollständigen Tolerierung auf die zulässige Formabweichung bei der Ebenheit eines Bauteils.

Die Tolerierung des Bleches aus Abb. 10.1 a) ist unvollständig, da keine Aussage über die Ebenheitstoleranz t_E getroffen wird. Das Blech darf beliebig uneben sein, auch wenn es überall die Dicke des Maximum-Material-Grenzmaßes MMS = 8 mm auf-

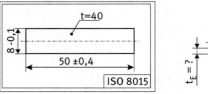
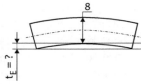
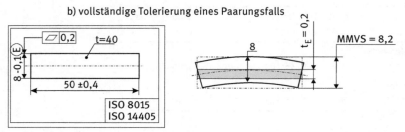

Abb. 10.1: Unvollständige bzw. vollständige Ebenheitstolerierung nach ISO 8015

weist. Die Ebenheit kann hingegen auch durch die Angabe der Allgemeintoleranz ISO 2768-mL, d. h. durch L begrenzt werden. Nach ISO 2768, T. 2, ist dann die größte Seitenlänge des Werkstücks (Bereich: 30–100 mm; L = 0,4 mm) entscheidend. Es ist also auf die Toleranzklasse und die Längendimension zu achten.

In Abb. 10.1b) ist die Ebenheitstoleranz mit t_E = 0,2 auf die Mittelebene gelegt worden und darf hier nicht überschritten werden. Das Maß MMS und t_E bestimmen somit den wirksamen Zustand (MMVS), womit die Passungsfunktionalität gewährleistet wird.

Die Paarungsfähigkeit ist nämlich in diesem Fall hauptsächlich durch die Längenausdehnung (Krummheit) und weniger durch die Dickenausdehnung gegeben.

10.1.1.2 Rundheit
In den folgenden Bildern sollen die Auswirkungen des Unabhängigkeitsprinzips auf die Rundheit eines Wellenquerschnittes dargestellt werden.

In Abb. 10.2a) ist eine Welle lediglich maßtoleriert. Die Durchmesserangabe ist aber nicht ausreichend für die „Rundheit". Nach DIN symbolisiert ein Durchmesserzeichen nur, dass es sich um ein rundes Teil in der Darstellung handelt.

Abbildung 10.2b) zeigt die erlaubte Formabweichung. Die Welle wäre mit dieser gleichdickförmigen Formabweichung ($d_{Hüllmaß} \approx 1{,}1547 \cdot d$) mit Sicherheit nicht

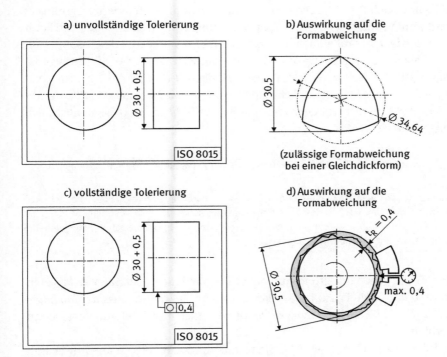

Abb. 10.2: Unvollständige bzw. vollständige Rundheitstolerierung

mehr paarungsfähig mit einem Gegenstück, d. h. einer Bohrung in einem Durchmesserbereich zwischen 30,5–30,9 mm. Die Angabe einer Rundheitstoleranz wie in Abb. 10.2c) schränkt jedoch die zulässige Formabweichung ein. In Abb. 10.2d) ist herausgestellt, dass die Rundheit in Radialschnitten senkrecht zur Längsachse gemessen werden muss. Der Zeigerausschlag der Messuhr zeigt die Rundheitsabweichung an, wobei $f_R \leq 0,4$ mm gilt.

Nach der ISO 8015 muss jedes gemessene örtliche (Zweipunkt-)Istmaß der Welle innerhalb der Maßtoleranz (von 30–30,5 mm) liegen und zusätzlich darf noch eine Unrundheit in *jedem radialen Schnitt* auftreten. Das heißt, das Maximummaterialmaß darf 30,5 mm sein und der radiale Ausschlag maximal 0,4 mm bei einer Umdrehung der Welle. Durch diese Angabe ist aber die Form der Welle über die Paarungslänge (z. B. Geradheit t_G) nicht festgelegt worden.

10.2 Hüllprinzip

10.2.1 Bedeutung

Enthält eine technische Zeichnung keine anders lautenden Hinweise oder Festlegungen (z. B. auf DIN EN ISO 8015), so galt bisher in Deutschland automatisch die Hüllbedingung nach DIN 7167. Diese Norm war als nationaler Tolerierungsgrundsatz vereinbart worden und beschrieb den Zusammenhang zwischen den „Maß- und Formtoleranzen sowie der Parallelitätstoleranz". Ziel war es vor allem, die Passungs- und Paarungsfähigkeit herzustellen. Dazu wurde gefordert, „dass die Hüllbedingung" einzuhalten ist, *wonach ein einzelnes Geometrieelement (in DIN 7167: Zylinder oder zwei gegenüberliegende parallele ebene Flächen) die geometrisch ideale Hülle von Maximum-Material-Maß nicht durchbrechen dürfen. Die Hüllbedingung ist identisch dem Hüllprinzip nach ISO 14405.*

> **!** **Leitregel 10.3: Definition der Hülle in der alten DIN 7167(ist im Januar 2012 zurückgezogen worden)**
>
> **Die Hülle entspricht dem Maximum-Material-Maß MMS über der Paarungslänge.** Dies ist das Grenzmaß, bei dem das Material des Geometrieelementes seine größte Ausdehnung besitzt. Ein Geometrieelement hat nur **eine** Hülle. Ein **Wellen**element darf nur **innerhalb** seiner Hülle bleiben, ein **Bohrungs**element nur **außerhalb** seiner Hülle.

Nach dem Taylor'schen Prüfgrundsatz wird so das Maximum-Material-Maß MMS eingehalten und damit die Paarungsfähigkeit gesichert. *Zusätzlich muss der Minimum-Material-Zustand LMC eingehalten werden.* Dies ist nach dem Zweipunktmessverfahren zu prüfen.

Das Hüllprinzip schränkt eine Fertigung allerdings ein, da jetzt alle Abweichungen eines Formelementes innerhalb der Hülle liegen müssen. Meist benötigt eine Fertigung den halben Toleranzraum für Form- und Lageabweichungen, sodass für Maßabweichungen nur relativ wenig Spielraum übrig bleibt. In ca. 5–10 % aller Fälle wird tatsächlich eine Hüllbedingung benötigt, nämlich dort, wo eine Passfunktion erforderlich ist.

> **Leitregel 10.4: Hüllprinzip und Zeichnungseingabe**
> **Hüllprinzip:** Für einfache Geometrieelemente (*Kreiszylinder und Parallelebenenpaare*) gilt die Hüllbedingung über die Paarungslänge. Die Hüllbedingung ist identisch mit dem Taylor'schen Prüfgrundsatz (s. Kapitel 9.2) und stimmt auch mit der Hüllbedingung nach ISO 8015 überein.
> **Zeichnungsangabe:** Wenn in einer Zeichnung DIN-Normen für Toleranzen und Passungen verwendet wurden, so gilt das Hüllprinzip, wenn kein anderer Tolerierungsgrundsatz angegeben ist. Aus Gründen der Eindeutigkeit sollte dies jedoch vermerkt werden, wie: **"Tolerierung DIN 7167"**.
> *Seit Mitte April 2011 ist die Norm DIN 7167 bei CEN / DIN als "zurückzuziehen" eingestuft. Eine Hülle ist somit nach der neuen ISO 8015 und/oder ISO 14405-1 zu vereinbaren, wie: "Maße nach ISO 14405 Ⓔ".*

10.2.2 Auslegung des Hüllprinzips

Die Bedeutung der Hülle für zylindrische und parallele Geometrieelemente (DIN 7167/ISO 14405 Ⓔ) sind den Beispielen aus der folgenden Tabelle zu entnehmen.

Eine Hülle ist somit immer dann erforderlich, wenn das Bauteil „gefügt" werden soll. Die Hülle darf über die Fügelänge nicht durchbrochen werden, sie erstreckt sich daher über die gesamte Länge eines Geometrieelementes. Damit ist verbunden, dass nur ein Hüllmaß (innen oder außen) existieren kann.

Bei einer Welle ist dies der Hüllkreis (kleinster umschreibender Kreis, der das Rundheitsprofil einschließt) und bei einer Bohrung ist dies der Pferchkreis (größter einbeschriebener Kreis im Rundheitsprofil), die beide aber als Zylinder ausgedehnt werden.

(Hinweis: Messmaschinen werten standardmäßig Gauß-Kreise oder Gauß-Zylinder als Ergebnis einer Ausgleichsrechnung aus. Dies entspricht aber nicht dem Hüllprinzip.)

Die Beispiele beziehen sich dem Wortlaut der Norm auf *Zylinder* und *gegenüberliegende parallele ebene Flächen*. Im folgerichtigen Sinn werden hierzu auch Kugeln gezählt. Für andere Geometrieelemente als die oben aufgeführten ist jedoch weder nach ISO 8015 noch nach ISO 14405 eine Hülle definiert.

---

[1] Anm.: Bei Wieder- oder Weiterverwendung einer alten Zeichnung unter DIN 7167 muss am Schriftfeld unbedingt „Size ISO 14405 Ⓔ" als Hüllbedingung vereinbart werden.

Tab. 10.1: Darstellung der Hülle nach der alten DIN 7167 für charakteristische Geometrieelemente. Maßtoleranz schränkt die Größe der Form- und Parallelitätsabweichung ein.

Formelement	Zeichnung	Beispiele für Maßelemente und Hülle	Default Kriterien
Kreiszylinder (Welle)	Welle, ⌀20 ± 0,1	Lehrring mit Höchstmaß (GN), MMS = ⌀20,1	Zweipunktmaß + Geradheit Rundheit Zylinderform
Kreiszylinder (Bohrung)	Bohrung, ⌀20 ± 0,1	Lehrdorn mit Mindestmaß (GX), MMS = ⌀19,9	
Parallelebenen (außen)	Klotz, 20 ± 0,1	Parallelebenen mit Höchstmaß (GN), MMS = 20,1	Zweipunktmaß + Geradheit Ebenheit + Parallelität
Parallelebenen (innen)	Nut, Schlitz, 20 ± 0,1	Parallelebenen mit Mindestmaß (GX), MMS = 19,9	

10.2.3 Einschränkungen des Hüllprinzips

Im Folgenden sollen einige Fälle betrachtet werden, bei denen die Hüllbedingung /WEC 01/ näher spezifiziert werden soll:
- **Lagetoleranzen:** Für Lageabweichungen ist keine Hülle definiert und somit funktional auch nicht nutzbar. Die Hülle bezieht sich stets nur auf ein *einzelnes Geometrieelement*, eine Lageabweichung wird aber durch mindestens zwei Elemente bestimmt. Es sind dies das Bezugselement und das tolerierte Element.

Bei Lagetoleranzen sollte jedoch der „wirksame Zustand (MMVS)" geprüft werden. Dies kann mit einer Prüflehre nach Weinhold erfolgen. Bei der in Abb. 10.3 gezeigten Lagetoleranz ist letztlich zu prüfen, ob der MMVS eingehalten wird. Es besteht hingegen keine Forderung an die Form, sodass MMS und Formabweichungen ausgeschöpft werden dürfen.

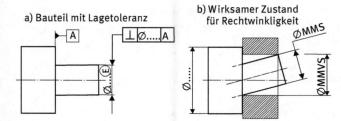

Abb. 10.3: Prüfung der Rechtwinkligkeitsabweichung mit einem Lehrring nach H. Weinhold

- **Hüllkörper:** Da sich die Hüllbedingung nur auf ein einzelnes Geometrieelement bezieht, folgt auch, dass es *keinen geometrisch idealen Hüllkörper gibt*, der *mehrere Geometrieelemente* umschließt.
- **Hülle als Begrenzung:** Jedes einzelne Geometrieelement hat nur eine einzige Hülle. Diese Hülle hat immer das Maximum-Material-Grenzmaß. Die Hülle begrenzt die größte Ausdehnung des Materials. Es gibt **keine** zweite Hülle mit Minimum-Material-Grenzmaß, die im Innern des Materials liegen müsste. Folglich existiert also auch kein Toleranzraum zwischen diesen Hüllen.
- **Rechtwinkligkeit:** Die Überprüfung der Rechtwinkligkeitsabweichung von Geometrieelementen ist in einfachen Fällen mit einem Lehrring möglich, wenn der Lehrring am Bezug aufliegt. In der vorstehenden Skizze ist dies angedeutet.

> **Leitregel 10.5: Bildung einer normgerechten Hülle**
>
> Eine geometrische **Hülle** im Sinne des Hüllprinzips ist nur dort definiert und wirksam, wo sich zwei direkt bemaßte und tolerierte *Funktionskanten oder -flächen eines Geometrieelementes* gegenüberliegen. Dies sind gewöhnlich Planflächen oder Mantellinien von Zylindern.

Für die folgenden Elemente ist demnach auch *keine* Hülle /JOR 91a/ definiert:
- **Schräg liegende Funktionselemente:** Für einen Kegel ist keine Hülle definiert. Das gilt auch für die Rundheit der Kegelquerschnitte. Auch für eine Schrägfläche, die keine parallele Gegenfläche hat, ist keine Hülle definiert.

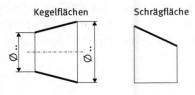

Abb. 10.4: Keine Hülle definiert für Kegel und Schrägen

- **Ungleich lange oder versetzte Funktionselemente:** Für ungleich lange Kanten und versetzte Kanten ist ebenfalls keine umschließende Hülle definiert.

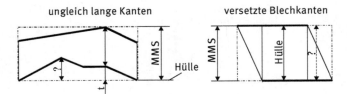

Abb. 10.5: Keine Hülle für ungleich lange und versetzte Kanten

- **Nicht gegenüberliegende Funktionselemente:** Wenn zwei Flächen zwar parallel sind, sich aber nicht direkt gegenüberliegen, ist das Maß zwischen ihnen ein Stufenmaß. Hier kann keine Hülllehre verwendet werden.

Abb. 10.6: Keine Hülle für nicht gegenüberliegende Kanten

- **Nicht direkt bemaßte Funktionselemente:** Wenn zwischen zwei Flächen kein direktes Maß eingetragen ist, existiert weder ein Maßtoleranz noch ein MMS. Somit gibt es auch keine Hülle.

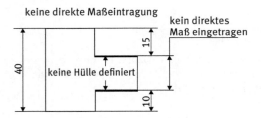

Abb. 10.7: Keine Hülle für nicht direkt bemaßte Kanten

10.2.4 Überprüfung der Hüllbedingung

Bei allen tolerierten Maß- und Geometrieelementen, für die eine Hüllbedingung aus Fügungsgründen notwendig ist, muss entsprechend dem Taylor'schen Grundsatz und unabhängig vom Tolerierungsprinzip auf Einhaltung der Toleranzen und der Form geprüft werden.

> **Leitregel 10.6:** Überprüfung der Hüllbedingung
>
> Die Hüllbedingung kann **nicht** alleine mit einem **Zweipunktmessmittel** (z. B. Messschieber oder Bügelmessschraube) überprüft werden! Ihre Überprüfung ist **nur** mit einem speziellen Messaufbau bzw. einer **Paarungslehre** oder einer **Messmaschine** möglich. Die rechnerische Nachbildung der Hülle auf der Messmaschine wird auch virtuelle Hülle genannt.

Die Hüllbedingung ist schrittweise zu überprüfen: Für die Gutprüfung ist das Maximum-Material-Maß (Paarungsmaß) und die ideale Form zu erfassen. Für die Ausschussprüfung muss das Minimum-Material-Maß bestimmt werden.

Der messtechnische Nachweis umfasst somit die folgenden Schritte /TRU 97/:

1. Man ermittelt eine Paarungslehre für die Hüllfläche
Dies ist das geometrisch ideale Gegenstück zum Geometrieelement mit MMS, ausgeführt als hinreichend genaue Prüflehre.

2. Man prüft, ob das Geometrieelement mit der Hülle gepaart werden kann
Hierbei ist Spiel 0 gerade noch zulässig.

3. Die Einhaltung der Minimum-Material-Grenze an jeder Stelle wird im Zweipunktmessverfahren überprüft
Dieses Maß darf bei Außenmaßen nicht überschritten und bei Innenmaßen nicht unterschritten werden. Entsprechend der Auswertung handelt es sich dann fallweise um ein Gutteil oder ein Ausschussteil.

10.2.5 Aufweitung einer Hülle

Die Hüllbedingung kann unter bestimmten Bedingungen aufgehoben /SYZ 93/ werden, wenn eine übergroße Genauigkeit entsteht. Die Aufhebung erfolgt durch die ISO 1101-Symbolik. In der alten Norm DIN 7167 steht hierzu der folgende Hinweis:

> ... die Parallelitäts- und Formabweichungen werden durch die Maßtoleranz begrenzt, wenn für die Geometrieelemente keine erweiternden Formtoleranzen mit der Symbolik nach DIN ISO 1101 angegeben sind, deren Betrag größer als die Maßtoleranz des Geometrieelements ist.

Beispiel:
Ein Schleifer soll eine Welle aus hochfestem Stahl der Länge 950 mm mit ⌀50h7 fertigen. Auf diese Welle wird ein Rohr der Länge 800 mm, auf das zwei Flansche angeschweißt sind, geschoben (Körper für eine Walzenbürste). Die Flansche haben den Innendurchmesser ⌀50E9, wodurch eine Spielpassung (0,075 bis 0,137 mm) entsteht.

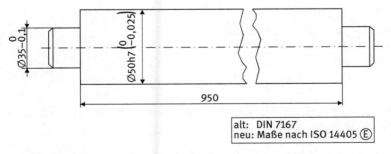

Abb. 10.8: Vermaßte Zeichnung einer Welle für eine „deutsche Fertigungsstätte"

Der Schleifer beendet beispielsweise die Bearbeitung, wenn der Durchmesser ⌀49,98 mm erreicht ist. Nun dürfte die Abweichung der Geradheit der Welle nur 0,02 mm über die Länge betragen. Dies ist aufgrund der Elastizität des Materials und der freigesetzten Eigenspannungen fertigungstechnisch kaum möglich. Da die weitere Montage der Walzenbürste aber sehr robust ist, ist eine Geradheitsabweichung von 0,1 mm zu vertreten. Die Anforderungen durch die Hüllbedingung sind hier also zu hoch, weshalb sie aufgehoben werden sollte.

In Abb. 10.9 ist eine fertigungstechnisch mögliche krumme Welle innerhalb ihrer Hülle dargestellt. Nach der ISO 14405 ist MMS das „kleinste umschriebene Maßelement" am Höchstmaß messtechnisch über die ganze Länge nachzuweisen.

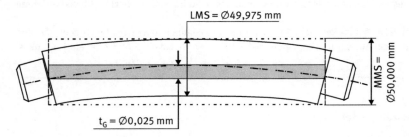

Abb. 10.9: Welle mit zulässiger Formabweichung von der Geradheit gemäß dem Hüllprinzip

10.2.5.1 Funktionsgerechte Neufestlegung einer Hülle

Die maßlich festgelegte Hülle mit ⌀50 mm kann durch die Angabe einer größeren Formtoleranz als Maßtoleranz aufgeweitet werden. Dies kann durch die Symbolik nach ISO 1101 erfolgen. In Abb. 10.10 ist die alte Hülle des mittleren Geometrieelements auf den wirksamen Zustand MMVS mit ⌀50,1 mm (Maximum-Material-Virtual-Zustand) aufgeweitet worden. Die Angabe „Envelope" entfällt somit.

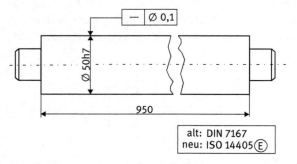

Abb. 10.10: Partielle Aufhebung des Hüllprinzips durch Angabe einer vergrößerten Geradheitstoleranz (Zeichnung der Welle)

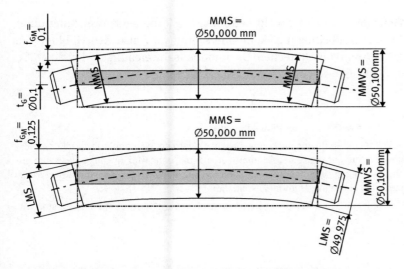

Abb. 10.11: Zulässige Toleranzen bei partieller Aufhebung des Hüllprinzips

Die Achse der Welle kann also eine maximale Geradheitsabweichung von $f_G \leq t_G = 0{,}1$ mm und eine lokale Formabweichung von $f_{Gmax} = 0{,}125$ mm haben. Bei der resultierenden Formabweichung der Mantellinie besteht eine Abhängigkeit vom Istdurchmesser der Welle, während die Geradheitsabweichung der Achse ein Maximalwert ist.

Daraus ergeben sich folgende Schlussfolgerungen zur partiellen Aufhebung der Hüllbedingung in Bezug auf Geradheit:
- Durch die Erweiterung der Geradheit für die Achse wird also auch die *Geradheitsforderung für alle Mantellinien* erweitert.
  Wenn die Welle die Hüllbedingung einhalten und auf 0,025 mm gerade sein müsste, dürfte auch die Achse keine größere Abweichung haben. Dies ist aber funktionell nicht erforderlich, deshalb erfolgt die Erweiterung auf MMVS.
- Die größte Ausdehnung berechnet sich nun aus dem Maximum-Material-Zustand und der größtmöglichen Geradheitsabweichung.
- Daraus ergibt sich das „wirksame Maß" bzw. der „wirksame Zustand" (s. Kap. 9.1.6):
$$MMVS = MMS + t_G \;.$$
Im Beispiel ist dies MMVS = $\varnothing 50{,}00 + 0{,}10 = \varnothing 50{,}10$ mm.
Die Geradheitsabweichung der Achse muss diese Toleranz (im Beispiel 0,1 mm) einhalten; einzelne Mantellinien können diesen Wert jedoch überschreiten.
- Als Folge des erweiterten Zustands fällt auch die Zylindrizitätsabweichung aus der Begrenzung durch die Maßtoleranz,

aber

- die Rundheitsabweichung ist nicht betroffen. Die Rundheitsabweichung unterliegt weiter der Hüllbedingung. Kein Querschnitt darf also den Hüllkreis (im Beispiel ⌀50,00 mm) durchbrechen. Die Rundheitsabweichung darf nicht größer werden als die Maßabweichung (im Beispiel 0,025 mm).

> **Leitregel 10.7: Partielle Aufhebung der Hüllbedingung**
> Wenn bei Gültigkeit des Hüllprinzips nach eine einzeln eingetragene Formtoleranz größer ist als die dazugehörige Maßtoleranz desselben Geometrieelementes, dann wird für genau diese Formeigenschaft die Hüllbedingung aufgehoben: *Diese Formtoleranz darf auch dann ausgenutzt werden, wenn das Formelement Maximum-Material-Zustand hat.*
> Bei allen F+L-Eintragungen ist somit immer zu prüfen, ob diese Verhältnisse gelten, ansonsten gilt die Hüllbedingung.

10.2.5.2 Interpretation von Hüllaufweitungen

Die Aufhebung der Ebenheit ist analog zur Geradheitstolerierung zu sehen, weil beides Formtoleranzen sind. Das folgende Beispiel in Abb. 10.12 zeigt die Auswirkungen der partiellen Aufhebung der Ebenheitstoleranz an einem kleinen Führungsklotz in Übereinstimmung mit dem Normenkommentar.

Es gibt keine andere Möglichkeit, bei der Tolerierung nach dem Hüllprinzip eine unnötig enge Hüllbedingung aufzuheben. Da diese Vorgehensweise sehr unübersichtlich ist und außerdem eine Fehlerquelle birgt, wenn man den Zusammenhang zwischen Form- und Maßtoleranz nicht erkennt, sollte man in solchen Fällen besser das Unabhängigkeitsprinzip verwenden.

a) Tolerierung der Mittelebene wegen Paarungsfähigkeit
Zeichnungsdarstellung und zulässige Ausführung
(führt zum wirksamen Zustand MMVS)

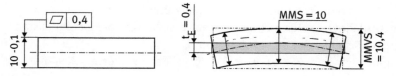

b) Tolerierung der oberen Fläche keine Paarungsfähigkeit verlangt!
(kein wirksamer Zustand definiert, keine Hülle)

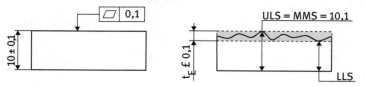

Abb. 10.12: Partielle Aufhebung der Hüllbedingung für Ebenheit bei einem Führungsklotz

10.2.5.3 Hüllbedingung beim Unabhängigkeitsprinzip

Das Unabhängigkeitsprinzip ist nicht auf die Paarbarkeit von Bauteilen hinsichtlich der Gewährleistung einer Passfunktion ausgerichtet. Wenn jedoch ein Spiel zu gewährleisten ist, so muss nicht nur die jeweils größte Ausdehnung durch MMVS der beteiligten Geometrieelemente eingegrenzt werden, sondern auch die Form. Die ISO 8015 bietet hierzu die *Hüllbedingung* (Ⓔ = Envelope) an und stellt damit eine Verknüpfung zwischen der Maßtoleranz und „der Form bzw. der Parallelität" von Geometrieelementen her.

Für die mit Ⓔ gekennzeichneten Geometrieelemente (nach ISO 8015 sind dies Zylinder oder zwei gegenüberliegende parallele ebene Flächen) wird damit eine „Hüllbedingung" spezifiziert, diese fordert:

> Ein reales Geometrieelement darf die geometrisch ideale Hüllfläche vom Maximum-Maß an keiner Stelle durchbrechen und das Minimummaß nicht unterschreiten.

Die Bedingung wird in der Praxis oft unterschiedlich gedeutet und ausgelegt. In der alten DIN 7167 ist die Hüllebedingung näher spezifiziert (d. h. die Dimensionierung mit Aufweitung) und beschrieben, und zwar ausschließlich bei der Anwendung auf Form- und Parallelitätsabweichungen. Darüber hinausgehende Lageabweichungen sind somit nicht erfasst und unterliegen der ISO 8015.

In Abb. 10.13 ist die Vereinbarung der Hüllbedingung (bei ISO mit dem Maß-Spezifikationssymbol Ⓔ) bei den beiden konkurrierenden Tolerierungsprinzipien gezeigt. Bei der gewählten Bemaßung bezieht sich dies auf die Maßtolerierung bzw. das Maximum-Material-Maß (MMS), welches bei der Form zwingend eingehalten werden muss.

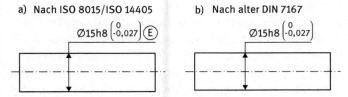

Abb. 10.13: Festlegung der Hüllbedingung nach den beiden Tolerierungsprinzipien bei einem zylindrischen Geometrieelement mit Passfunktionalität

Mit den Maßangaben sind somit die folgenden Funktionsanforderungen verbunden:
- Die Zylindermantelfläche darf die geometrisch ideale Hülle vom Maximum-Material-Maß mit ⌀15 mm nicht durchbrechen.
- Kein örtliches Istmaß darf kleiner als ⌀14,973 mm sein, d. h., die Maßtoleranz muss natürlich überall eingehalten werden.

und
- Das Werkstück muss innerhalb der Formtoleranz von $t_G = 0{,}027$ mm über seine Paarungslänge gerade sein.

Da die Hülle sich über die ganze Paarungslänge erstreckt, sind innerhalb der Maßtoleranz alle anderen Fälle zulässig, wenn die MMS-Forderung eingehalten ist. Soll eine Altzeichnung, die unter DIN 7167 erstellt worden ist, wieder in die Fertigung gebracht werden, so ist dies mit

„Size ISO 14405 Ⓔ"

besonders zu kennzeichnen. Hiermit ist vereinbart, dass für alle zylindrische Geometrieelemente oder Geometrieelemente mit gegenüberliegenden parallelen Flächen weiter die Hüllbedingung gelten soll.

10.3 Maximum-Material-Bedingung

Die Maximum-Material-Bedingung (MMR) nach der DIN EN ISO 2692 ist ein sehr wirtschaftlicher Tolerierungsgrundsatz, da hiermit Kompensationen bei den F+L-Toleranzen möglich sind. Die Bedingung ist allerdings nur auf die Maßelemente: Zylinder oder Quader anwendbar, deren Geometrie durch ein „abgeleitetes Geometrieelement" (Mittellinie, Mittelebene) eingegrenzt wird.

10.3.1 Beschreibung der Maximum-Material-Bedingung

Mit der Maximum-Material-Bedingung wird eine *direkte Wechselwirkung* zwischen den Maß- sowie den Form- und Lagetoleranzen an einem Werkstück hergestellt. Damit wird das Unabhängigkeitsprinzip außer Kraft gesetzt.

Durch die Maximum-Material-Bedingung ist es gestattet, die mit dem Kompensator Ⓜ eingetragene Toleranz zu überschreiten, solange der wirksame Zustand mit MMVS eingehalten wird und die Funktion gewahrt bleibt. *Die Form- bzw. Lagetoleranz kann also überschritten werden, wenn die Maßabweichung geringer ist.* Dies ist in der Regel bei Spielpassungen der Fall. Bei Passungen mit Übergangsmaß, Übermaß, oder wenn es auf kinematische Genauigkeit ankommt, ist diese Bedingung in der Regel unbrauchbar. Hier würde eine Vergrößerung der Form- und Lagetoleranz die Funktion beeinträchtigen, auch wenn die Maßtoleranz nicht ausgenutzt würde. Die Anwendung kann auch auf Bezüge (mit Spiel) erweitert werden.

Die Anwendung ist damit auf solche Fälle begrenzt, in denen maßliche und geometrische Abweichungen eine Fügung nicht behindern. Das folgende Beispiel soll die Anwendung der Maximum-Material-Bedingung erläutern: Ein gespritzter „Flachstecker" soll in einen entsprechenden Schlitz einer Kontaktbuchse passen.

Das Gegenstück „Buchse", muss ein Innenmaß von der Größe MMVS erhalten. Für den Flachstecker ergibt sich, dass er bei seinem Maximum-Material-Maß von MMS =

10.3 Maximum-Material-Bedingung

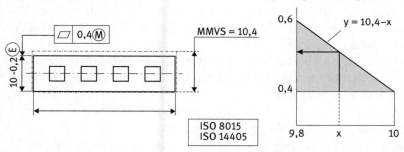

Abb. 10.14: Beispiel für Maximum-Material-Bedingung (MMR) an einem dünnen Flachstecker. a) Festlegung der Hülle, b) Toleranzdiagramm

10 mm noch seine ganze Ebenheitstoleranz mit $t_E = 0,4$ mm ausnutzen kann. Das Grenzpaarungsmaß ergibt sich somit zu:

$$MMVS = MMS + t_G = 10,4 \text{ mm}.$$

Hier zeigt sich, dass die MMR ein sehr wirtschaftliches Prinzip ist, da es die Aufweitung der F+L-Toleranz zulässt.

Die kleinste Grenzgestalt ist hingegen ein völlig ebener Stecker mit LMS = 9,8 mm Dicke. Jede Zwischentoleranz kann aus dem *dynamischen Toleranzdiagramm* abgelesen werden.

Bei der Anwendung der Maximum-Material-Bedingung sind im Wesentlichen drei Fälle möglich. Diese sind in den nachfolgenden Prinzipskizzen dargestellt.

a) *Das Zeichen Ⓜ steht hinter der Formtoleranz:* Diese darf überschritten werden um die nicht ausgenutzte Maßtoleranz.

In Abb. 10.15 bedeutet dies: Wenn der Stecker 9,9 mm dick ist und die Ebenheitsabweichung $t_E = 0,5$ mm beträgt wird das wirksame Grenzmaß von 10,4 trotzdem nicht überschritten. Der Stecker kann seine Funktion erfüllen.

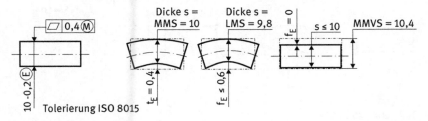

Abb. 10.15: Tolerierung einer Ebenheitstoleranz nach der Maximum-Material-Bedingung und deren praktische Auswirkung

Dies ist anschaulich auch gut vorstellbar:
„Wenn" der Stecker etwas dünner ist, „dann" kann er etwas krummer sei; der Kontakt ist dann trotzdem gewährleistet. Die Sollmaß-Abweichungen für die Steckerdicke müssen aber eingehalten werden.

b) *Das Zeichen Ⓜ steht bei der Maßtoleranz (findet man gelegentlich in älteren Zeichnungen)*: In Abb. 10.16 würde dies bedeuten, dass *„der Stecker dicker sein darf, wenn er nicht so uneben ist"*. Dies könnte für die Paarung Stecker und Buchse zwar erlaubt sein, kann aber z. B. zu Fehlern bei der Produktion führen, weil beispielsweise ein bestimmtes Spritzvolumina dosiert werden muss.

Die Ebenheitstoleranz muss mit $t_E = 0,4$ jedoch eingehalten werden. Dies ist hier wie in den meisten Fällen sinnwidrig und aus diesem Grunde nicht normgerecht.

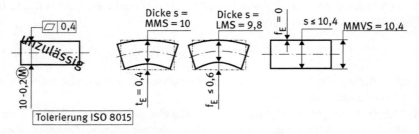

Abb. 10.16: Nicht zulässige Eintragung von Ⓜ an die Maßtoleranz

c) *Eröffnung eines „Toleranzpools" mit dem Reziprozitätsprinzip*: Zusätzlich zum Fall a) steht hier im Toleranzrahmen ein Ⓡ. Dies bedeutet, die Toleranzsumme von 0,6 mm für Maßabweichung und Ebenheit darf beliebig aufgeteilt werden, solange das wirksame Grenzmaß MMVS eingehalten wird. Dieser Fall wird näher in Kapitel 10.4 erläutert.

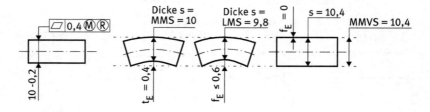

Abb. 10.17: Reziprozitätsbedingung und deren Interpretation als Toleranzpool (Hüllbedingung hier nicht möglich)

Die hier benutzte MMR beschreibt einen **wirksamen Grenzzustand**. Dieser ist entscheidend für die Paarungs- bzw. Passungsfähigkeit eines Geometrieelements. Der hierauf begründete *MMVS-Zustand* ergibt sich aus der Summe des Maximum-Material-Grenzmaßes MMS und einer Form- oder Lagetoleranz:

$$\text{MMVS} = \text{MMS} \pm t_{F+L} \quad \text{(Vorzeichen: „+" für Welle; „–" für Bohrung)}.$$

Wenn wie in der Abb. 10.17 dargestellt, die Formtoleranz nicht genutzt wird (wie bei einem völlig geraden Stecker), dann darf das angegebene Größenmaß um die Größe der nicht genutzten Formtoleranz dicker (also 10,4 mm) werden.

MMVS verkörpert in der Messtechnik die ideale *Prüflehre* (= formideales Gegenstück).

Im Zusammenwirken mit der Reziprozitätsbedingung ergibt sich weiterhin eine sinnvolle funktionelle Anwendung, wenn die Maßaufweitung nicht zu Fertigungs- und Funktionsstörungen führt.

Leitregel 10.8: Maximum-Material-Bedingung (MMR) für Geometrieelemente

Bei der MMR müssen gemäß der ISO 2692 vier Grundregeln eingehalten werden, die als Regeln A, B, C und D bezeichnet werden.

Regel A+B: Die örtlichen Maße eines Geometrieelementes dürfen MMS nicht überschreiten und LMS nicht unterschreiten.

Regel C: Der wirksame Zustand MMVS darf durch das Maßelement und die Geometrieabweichung nicht verletzt werden.

Regel D: Wenn zu mehreren Maßelementen die selbe Toleranz gehört, oder wenn es sich um Richtungs- oder Ortstoleranzen handelt, liegen die wirksamen MMVS jeweils in theoretisch genauer Lage relativ zueinander und zu den Bezügen.

Zusätzliche Maximum-Material-Bedingung (MMR) für Bezugselemente

Das Maximum-Material-Prinzip kann gleichzeitig auch auf ein Bezugselement (s. Regeln E, F, G in ISO 2692) angewandt werden. Hierdurch werden für eine Lehrung eindeutige Verhältnisse geschaffen. Das Bezugselement wird so auf sein MMS begrenzt, wodurch erst die Voraussetzung zur Prüfung mit einer starren Lehre gegeben sind.

Symbolik:

Der Operator Ⓜ ist im Toleranzindikator stets hinter dem Toleranzwert anzuordnen. Danach folgt gegebenenfalls „CZ" oder „SZ":

| ◎ | ⌀ ...... Ⓜ CZ | A Ⓜ |

Unabhängigkeitsprinzip:

Bei der Maximum-Material-Bedingung, Minimum-Material-Bedingung und der Reziprozitätsbedingung wird eine Abhängigkeit geschaffen, wodurch das „Unabhängigkeitsprinzip" aufgehoben wird.

> **Leitregel 10.9: Anwendung der Maximum-Material-Bedingung (MMR)**
> Die MMR kann sinnvoll angewendet werden, wenn ein Grenzpaarungsmaß bzw. wirksames Grenzmaß durch die Summe aus einer Maß- und einer Form- und einer Lagetoleranz bestimmt werden soll. In diesem Fall ist also die Toleranzsumme entscheidend.

Der zweite wesentliche Vorteil der MMR ist die Möglichkeit, Form und Lagetoleranzen durch die Verwendung einer starren Prüflehre zu prüfen. Hier muss dann Sinnvollerweise MMR auch am Bezug vereinbart werden.

> **Leitregel 10.10: Prüfung mit starrer Lehre (Formelement und Bezug)**
> Bei der konventionellen **Prüfung mit starrer Lehre** ist immer die MMR vorteilhaft (außer wenn die Lehre allein die Hülle prüft). Falls Geometrieelemente ohne die MMR geprüft werden sollen, ist eine „Istmaß-bezogene Lehre" (z. B. Spreizdorn) notwendig.

Die MMR ist somit *funktions-, fertigungs-* und *prüfgerecht*. Selbst wenn die mechanische Lehrung durch die Messmaschine ersetzt wird, ist die Paarungsfähigkeit mit dem jeweiligen Grenzzustand – d. h. dem Gegenelement – in jedem Fall *gegeben*.

10.3.2 Eingrenzung der Anwendung

In einer Vielzahl von Anwendungen kann die MMR zweckgerecht angewendet werden. Hierdurch wird das Ausschussrisiko gemindert und die Wirtschaftlichkeit der Fertigung verbessert.

> **Leitregel 10.11: Toleranzüberschreitung bei MMR**
> Die Maximum-Material-Bedingung gestattet die Überschreitung einer mit Ⓜ gekennzeichneten Form- oder Lagetoleranz, die mit einem Längenmaß zusammen ein wirksames Grenzmaß MMVS bestimmt. Die Überschreitung ist genau um den Betrag gestattet, um den das Längenmaß von seiner Maximum-Material-Grenze abweicht.

Bei der MMR ist es also nur entscheidend, dass die wirksame Grenzgeometrie eingehalten wird. Der Sinn der MMR ergibt sich dann aus einem einfachen *Wenn-Dann-Satz* /JOR 20/.

Er beginnt mit dem Maß, von dem die Überschreitbarkeit der Form- und Lagetoleranz abhängt:

Wenn die Maßtoleranz nicht ausgeschöpft wird, *dann* darf die Form- oder Lagetoleranz etwas größer sein.

10.3 Maximum-Material-Bedingung

Für das Beispiel des Steckers folgt also:

Wenn der Stecker etwas dünner ist, *dann* darf er etwas krummer sein.

Aus dem Beispiel ergibt sich mit der folgenden Konsequenz die Leitregel:

> **Leitregel 10.12: Sinnvolle Anwendung der MMR**
> **Toleranzarten**: Die MMR wird **nur** auf *abhängige Form- und Lagetoleranzen* angewendet. Sollen die Maßtoleranzen mit einbezogen werden, so erfolgt dieses über die *Reziprozitätsbedingung*.
> **Kompensationsfälle**: Die MMR wird ausschließlich nur auf abgeleitete Achsen und Mittelebenen angewendet.

Die MMR kann sinnvoll nur für die in Abb. 10.18 gezeigten abhängigen Geometrietoleranzen herangezogen werden.

		Formtoleranzen		Lagetoleranzen					
		—	▱	∠	//	⊥	⊕	◎	=
tol. Element	Mittellinie	x		x	x	x	x	x	x
	Mittelebene		x	x	x	x	x		x
Bezüge	Mittellinie			x	x	x	x	x	
	Mittelebene			x	x	x	x		x

Abb. 10.18: Anwendung der Maximum-Material-Bedingung nur auf abgeleitete Geometrieelemente

10.3.2.1 Hüllbedingung

Für einzelne Geometrieelemente kann auch innerhalb der ISO 8015 eine Hüllbedingung Ⓔ für Passfunktionen definiert werden. In diesem Fall muss sich die *Geometrieabweichung* innerhalb der Maßtoleranz bewegen:

$$f_F \leq MMS - LMS.$$

Bei dem zuvor angeführten Beispiel aus Abb. 10.14 wäre bei der Hüllbedingung Ⓔ die Dicke des Steckers auf das vom MMS bestimmte Maß von 10 mm begrenzt, während der wirksame Zustand weiter durch MMVS begrenzt wird. Merke: Lageabweichungen unterliegen also nie der einfachen Hüllbedingung.

> **Leitregel 10.13: Ausschlussbedingung für MMR**
> Die **MMR** kann auf die **Formtoleranz eines einzelnen Geometrieelementes**, d. h. dessen Mittellinie/Mittelebene, nur angewendet werden, wenn dort **nicht** die **Hüllbedingung** herrscht. Für Formtoleranzen schließen sich Hüllbedingung Ⓔ und Ⓜ gegenseitig aus.

> **Leitregel 10.14: Anwendung der MMR auf Lagetoleranzen**
> Wird die MMR auf eine **Lagetoleranz** angewandt, so sollte für das Geometrieelement, von dem die Achse bzw. Mittelebene des Bezuges abgeleitet wird, zweckmäßigerweise die Hüllbedingung Ⓔ vorgeschrieben werden. Siehe hierzu auch ISO 14405-1.

10.3.2.1.1 Wirkung der Hülle im Tolerierungsgrundsatz

In der Abb. 10.19 ist als Beispiel für das Zusammenwirken des Tolerierungsgrundsatzes mit der Maximum-Material-Bedingung und der Hülle der Fall eines Passbolzens gezeigt.

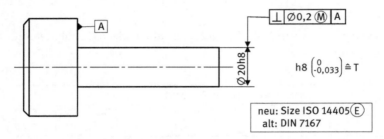

Abb. 10.19: Rechtwinkligkeitstoleranz mit MMB bei aufgehobener „Hüllbedingung"

Bereits zuvor wurde darauf hingewiesen, dass bei Passungsfällen immer zu prüfen ist, ob eine Geometrietoleranz überhaupt innerhalb der Maßtoleranz liegen kann, da ansonsten die Hülle aufgeweitet werden muss.

Die Toleranzangabe[2] am Bolzen nach ISO 1101 hebt die durch das Maximum-Material-Maß gebildete Hülle auf, da durch die Rechtwinkligkeitsangabe mit $t_R > T$ ein wirksamer Zustand ($\varnothing$ULS) entsteht, der jetzt zu lehren ist.

Über den realen Zapfen in Abb. 10.20 muss sich somit ein geometrisch idealer Lehrring vom Durchmesser MMVS = 20,2 mm ($\varnothing 20 + 0,2$) schieben lassen, der am Bezug anliegen sollte.

Prüfgrundsatz von *H. Weinhold:*: Lagetoleranzen sind so zu lehren, dass der Lehrring die zu messende Geometrietoleranz bei vollständiger Anlage an dem Bezugselement eindeutig erfassen kann.

Alle Istmaße müssen in einem Bereich von $\varnothing 19{,}967$ mm und $\varnothing 20$ mm liegen. Daraus kann man schließen, dass die Rechtwinkligkeitsabweichung der Achse nicht größer sein darf, als die Differenz zwischen den örtlichen Istmaßen und dem wirksamen Maß $\varnothing 20{,}2$ mm.

---

[2] Anm.: Innerhalb der DIN 7167 können alle ISO-1101-Symbole (einschließlich Ⓜ) verwendet werden.

10.3 Maximum-Material-Bedingung — 155

l_i = Örtliche Istmaße
19,967 und 20 MMS
= ⌀20 mm

⌀MMVS = MMS + L = ⌀20,2 mm

⌀t_R = Lagetoleranzzone
0,2 ... 0,233 mm

Abb. 10.20: Begrenzung der Rechtwinkligkeitstoleranz durch den „wirksamen Zustand"

Da jedoch MMR vereinbart ist, ist die Größe der Richtungstoleranzzone aber abhängig von der augenblicklichen Maßabweichung.

Weisen zum Beispiel (s. Abb. 10.21) alle örtlichen Istmaße einen Durchmesser von 20 mm auf, so darf die Rechtwinkligkeitsabweichung der Mantellinien maximal 0,2 mm betragen, damit der Zapfen auf jeden Fall noch innerhalb vom ⌀MMVS liegt.

a) minimale Rechtwinkligkeitsbweichungen des Zapfens

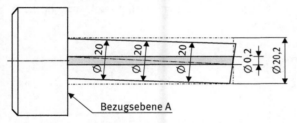

b) maximale Rechtwinkligkeitsabweichungen des Zapfens

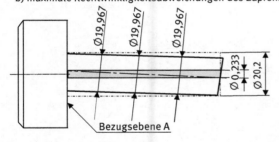

Abb. 10.21: Interpretation der Maß- und Lageabweichung in den Grenzzuständen

Haben hingegen alle örtlichen Istmaße einen Durchmesser von 19,967 mm, so darf die Rechtwinkligkeitsabweichung der Mantellinien bzw. der Achse nicht größer als 0,233 mm sein, dies ist die erweiternde MMR.

In dem beschriebenen Fall ist jedoch die Rundheitstoleranz des Zapfens nicht eindeutig begrenzt. Für die Hüllbedingung gilt im Grenzfall, dass die Rundheitsabweichung maximal die Größe der Maßtoleranz (f_R = T) erreichen darf. Dies gilt jedoch nicht für ISO 8015, da hier die Formtoleranz unabhängig von der Maßtoleranz ist. Um Montageprobleme auszuschließen, sollte daher die Rundheit ebenfalls eingegrenzt werden.

In der nachfolgenden Abb. 10.22 ist als weitere Möglichkeit gezeigt, das Formelement durch die zusätzliche Anforderung der Hüllbedingung Ⓔ nach ISO 8015 auf die geometrisch ideale Hüllfläche des Durchmessers mit einem Maximum-Material-Maß von ⌀20 mm einzugrenzen.

Das heißt zwingend, dass die örtlichen Istmaße zwischen 19,967 und 20 mm liegen müssen. Die Rechtwinkligkeits- und Rundheits*abweichung* dürfen zusammen auch nicht bewirken, *dass das Formelement den wirksamen Zustand durchbricht.* Parallele Schnitte durch das Element müssen immer innerhalb einer Hülle vom Durchmesser 20 mm liegen.

Durch Ⓔ wird also nur die *Rundheit* des Zylinders eingegrenzt, d. h., die Umfangslinie darf abhängig von den örtlichen Istmaßen einen Wert von 0 (wenn fast alle örtlichen Istmaße ⌀20 sind) bzw. 0,033 mm (wenn fast alle örtlichen Istmaße ⌀19,967 sind) nicht überschreiten. Unabhängig davon darf die Abweichung der Rechtwinkligkeit zwischen 0,2 mm (bei örtlichen Istmaßen von ⌀20 mm) und 0,233 mm (bei örtlichen Istmaßen von ⌀19,967 mm) betragen.

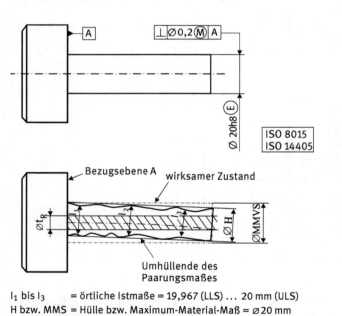

l_1 bis l_3 = örtliche Istmaße = 19,967 (LLS) ... 20 mm (ULS)
H bzw. MMS = Hülle bzw. Maximum-Material-Maß = ⌀20 mm
MMVS = wirksames Maß ⌀20,2 mm (Hülle für Rechtwinkligkeit)
⌀t_R = Richtungstoleranzzone = 0,2 ... 0,233 mm

Abb. 10.22: Festlegung einer Hülle für den Zylinder durch die Hüllbedingung Ⓔ

10.3.3 Prüfung der Maximum-Material-Bedingung

Die Maximum-Material-Bedingung sollte in einer Produktionsumgebung mit einer einfachen starren Lehre überprüft werden können. Gewöhnlich wird dies mit der Werkerselbstprüfung erledigt.

Exemplarisch soll dazu das umseitige Beispiel einer Schaltbrücke (s. Abb. 10.23) herangezogen werden.

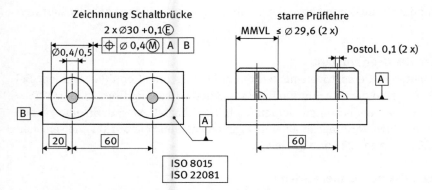

Abb. 10.23: Positionstoleriertes Lochbild und Prüfung mit starrer Lehre

Die Schaltbrücke benötigt funktional zwei exakt positionierte Bohrungen, in die später eine Steuergabel eingreift. Bohrung und Stifte müssen daher aufeinander abgestimmt werden, bzw. es muss eine sinnentsprechende Prüfung erfolgen. Für die Prüflehre bedeutet dies, dass die Prüfstifte der (Bohrungs-)Hülle entsprechen müssen.

Die zuvor schon eingeführte Beziehung für das wirksame Grenzmaß (MMVL) kann somit direkt übertragen werden, d. h., für die Auslegung einer Prüflehre gilt im Regelfall:

„Lehrenmaß" für toleriertes Element[3] = Max.-Mat.-Maß ± Lagetoleranz

„Lehrenmaß" für Bezugselement = Max.-Mat.-Maß .

Bei dem angegebenen Lochbild soll der Lochabstand mit der skizzierten starren Stecklehre durch Selbstprüfung durch den Werker kontrolliert werden. Zur Auslegung der Lehre geht man zweckmäßigerweise systematisch vor:

1. Analyse der Toleranzangabe
Mit dem angegebenen Maßbild ist eine bestimmte Funktion verbunden, weshalb auch die Maximum-Material-Bedingung verwandt worden ist. Damit gilt:

---

[3] Anm.: Außenmaß +, Innenmaß −

- Wenn die Bohrung Maximum-Material-Maß hat, also ⌀30 mm ist, darf der Achsversatz beider Bohrungen 0,4 mm sein.
- Ist die Bohrung jedoch 30,1 mm, dann darf der Achsversatz größer und zwar 0,5 mm sein.

2. Funktionsmaßbeeinflussung

Das *reale* Achsmaß streut somit zwischen 60 ± 0,5 mm bis 60 ± 0,4 mm. Das ideale Mittenmaß ist 60 mm. Bei der zu fertigenden Prüflehre muss diese Streuung im Achsabstand und über die Durchmesser der Stehbolzen bzw. deren Lage kompensiert werden.

3. Wirksamer Grenzzustand

Zu den tolerierten Geometrieelementen muss das Gegenmaß ermittelt werden. Bei der Stecklehre sind dies die Stiftdurchmesser, deren wirksames Grenzmaß (MMVS = MMS − t_P) zu 29,6 mm bestimmt werden kann. Im Grenzfall passt dann eine genaue Lehre in die beiden Bohrungen. Mit einer eigenen Positionstoleranz 0,1 mm versehen werden die Stift-⌀ mit 29,5 mm festgelegt.

4. Grenzverhältnisse überprüfen

Nach Abstimmung der Lehre ist es notwendig, die Auslegung unter den extremen Toleranzsituationen zu überprüfen. Nachfolgend wird dies für das Maximum (MMS)- und Minimum (LMS)-Material-Maß durchgeführt.

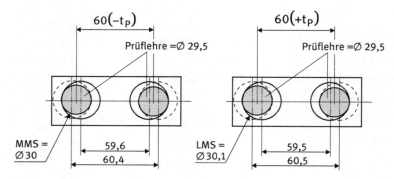

Abb. 10.24: Grenzgestaltprüfung für Bauteil und Lehre

Die einfachste Toleranzanalyse besteht in der Mini-Max-Rechnung für das Stichmaß der Lehre in Abhängigkeit von den Bauteiltoleranzen.

5. Funktionsanforderungen festlegen

Da an die Lehre höhere Anforderungen gestellt werden müssen als an das Bauteil, muss diese funktionsgerecht und toleranztreu ausgelegt werden.

Im vorliegenden Fall muss die Stecklehre mit einer kleineren Positionstoleranz und dem zweckentsprechenden Achsmaß herstellt werden.

10.3.4 Tolerierung mit dem Toleranzwert „0"

Eine Tolerierung mit dem Toleranzwert t = „0" mm erscheint zunächst praktisch unsinnig. In Kombination mit einer „Gemeinsamen Toleranzzone (CZ)" und der Maximum-Material-Bedingung lässt sich „Fluchten" von Geometrieelementen erreichen.

Bekanntlich gilt die Hüllbedingung nur für ein einzelnes Formelement. In einigen Anwendungen ist es zweckmäßig, eine „erweiterte Hülle" über zwei Elemente zu definieren. Dies lässt sich über „CZ" mit t_G = 0 mm und MMR bei einer durchgehenden Bohrung sinnvoll anwenden.

Die nachfolgende Anwendung in Abb. 10.25 zeigen zwei Bohrungssituationen, wo eine durchgehende Hülle und fallweises Fluchten erforderlich ist.

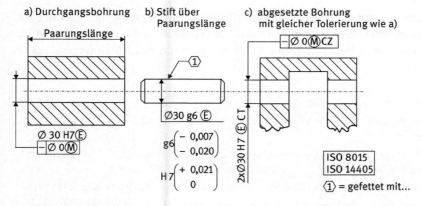

Abb. 10.25: Anwendung des Toleranzwertes „0" in Verbindung mit Ⓜ; a) Durchgangsbohrung unterliegt der Hüllbedingung Ⓔ, b) Prüfdorn für Fall a) und c) mit Symbol „Allgemeine Kennung" nach DIN 30-10, c) abgesetzte Bohrung (mit unterbrochener Hülle), aber vereinbarter gemeinsamer Toleranzzone (CZ)

Für die durchgehende Bohrung wird mit die Hüllbedingung gefordert. Dies bedeutet, dass die Bohrung keinerlei Abweichungen haben darf, wenn sie Maximum-Material aufweist. In der Praxis wird dieser Zustand zumindest in der Serienfertigung nicht oft vorkommen; die Bohrung wird meist vom MMS abweichen und größer sein. Für die Paarbarkeit ist es dann vorteilhafter, wenn durch die MMR vereinbart wird:

Wenn die Bohrungen etwas größer sind, **dann** dürfen sie mehr abweichen, als wenn sie etwas kleiner wären.

Für eine durchgehende Bohrung verkörpert der Prüfdorn die Hüllbedingung. In obigem Beispiel ist dies ein Dorn mit ⌀d von der Größe MMS = 30,0 mm.

Für die abgesetzte Bohrung ist eine Hülle über zwei Formelemente definiert. Mit der Geradheitstoleranz t_G = 0 mm ist das wirksame Grenzmaß

$$MMVS = MMS - t_G = MMS = 30,0 \text{ mm} .$$

Der Dorn prüft in diesem Fall also die Hülle der einzelnen Bohrungen und auch das exakte Fluchten der Bohrungen über den wirksamen Grenzzustand. Das Prinzip der Nulltoleranz ist auch auf Lagetoleranzen (z. B. Position von Lochbildern) anwendbar.

10.3.5 Festlegung von Prüflehren

Die Maximum-Material-Bedingung wird durch eine Prüflehre verkörpert, die den verfügbaren Raum für die Werkstückgestalt umschließt und den wirksamen Grenzzustand umfasst.

Prüflehren können für Formtoleranzen und für die gemeinsame Prüfung von Form- und Lagetoleranzen (s. den vorstehenden erweiterter Prüfgrundsatz von Weinhold) und den Bezug herangezogen werden. Sie haben dem idealen Gegenstück zu entsprechen.

> **Leitregel 10.15: Prüflehre für MMR**
> Die Prüflehre verkörpert den wirksamen Grenzzustand mit MMVS für alle Toleranzarten am tolerierten Element.
> Bei Lagetoleranzen sollen sie außerdem das am Bezugselement anliegende ideale Gegenelement (Erweiterung des Taylor'schen Prüfgrundsatzes nach H. Weinhold) verkörpern.
> Alle Elemente der Prüflehre stehen in exakten abgestimmten geometrischen Verhältnissen zueinander.

Die Toleranzen der Lehre müssen so gewählt sein, dass keine unzulässigen Werkstücke für gut befunden werden. Die Toleranzen der Prüflehre gehen also von den Werkstücktoleranzen ab; sie müssen deshalb auch mindestens eine Größenordnung enger gewählt werden.

Es gibt zwei Möglichkeiten, eine Prüflehre für ein Bezugselement zu bilden. Dies ist von der Art des Bezugselementes abhängig.
1. Der Bezug ist eine gerade Kante, Linie oder eine ebene Fläche. Dann verkörpert die Lehre das anliegende Gegenelement.
2. Der Bezug ist die Achse eines Kreiszylinders. Dann muss die Prüflehre die Bezugsachse korrekt ermitteln. Dies wäre ein aufdehnender Dorn für eine Bohrung bzw. ein sich verengendes Futter für eine Welle. Ist der Dorn konisch und starr, so bleibt die Ermittlung der Achse unvollständig. Einfacher zu fertigen und zu handhaben

ist eine Prüflehre, die an der Bezugsbohrung auch einen starren zylindrischen Dorn hat. Dieser Dorn unterliegt dann der Maximum-Material-Bedingung.

Bei einem Bezugselement mit Maximum-Material-Bedingung geht das Spiel zwischen Bohrung und Prüfdorn in die Prüfung ein und vergrößert zusätzlich die größte zulässige Abweichung des tolerierten Elementes. Voraussetzung hierfür ist, dass der Bezug ein abgeleitetes Element ist.

Das folgende Beispiel verdeutlicht die Bedeutung der Maximum-Material-Bedingung unter Einschluss der Bezugsbildung und der zweckgerechten Konstruktion von Prüflehren.

Beispiel: Vereinfachung durch Lehrenprüfung
Die nachfolgend dargestellte Kolbenstange (nach /JOR 09/) soll mit dem Schaft in einen gewickelten Hydraulikzylinder eingeführt werden. Der Kopf wird über ein Abstreifgummi geführt, er kann deshalb eine größere Abweichung der Koaxialitätstoleranz zum Schaft haben.

Da das System in Serie geplant werden soll, gilt es, eine einfache Funktionslehre für eine fertigungsbegleitende Prüfung auszulegen.

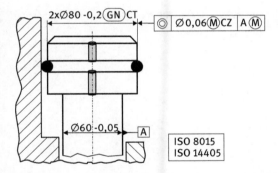

Abb. 10.26: Kolben mit MMR-Bezug (CT = kombinierte Toleranz, CZ = gemeinsame Tol.-Zone, M am Bezug = starre Lehre)

Der Kopf hat einen durchgehenden Durchmesser von 80 mm und der Schaft einen Durchmesser von 60 mm. Bei der Prüfung ist insbesondere das Augenmerk auf den zulässigen Achsversatz der beiden Zylinder zu richten.

Eine zu konzipierende Prüflehre /HEN 99/ ist zweckmäßigerweise so auszulegen, dass sie überall den Maximum-Material-Zustand (MMS) erfasst und die Koaxialität prüfen kann. Da hier für die Toleranz mit Ⓜ und den Bezug mit Ⓜ angegeben ist, lässt sich dies mit einer einfachen starren Lehre prüfen.

Wäre der Bezug nicht mit der Maximum-Material-Bedingung gekennzeichnet, so müsste die Prüflehre die Achse des Schaftes genau ermitteln. Sie müsste daher wie ein Spannfutter konstruiert sein. Durch die Tolerierung des Bezuges A mit Ⓜ darf sich aber der Schaft in der Prüflehre radial verschieben – also Spiel haben –, wie nachfolgend gezeigt ist.

Das wirksame Grenzmaß MMVS berechnet sich wieder aus dem Maximum-Material-Maß des Stempels und der Koaxialitätstoleranz t_{KO}:

$$MMVS = MMS + t_{KO} = 80 + 0{,}06 = 80{,}06 \text{ mm} .$$

Liegen nun aber der Durchmesser des Stempels und des Schaftes auf der Minimum-Material-Grenze, so kann man aus den angegebenen Maßen auch den Achsversatz für diesen Zustand berechnen.

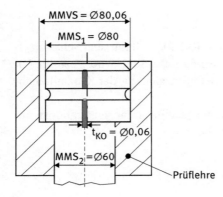

Abb. 10.27: Konstruktion der Prüflehre für Bezug mit MMR

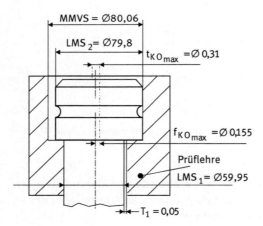

Abb. 10.28: Stempel und Kopf mit Minimum-Material-Grenze LMS

Nun bestimmt man die größte Koaxialitätstoleranz. Diese berechnet sich aus der Summe der einzelnen Toleranzen:

$$t_{KOmax} = t_{KO} + T_1 + T_2 = 0{,}06 \text{ mm} + 0{,}05 \text{ mm} + 0{,}2 \text{ mm} = 0{,}31 \text{ mm} .$$

Entsprechend folgt für den größten Achsversatz

$$f_{KOmax} = t_{KOmax}/2 = 0{,}155 .$$

10.4 Minimum-Material-Bedingung

Die Maximum-Material-Bedingung schränkt die maximale Ausdehnung eines Formelementes ein, um seine Passungs- bzw. Paarungsfähigkeit zu sichern. Die Minimum-Material-Bedingung hingegen hat die Aufgabe, die minimale Ausdehnung zu begrenzen. Dies dient z. B. dazu, eine minimale Bearbeitungszugabe oder eine Mindestwanddicke sicherzustellen.

Die Minimum-Material-Bedingung wird mit Ⓛ gekennzeichnet. Nach ISO-Nomenklatur bedeutet dies: Least Material Requirement. Deshalb wird im Folgenden „Minimum-Material-Bedingung" mit **LMR** abgekürzt. Auch für die Minimum-Material-Bedingung kann man einen „Wenn-Dann"-Satz /JOR 09/ bilden.

Wenn die Bohrung etwas kleiner ist, **dann** kann seine Position etwas mehr abweichen, und die Wandstärke ist noch gesichert.

Eine sinnvolle Anwendung ist immer nur auf Achsen oder Mittelebenen von Geometrieelementen gegeben. Zum Vergleich mit der MMR:

Wenn die Bohrung etwas größer ist, **dann** kann die Position etwas mehr abweichen, und das Gegenelement passt noch durch.

Die LMR soll also bewirken, dass sich aus dem Material der Minimum-Material-Virtual-Zustand (LMVS = Ausschneidekontur bzw. Mindestwanddicke) ausschneiden lässt.
Als Bedingung besteht somit:

Die geometrisch ideale Form vom Minimum-Material-Virtual-Maß (= Ausschneidekontur) muss vollständig im Material enthalten sein.

Hiermit ist verbunden

„Ausschneidemaß" am tolerierten Element[4] = Min.-Mat.-Maß ± Lagetoleranz

„Ausschneidemaß" am Bezugselement = Min.-Mat.-Maß

Abbildung 10.29 zeigt die Positionstolerierung einer Bohrung nach der Maximum-Material-Bedingung und entsprechend nach der Minimum-Material-Bedingung. Die beiden unterschiedlichen Zielsetzungen werden so transparent.

Zum Verständnis der Situation soll der Leser einmal versuchen, den minimalen Randabstand (Kante-Loch) s_{min} und den maximalen Randabstand s_{max} in Abb. 10.29b) zu bestimmen.

---

[4] Anm.: Außenmaß −, Innenmaß +

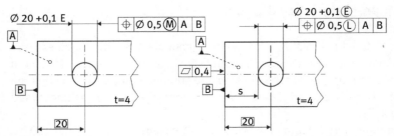

a) Maximum-Material-Bedingung
(Ziel: Paarungsfähigkeit mit Stift)

b) Minimum-Material-Bedingung
(Ziel: Mindestwandstärke gewährleisten)

Abb. 10.29: Tolerierung nach der MMR und LMR an einem Stanzteil

In diesem Fall muss die letztlich vorhandene Wanddicke s_{min} aus einer Maßkette berechnet werden. Berücksichtigen Sie, dass in die Maßkette auch die Formtoleranz $t_E = 0{,}4$ mm der Bezugsfläche A eingeht, da die Position von diesem Bezug aus gemessen wird. Die Form der Bezugsfläche konvex/konkav spielt hierbei keine Rolle. Eine mögliche Formabweichung der Bohrung wird in der Regel ebenfalls nicht berücksichtigt und geht daher auch nicht in die Berechnung ein.

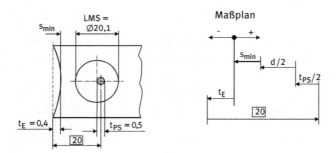

Abb. 10.30: Situation zur Berechnung der Mindestwandstärke s_{min}

Die Maßkette zur Bestimmung der kritischen Wandstärke **s** kann dann jeweils mit den aktuellen Maßen wie folgt aufgestellt werden[5], z. B.

$$s = -t_E + 20 - t_{PS}/2 - d/2\,.$$

Mit den folgenden Maßgrößen kann somit die Wandstärke min./max. bestimmt werden:

---

5 Anm.: Siehe hierzu die Vorzeichenregel für Maßketten im Kap. 11.3.2, die hier zweckmäßig ist.

Größe	Maß in [mm]	Anmerkung
t_E	0/0,40	minimal/maximal
$t_{PS}/2$	0,25/0,3	minimal/maximal
$d/2$	10,05/10,00	LMS/MMS
Abstand Kante/Bohrung	20,00	konstantes Abstandsmaß

Damit ergeben sich die beiden Extremfälle

$$s_{min} = -0,4 + 20 - 0,25 - 10,05 = 9,3 \text{ mm}, \quad \text{(bei LMS)},$$
$$s_{max} = 0 + 20 + 0,3 - 10,00 = 10,3 \text{ mm}, \quad \text{(bei } t_E = 0 \text{ und MMS)}.$$

Zu beachten ist: Durch die Bezugsetzung für die Ebenheitstoleranz spielt die Krümmung der Fläche keine Rolle, weil das TED-Maß immer vom Bezugslineal aus abgenommen werden muss. Die Positionstoleranz geht als „Ortsabweichung = $\frac{1}{2}$ × Ortstoleranz" und die Bohrung mit ihrem Radius ein.

Nach dem Normenwerk sind typische Anwendungssituationen für Ⓜ und Ⓛ:

a) **Tolerierung nach der Maximum-Material-Bedingung** Ⓜ
   Die Bohrung dient als Aufnahme eines Stiftes an einem Gegenelement, d. h., eine größere Bohrung kann mehr abweichen als eine kleine Bohrung.

b) **Tolerierung nach der Minimum-Material-Bedingung** Ⓛ
   Die Sicherung einer Mindestwandstärke, damit genügend Material auch nach Begradigung der möglichen Ebenheitsabweichung erhalten bleibt. Das heißt, eine kleine Bohrung kann mehr abweichen als eine große Bohrung.

10.4.1 Anwendung

Die Minimum-Material-Bedingung ist zusammen mit der Maximum-Material-Bedingung in der überarbeiteten ISO 2692:2015 genormt und beschrieben worden.

Eine sinnvolle Anwendung (und in der Norm so eingeschränkt) ist immer in Verbindung eines Maßes mit der Ortstoleranz eines abgeleiteten Geometrieelementes gegeben. Die Norm gibt hierfür einige Anwendungen wieder.

Die Minimum- und Maximum-Material-Bedingung lässt sich zusammen mit der Reziprozitäts-Bedingung nutzen, dies verstößt zwar gegen die Maßdefinition, führt aber im Zusammenhang mit F+L-Toleranzen zu mehr Gutteilen.

> **Leitregel 10.16: Toleranzüberschreitung bei LMR und wirksamer Minimal-Grenzzustand**
> **Toleranzüberschreitung bei LMR:**
> Eine Überschreitung einer mit Ⓛ gekennzeichneten Ortstoleranz (Position, Konzentrizität/Koaxialität, Symmetrie) ist um den Betrag zulässig, um den das zugehörige Längenmaß von seiner LMS abweicht.

> **Wirksamer Minimal-Grenzzustand LMVS:**
> Dieser Zustand berechnet sich nach folgender Formel.:
>
> $$LMVS = LMS \pm t$$
>
> „t" ist hier die Toleranzzone des der Minimum-Material-Bedingung unterworfenen Formelementes.

Achtung! Im Gegensatz zu MMR gelten hier umgedrehte Vorzeichen: „+" für Bohrung und „–" für Welle.

Der wirksame minimale Grenzzustand lässt sich hier **nicht** als Prüflehre /HOI 94/ verkörpern, da er im Innern des Werkstoffes liegt. Er verkörpert eine innere Grenzgestalt im Werkstoff und kann deshalb auch **nicht** direkt gemessen werden.

10.5 Reziprozitätsbedingung

Die zuvor schon eingeführte Reziprozitäts- bzw. Wechselwirkungsbedingung nach ISO 2692 ermöglicht die Bildung eines Toleranzenpools im Zusammenhang mit der Maximum- oder Minimum-Material-Bedingung. Die Abweichungen aus Form-, Lage- und Maßtoleranzen werden zu einem gemeinsamen Bereich zusammengefasst (s. auch Kapitel 10.3.1) und können fallweise beliebig aufgeteilt werden. Zur Erläuterung wird hier deshalb erneut das Bauteil aus Abb. 10.17 verwendet. Das im Toleranzindikator angegebene Ⓡ ist neben Ⓜ, Ⓛ stets als zusätzlicher Modifikator zu interpretieren.

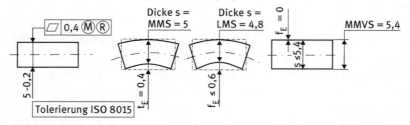

Abb. 10.31: Kombinierte Wirkung der Reziprozitätsbedingung

Durch die zusätzliche Reziprozitätsbedingung Ⓡ wird der folgende Zustand vereinbart:
- Die Ebenheit wird nach der Maximum-Material-Bedingung toleriert.
- Das Maß kann um die nicht ausgeschöpfte Geometrietoleranz erweitert werden, somit wird das Maximum-Material-Maß vergrößert. Die Verletzung des Maßes durch 10,4 mm wird hierbei akzeptiert.

Im obigen Fall Ⓜ + Ⓡ kann somit die Toleranzsumme von 0,6 mm beliebig zwischen Form- und Maßtoleranz aufgeteilt werden. Wenn dies fertigungstechnisch akzeptiert werden kann und die Funktion nicht beeinträchtigt wird, führt dies zu mehr Gutteilen.

> **Leitregel 10.17: Achtung! Reziprozitätsbedingung**
>
> Die *Reziprozitätsbedingung* (reciprocy requirement) kann sinnvoll angewandt werden, wenn funktional unschädlich und fertigungstechnisch möglich die Toleranzsumme aufgeteilt werden kann. Eine Maßerweiterung ist aber nur zur *Maximum-Material*-Seite zulässig.

Als Beispiel für eine mögliche Anwendung der Reziprozitätsbedingung dient nachfolgend eine rechteckige Platte, die in eine Vertiefung eingesetzt werden soll. Eine solche Platte wird z. B. als Verschleißteil in einem Maschinenschlitten verwendet. Die übliche Zeichnung für Platte und Vertiefung könnte wie in Abb. 10.32 dargestellt aussehen.

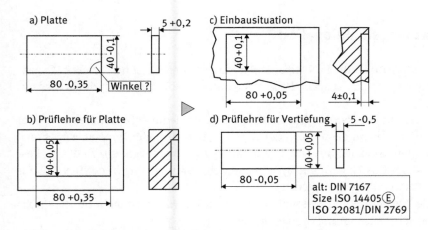

Abb. 10.32: Tolerierung für die Funktion und zur Prüfung mit einer Prüflehre

Auf den ersten Blick scheinen auch mit den Schriftfeldangaben ISO 14405 Ⓔ und ISO 2768-m (Allgemeintoleranzen für Maße und Winkel) die Funktionsanforderungen abgedeckt. Eine genaue Betrachtung zeigt jedoch, dass die Allgemeintoleranz Winkelabweichungen von ±0,5° zu ±0,35 mm Längenabweichungen führt, wodurch die Paarbarkeit dann nicht mehr in allen Fällen gewährleistet ist. Dies erfordert somit eine andere Tolerierung.

Um die beliebige Austauschbarkeit zu verbessern, kann beispielsweise mit einer Rechtwinkligkeitstoleranz und dem Reziprozitätsprinzip eine sinnvolle Tolerierung gewählt werden. Abbildung 10.33 zeigt diese Festlegung.

Die Gradheitstoleranz begrenzt mit der Maximum-Material-Bedingung die Breite der Platte auf MMVS = MMS + t_E = 40 + 0,1 = 40,1 mm. Die Platte darf auch selbst 40,1 mm breit sein. Die Längenabweichung wird über die angebebene Rechtwinklig-

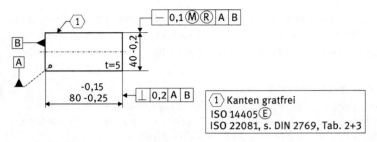

Abb. 10.33: Toleranzangabe nach der Reziprozitätsbedingung

keit[6] auf MMVS = MMS + t_R = 79,85 + 0,2 = 80,05 mm eingeengt. Die getroffenen Festlegungen sind für die Werkzeugherstellung eindeutiger und garantieren zudem einen leichteren Wechsel der Platten als Verschleissteil.

10.6 Passungsfunktionalität

In der ISO 286:2010 ist die Problematik „Passungen" detailliert beschrieben. Gegenüber der älteren Normenausgabe ist jetzt auch das Unabhängigkeitsprinzip eingearbeitet worden.

Eine Passung verfolgt den Zweck, Kräfte und Momente aufzunehmen und/oder zu leiten. Hierfür kann das Prinzip der „Spiel-, Übermaß- oder Übergangspassung" genutzt werden. Angaben über die Kombination von Toleranzfeldern zu diesen Passungen sind der DIN 7154 für das System „Einheitsbohrung" und in der DIN 7155 für das System „Einheitswelle" gegeben.

Um die Werkzeuge und Messmittel zu begrenzen, wird allgemein für die Praxis das System „Einheitsbohrung" vorgeschlagen.

Nach der ISO 8015 hat jetzt die Angabe für ein Fügeteil mit beispielsweise

$$\varnothing 30 \text{ „Kennung"} , \text{ d. h. } (+0,021/0) \text{ bzw. } \varnothing 30 \text{ H7} \text{ⓔ} \quad \text{(Hülle)}$$

oder für eine Passung mit beispielsweise

$$\varnothing 30 \text{ H7/g6 } \text{ⓔ} \quad \text{oder} \quad \varnothing 30 \frac{\text{H7}}{\text{g6}} \text{ⓔ} \quad \text{(Hülle)}$$

zu erfolgen, weil bei Passung stets mit der Hüllbedingung zu operieren ist.

Das Hüllprinzip wurde eingeführt, um die Paarungs- und Passfunktionalität zu gewährleisten. Dies soll noch einmal in den nachfolgenden Beispielen aufgegriffen

---

[6] Anm.: Nach der DIN 7167 darf die Rechtwinkligkeitstoleranz stets außerhalb der Maßtoleranz liegen. Hier soll davon Gebrauch gemacht werden.

werden, in dem der Unterschied zwischen dem „Hüll- und Unabhängigkeitsprinzip" bei Passungen herausgearbeitet werden soll.

1. Fall: Passbarkeit über Hüllprinzip nach (alter) DIN 7167. Garantieren eines Mindestspiels zwischen Welle und Bohrung

In der Abb. 10.34 ist eine Spielpassung gegeben. Die Funktion ist dann gewährleiste, wenn die beiden zusammenzuführenden Geometrieelemente ihre geometrisch ideal Hülle mit Maximum-Material-Maß (MMS) nicht durchbrechen und die Minimum-Material-Grenze (LMS) nicht unterschreiten. Diese Forderung stellt sicher, dass zwischen Welle und Bohrung ein ausreichendes Bewegungsspiel vorliegt.

Hierbei ist darauf zu achten, dass die Größe der Formtoleranz so anzusetzen ist, dass sie innerhalb der Hülle liegt.

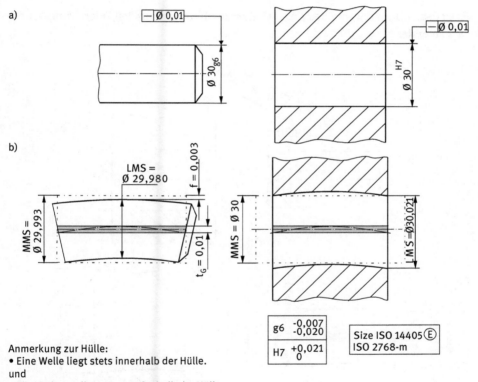

Anmerkung zur Hülle:
• Eine Welle liegt stets innerhalb der Hülle.
und
• Eine Bohrung liegt stets außerhalb der Hülle.

Abb. 10.34: Herstellung einer funktionierenden Spielpassung bei Welle/Bohrung; a) Zeichnungsangabe, b) Hüllen vom Maximum-Material-Maß (MMS) nach DIN 7167-Prinzip

2. Fall: Passbarkeit beim Unabhängigkeitsprinzip nach ISO 8015

Beim Unabhängigkeitsprinzip darf jedes Geometrieelement seine Form- und Lagetoleranz ausnutzen, unabhängig davon, ob das Geometrieelement Maximum-Material-Maß hat oder nicht.

Der wirksame Zustand wird dann jeweils als Maximum-Material-Virtual-Maß

$$\text{MMVS} = \text{MMS} \pm t_G$$

gebildet.

Im vorliegenden Fall der Abb. 10.35 ist die Toleranzabstimmung aber nicht so erfolgt, dass eine Spielpassung immer gewährleistet werden kann. Wie die Kontrolle zeigt, gibt es eine Überschneidung zwischen Welle und Bohrung, und zwar

a) $\text{MMVS}_W = \varnothing 29{,}993 + \varnothing 0{,}01 = \varnothing 30{,}003$,

b) $\text{MMVS}_B = \varnothing 30 - \varnothing 0{,}01 = \varnothing 29{,}99$.

Es ist deshalb ein untunlicher Weg, bei alten Zeichnungen nur den Tolerierungsgrundsatz zu ändern.

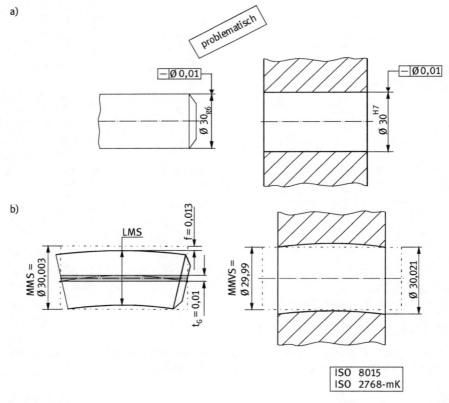

Abb. 10.35: Herstellung einer Spielpassung bei Welle/Bohrung; a) Zeichnungsangabe, b) Hüllen von MMVS bei ISO 8015

3. Fall: Passbarkeit mit Hüllbedingung beim Unabhängigkeitsprinzip nach ISO 8015 (identisch DIN 7167 und ISO 14405)

In der Umsetzung von Abb. 10.36 ist jetzt mit Ⓔ die Hüllbedingung der ISO 8015 bei beiden Geometrieelementen angezogen worden, diese hat somit die gleiche Konsequenz wie das Hüllprinzip in der alten DIN 7167.

Die Geradheitstoleranz liegt somit innerhalb der Maßtoleranz und die Formteilhülle wird durch MMS = ⌀29,993 mm gegeben. Die Rundheits- und die Geradheitsabweichung dürfen nicht dazu führen, dass die Hülle durchbrochen wird. Im vorliegenden Fall ist somit die Passungsfähigkeit wieder gegeben.

Bei der Umstellung des Tolerierungsprinzips ist es meist ausreichend, die Paarungs- und Passmaße zu kontrollieren und mit einer Hülle einzuschränken.

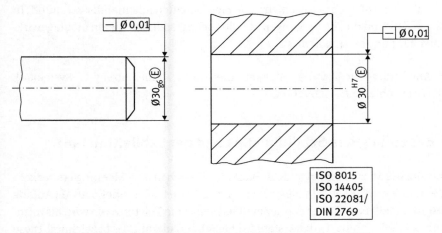

Abb. 10.36: Herstellung einer Spielpassung mit definierter geometrischer Hülle

11 Toleranzverknüpfung durch Maßketten

11.1 Entstehung von Maßketten

In den meisten Fällen stehen Toleranzen nicht für sich allein, sondern sie hängen in Form von Maßketten /SCH 95/ zusammen. Dabei gibt zwei es grundsätzliche Möglichkeiten zur Entstehung von Maßketten /SCH 98/:
1. **Zusammenfügen von Bauteilen zu einer Montagebaugruppe:** Hier sind Maßketten unvermeidlich, da in jedem Fall die geometrischen Eigenschaften der einzelnen Bauteile miteinander verknüpft sind und ein Funktionsmaß bilden.
2. **Verknüpfung mehrerer geometrischer Eigenschaften am Einzelteil:** Auch an Bauteilen sind oft mehrere geometrische Eigenschaften miteinander verknüpft. In diesem Fall sind die Auswirkungen auf die Grenzgestalt bzw. deren Montagewirksamkeit oft unübersichtlich.

In der Anwendung bedarf die „Maßkettenrechnung" einer strengen Systematik /SCH 93/, um Fehler auszuschließen.

11.2 Bedeutung des Schließmaßes und der Schließtoleranz

Alle Einzelmaße M_i zusammengefügter Bauteile, die sich in eine Richtung erstrecken, bilden eine lineare Maßkette. In dieser Richtung verbindet das Schließmaß M_0 Anfang und Ende der Maßkette. Dieses Schließmaß hat stets eine Toleranz. Sie wird als arithmetische Schließtoleranz T_A bzw. statistische Schließtoleranz T_S bezeichnet. Diese Toleranz errechnet sich aus den beteiligten Einzeltoleranzen T_i.

> **Leitregel 11.1: Schließmaß und Schließtoleranz einer Baugruppe**
> **Definition des Schließmaßes:**
> Bei einer Baugruppe ist das **Schließmaß M_0** stets das Maß, das sich beim Zusammenfügen ergibt. Dies ist z. B. ein funktionelles Spiel oder die Gesamtlänge über mehrere Bauteile.
> **Bestimmung der Schließtoleranz:**
> Die Toleranz des Schließmaßes kann ermittelt werden
> - aus einer **arithmetischen** Addition aller Toleranzen oder
> - statistisch unter Berücksichtigung des **Abweichungsfortpflanzungsgesetzes** von Gauß /VDE 73/ durch Addition der Varianzen.

11.2.1 Vorgehen bei der Untersuchung von Toleranzketten

In der Praxis unterscheidet man zwei Notwendigkeiten zur Toleranzkettenbehandlung /SCH 92/ bzw. der Bestimmung der Schließmaßtoleranz. Diese sind:
1. **Die Toleranzanalyse:** Man berechnet aus den gegebenen Einzeltoleranzen die Schließmaßtoleranz. Dieses Verfahren wird bei der Untersuchung von angegebenen Toleranzen der Bauteile eingesetzt. Es dient zudem als Hilfsmittel für Toleranzrechnungen.

oder

2. **Die Toleranzsynthese:** Zur Sicherung der Funktionsfähigkeit gibt man eine Schließmaßtoleranz vor. Diese wird dann auf die Einzeltoleranzen der Bauteile aufgeteilt. Dieses Verfahren wird bei der konstruktiven Ableitung eines Bauteils bzw. einer Baugruppe angewandt.

Das Ziel sollte immer sein, die Montagefähigkeit mit möglichst weiten Toleranzen zu gewährleisten. In einer Produktentwicklung wird es somit vielfältige Ansatzpunkte geben, die nachfolgende Vorgehensweise simulativ anzuwenden.

11.3 Berechnung von Toleranzketten

11.3.1 Worst Case

Gewöhnlich wird bei der Überprüfung von Maßketten das so genannte *Mini-Max-Prinzip* (oder engl.: *worst case* = ungünstigster Fall) angewandt. Hierbei wird angenommen, dass einmal Maximalmaße und einmal alle Minimalmaße aufeinandertreffen. Hiermit werden dann Montierbarkeitsüberprüfungen – hinsichtlich Spiel oder Übermaß – durchgeführt. Der Toleranzberechnung liegt somit eine Addition bzw. Subtraktion der Extremtoleranzen zu Grunde, weshalb hier vereinfacht von der arithmetischen Maß- oder Toleranzkettenberechnung /BOH 98/ gesprochen wird.

Die Erfahrung zeigt, dass dieser Fall praktisch so gut wie nie vorkommt und daher mit diesem Verfahren meist zu enge Toleranzen festgelegt werden, weshalb realer mit einer *statistischen* Maß- oder Toleranzkettenberechnung gearbeitet werden sollte.

In der alten DIN 7186, T. 1/T. 2, wurden die entsprechenden Gesetzmäßigkeiten und Techniken bereits dargestellt. Heute arbeiten viele Unternehmen nach dem statistischen Prinzip und setzen geeignete Software (z. B. 3DCS für CATIA) ein. Hiermit lassen sich bei gleicher Endfunktionalität alle Einzeltoleranzen aufweiten.

Das statistische Toleranzprinzip soll nachfolgend kurz dargestellt werden, da es hilft, Bauteile zu entfeinern, die Komplexität von Baugruppen zurückzunehmen und insgesamt Herstellkosten einspart.

11.3.2 Arithmetische Berechnung

Die Berechnung der arithmetischen Schließtoleranz T_A /NUS 98/ lässt sich sehr transparent an der Einbausituation einer Vorlegewelle für ein PKW-Hybrid-Fahrzeug zeigen, wo ein Kunststoffzahnrad eingesetzt wird.

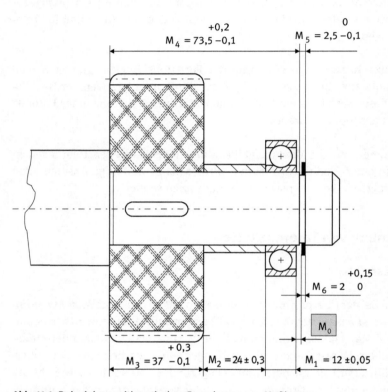

Abb. 11.1: Beispiel zur arithmetischen Berechnung von Maßketten

Als **Schließmaß M_0** wird hierbei das Spiel zwischen Lager und Sicherungsring definiert. Um die Montage zu gewährleisten, muss in diesem Fall gelten:

$$M_0 \geq 0 \, .$$

Ist $M_0 < 0$, kann die Situation so nicht montiert werden, was in einer Serienfertigung dann Nacharbeit oder sogar Ausschuss bedeutet. Daher sollte bei Serienprodukten immer eine abgestimmte Maßkettenbetrachtung /MEE 92/ durchgeführt werden.

11.3.3 Vorgehensweise

1.) Zählrichtung für die Einzelmaße festlegen
Die Festlegung erfolgt entsprechend ihrer Auswirkung auf das Schließmaß M_0.

2.) Maßplan
Zur Erstellung des Maßplanes zeichnet man die Einzelmaße als aneinanderhängende Pfeile (Vektoren).
- Man beginnt an der Nulllinie und trägt dann fallweise nach Plus oder Minus ab.
- Man zeichnet nur Maße, deren Vektoren parallel zum Vektor des Schließmaßes liegen, sonst muss man die Maße in Komponenten parallel und orthogonal zum Schließmaß zerlegen.
- Um den Plan übersichtlicher zu halten, werden die Pfeile horizontal versetzt eingetragen.

> **Leitregel 11.2: Bestimmung des Vorzeichens von Maßvektoren im Maßplan**
>
> **Maße**, bei denen eine **Vergrößerung der Maßabweichung** eine **Vergrößerung des Schließmaßes** bewirkt, werden als **positiv** angenommen. Die Vektoren dieser Maße zeigen im Maßplan **in die positive Zählrichtung**.
>
> **Maße**, bei denen eine **Vergrößerung der Maßabweichung** eine **Verkleinerung des Schließmaßes** bewirkt, werden als **negativ** angenommen. Die Vektoren dieser Maße zeigen im Maßplan **in die negative Zählrichtung**.

Abbildung 11.2 zeigt die Eintragung der Nennmaßvektoren und der Zählrichtung im Maßplan:

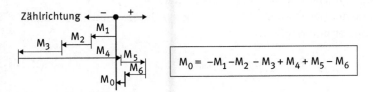

Abb. 11.2: Maßplan der Zahnrad-Einbausituation

3.) Tabelle der benötigten Maße erstellen
Es ist zweckmäßig, alle benötigten Maße tabellarisch zu erfassen.
  In der folgenden Tabelle 11.1 ist dies ausgeführt worden. Es werden die *vorzeichenbehafteten* Maße M_i angegeben sowie die entsprechenden Größt- und Kleinstmaße.

Tab. 11.1: Maße für arithmetische Toleranzberechnung

Maßrichtung	Bezeichnung	Nennmaß N_i/[mm]	Größtmaß G_{oi}/[mm]	Kleinstmaß G_{ui}/[mm]	Toleranz T_i/[mm]
$-M_1$	Lagerbreite	12,0	12,05	11,95	0,10
$-M_2$	Hülsenbreite	24,0	24,30	23,70	0,60
$-M_3$	Zahnradbreite	37,0	37,30	36,90	0,40
$+M_4$	Wellenabsatz	73,5	73,70	73,40	0,30
$+M_5$	Nutbreite	2,5	2,50	2,40	0,10
$-M_6$	Sicherungsring	2,0	2,15	2,00	0,15

4.) Nennschließmaß N_0

Das Nennschließmaß N_0 berechnet sich aus den Nennmaßen nach folgender Gleichung:

$$N_0 = \sum N_{i+} - \sum N_{i-} \qquad (11.1)$$

Bei unserem Beispiel besteht die Kette aus den Maßen N_1 bis N_6. Das Nennschließmaß berechnet man durch Einsetzen der Nennmaße in die vorstehend ermittelte Schließmaßgleichung:

$$N_0 = N_4 + N_5 - N_1 - N_2 - N_3 - N_6$$
$$= 73{,}5 + 2{,}5 - 12{,}0 - 24{,}0 - 37{,}0 - 2{,}0 = \mathbf{1{,}0\,mm}$$

Das Nennmaß schließt die Nennmaßkette und kann positiv als auch negativ sein.

5.) Höchstschließmaß P_O

Das Höchstschließmaß P_O wird folgendermaßen berechnet:

„P_O ist die Summe der positiven Maße an der oberen Grenze minus der Summe der negativen Maße an der unteren Grenze":

$$P_O = \sum G_{oi+} - \sum G_{ui-} \qquad (11.2)$$

Man setzt somit ein

- für **positiv** gerichtete Maße das **Höchstmaß**
und
- für **negativ** gerichtete Maße das **Mindestmaß**.

Die Maße N_4 und N_5 sind positiv gerichtet. Für diese Maße werden die Höchstmaße G_{o4} und G_{o5} berücksichtigt.

Die Maße N_1, N_2, N_3 und N_6 sind negativ gerichtet. Für diese Maße gehen die Kleinstmaße G_{ui} in die Berechnung ein.

Mit den so ermittelten Höchst- und Mindestmaßen berechnet man P_O durch Einsetzen der Werte in Gl. (11.2).

$$P_O = G_{o4} + G_{o5} - G_{u1} - G_{u2} - G_{u3} - G_{u6}$$
$$= 73{,}7 + 2{,}50 - 11{,}95 - 23{,}70 - 36{,}90 - 2{,}00 = \mathbf{1{,}65\,mm}$$

6.) Mindestschließmaß P_U

Das Mindestschließmaß P_U berechnet sich folgendermaßen:

„P_U ist die Summe der positiven Maße an der untere Grenze minus der Summe der negativen Maße an der obere Grenze".

$$P_U = \sum G_{ui+} - \sum G_{oi-}\,. \qquad (11.3)$$

Man setzt somit ein:

- für **positiv** gerichtete Maße das **Mindestmaß**
und
- **negativ** gerichtete Maße das **Höchstmaß.**

$$P_U = G_{u4} + G_{u5} - G_{o1} - G_{o2} - G_{o3} - G_{o6}$$
$$= 73{,}40 + 2{,}40 - 12{,}05 - 24{,}30 - 37{,}30 - 2{,}15 = \mathbf{0{,}00\,mm}$$

7.) Schließmaß mit Toleranz aus den Schritten 4.) bis 6.) zusammenstellen

Dazu muss man die Abmaße T_{a1} und T_{a2} berechnen. Diese werden durch folgende Gleichungen bestimmt.

– Oberes Abmaß T_{a1}:

$$T_{a1} = P_O - N_O \qquad (11.4)$$

– Unteres Abmaß T_{a2}:

$$T_{a2} = P_U - N_O \qquad (11.5)$$

Das Schließmaß wird dann in der folgenden Form dargestellt:

$$\boxed{M_O = N_O{}^{T_{a1}}_{T_{a2}}} \qquad (11.6)$$

$$T_{a1} = 1{,}65 - 1{,}00 = \mathbf{+0{,}65}$$
$$T_{a2} = 0{,}00 - 1{,}00 = \mathbf{-1{,}00}$$

Daraus folgt:

$$M_O = 1{,}0\,{}^{+0{,}65}_{-1{,}0}$$

In diesem Fall ist das Bauteil im Grenzfall noch funktionsfähig, wenn das Schließmaß nicht negativ wird und daher genügend Spiel zur Montage vorhanden ist.

8.) Kontrolle

Die Summe der einzelnen Toleranzfelder des Schließmaßes muss gleich der Gesamttoleranz

$$T_A = P_O - P_U \tag{11.7}$$

sein, was zu überprüfen ist:

$$T_A = 1{,}65\,\text{mm} - 0{,}0\,\text{mm} = 1{,}65\,\text{mm}$$

Die arithmetische Toleranzsumme T_A berechnet sich aus

$$T_A = \sum T_i \,. \tag{11.8}$$

Beispielrechnung:

$$\begin{aligned} T_A &= T_1 + T_2 + T_3 + T_4 + T_5 + T_6 \\ &= 0{,}1 + 0{,}6 + 0{,}4 + 0{,}3 + 0{,}1 + 0{,}15 = \mathbf{1{,}65}\,\text{mm}\,. \end{aligned}$$

11.4 Form- und Lagetoleranzen in Maßketten

In Maßketten können zusätzlich zu Maßtoleranzen auch Form- und Lagetoleranzen auftreten. Sie gehen wie die Maßtoleranzen als eigenständige Glieder in die Maßkette /BEC 84/ ein. Allerdings treten bei der Betrachtung von Form- und Lagetoleranzen die folgenden Probleme auf:
– Ihre extreme Auswirkung auf das Schließmaß ist oft schwer zu erkennen. Die Grenzzustände sind unter Berücksichtigung des Tolerierungsprinzips zu bestimmen.
– Da F+L-Toleranzen ohne zugehöriges Nennmaß auftreten, muss ein „Nullmaß" in die Toleranzkette eingefügt werden. Die Grenzabweichungen dieses Nullmaßes müssen gemäß der wirksamen Toleranzzone ermittelt werden.

Als Beispiel zur Berechnung einer Maßkette mit Lagetoleranzen dient hier noch einmal die Baugruppe aus der vorausgegangenen Abb. 11.1, jedoch jetzt mit einer Parallelitäts- und einer Rechtwinkligkeitstoleranz am Zahnrad. Da hier nur die prinzipielle Behandlung von F+L-Toleranzen gezeigt werden soll, wird die „kleine" Rechtwinkligkeitstoleranz vernachlässigt, obwohl diese das Rad schief stellen kann.

In der sich aus den Verhältnissen im Abb. 11.3 ergebenden Maßkette muss die Parallelitätstoleranz „richtungstreu" als eigenständiges Maß eingehen. Die zugelassene Lagetoleranz von t_P soll mit den Bezügen bewirken, dass das Zahnrad möglichst senkrecht und eben an die Wellenschulter anliegt.

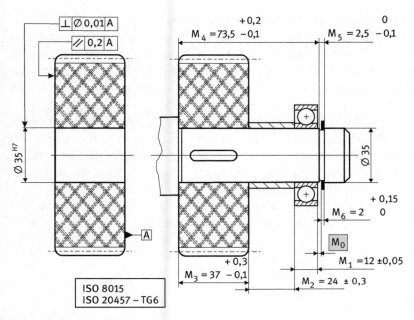

Abb. 11.3: Maß- sowie Form- und Lagebeziehungen in einer Maßkette

Zur Analyse des Schließmaßes sollen jetzt die unter Kapitel 11.3.3 aufgeführten Schritte systematisch angewandt werden.

1.) Zählrichtungen festlegen
Entsprechend der Leitregel 11.2.

2.) Maßkettenbeziehung herstellen
Alle Maße – auch die F+L-Toleranzen – gilt es als unabhängige Einzelmaße in ihrer Wirkrichtung zu erfassen.

Im umseitigen Abb. 11.4 ist die Parallelitätstoleranz als Maß M_{3P} eingetragen. Da eine Vergrößerung der Parallelitätsabweichung eine Vergrößerung des Schließmaßes bewirkt, ist die Richtung positiv und somit der Zahnradbreite entgegenwirkend.

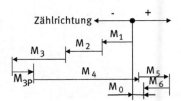

Abb. 11.4: Maßplan für Maßkette mit einer Lagetoleranz

3.) Maßwirkungen und tabellarische Zusammenstellung

Das wesentliche Funktionselement in der Maßkette ist das Zahnrad, weshalb seinen Maß- und Geometrieabweichungen besondere Aufmerksamkeit zuzuwenden ist. Zunächst ist das Zahnrad über zwei Bezüge (A = Stirnseite und B/MD = Verzahnungsaußendurchmesser) auszurichten. Die linke Stirnseite soll innerhalb von $t_P = 0,2$ mm parallel verlaufen.

Nach dem Unabhängigkeitsprinzip darf das Werkstück seinen Maximum-Material-Zustand (MMS) einnehmen und zusätzlich seine Lagetoleranz voll ausnutzen. Gleichzeitig muss aber die Bedingung für das Einhalten jeder Maßgröße berücksichtigt werden. Das heißt, das Zahnradmaß darf maximal $M_3 = 37,3$ werden, dann kann die Parallelitätstoleranz nur nach „innen" fallen.

Im Abb. 11.5 ist der sich somit einstellende ungünstigste Zustand dargestellt. Entsprechend muss die Parallelitätstoleranz als eigenständiges Maß eingeführt werden zu

$$M_{3P} = 0 \begin{array}{c} +0,2 \\ -0 \end{array}.$$

Damit können die Extremfälle gebildet werden.

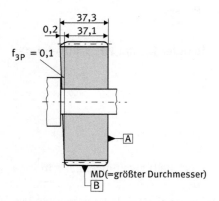

Abb. 11.5: Auswirkung der Formabweichung nach ISO 8015

Entsprechend ergibt sich für das Größtmaß

$$G_{o3P} = +0,2 \text{ mm}$$

und für das Kleinstmaß

$$G_{u3P} = 0 \text{ mm}.$$

Die Maße M_1 bis M_6 werden aus Tabelle 11.1 übernommen und um die Parallelitätsabweichung ergänzt.

Tab. 11.2: Maße der Getriebeeinbau-Situation

Richtung	Bezeichnung	Nennmaß N_i/[mm]	Größtmaß G_{oi}/[mm]	Kleinstmaß G_{ui}/[mm]	Toleranz T_i/[mm]
$-M_1$	Lagerbreite	12,0	12,05	11,95	0,10
$-M_2$	Hülsenbreite	24,0	24,30	23,70	0,60
$-M_3$	Zahnradbreite	37,0	37,30	36,90	0,40
$+M_{3P}$	**Parallelitätstoleranz**	0	0,2	0	**0,2**
$+M_4$	Wellenabsatz	73,5	73,70	73,40	0,30
$+M_5$	Nutbreite	2,5	2,50	2,40	0,10
$-M_6$	Sicherungsring	2,0	2,15	2,00	0,15

4.) Schließmaßgleichung

Die Maßkette ist unter Berücksichtigung aller Maße, einschließlich der F+L-Toleranzen, aufzustellen. Im vorliegenden Fall führt eine Vergrößerung der Parallelitätsabweichung auch zu einer Vergrößerung des Schließmaßes, weshalb M_{3P} als positives Maß zu berücksichtigen ist. Als Schließmaß ergibt sich somit:

$$M_0 = +\mathbf{M_{3P}} + M_4 + M_5 - M_1 - M_2 - M_3 - M_6$$

5.) Nennschließmaß

Das Nennschließmaß ermittelt man analog mit den zugehörigen Vorzeichen:

$$N_0 = +\mathbf{N_{3P}} + N_4 + N_5 - N_1 - N_2 - N_3 - N_6$$
$$= +\mathbf{0{,}0} + 73{,}5 + 2{,}5 - 12{,}0 - 24{,}0 - 37{,}0 - 2{,}0 = 1{,}0\,\text{mm}\,.$$

Aus dem Nennmaß lassen sich jedoch keine Rückschlüsse auf die Montierbarkeit ziehen.

6.) Höchstschließmaß

Gemäß der Konvention der Höchstschließmaßbildung findet sich

$$P_O = +\mathbf{G_{o3P}} + G_{o4} + G_{o5} - G_{u1} - G_{u2} - G_{u3} - G_{u6}$$
$$= +\mathbf{0{,}1} + 73{,}7 + 2{,}5 - 11{,}95 - 23{,}70 - 36{,}9 - 2{,}00 = 1{,}75\,\text{mm}\,.$$

Gegenüber der arithmetischen Betrachtung erweitert die Parallelitätstoleranz das Schließmaß.

7.) Mindestschließmaß

Folgerichtig ist die Konvention für die Mindestschließmaßbildung anzuwenden. Hiernach ergibt sich

$$P_U = +\mathbf{G_{u3P}} + G_{u4} + G_{u5} - G_{o1} - G_{o2} - G_{o3} - G_{o6}$$
$$= \mathbf{0{,}0} + 73{,}4 + 2{,}40 - 12{,}05 - 24{,}3 - 37{,}30 - 2{,}15 = 0{,}0\,\text{mm}\,.$$

Die Parallelitätsabweichung hat insofern keine Auswirkung.

8.) Schließmaß mit Toleranz

Die obere Toleranzgrenze bestimmt sich zu: $T_{a1} = 1,75 - 1,0 = +0,75$ mm,
die untere Toleranzgrenze bestimmt sich zu: $T_{a2} = 0,0 - 1,0 = -1,0$ mm.

Daraus folgt für das tolerierte Schließmaß

$$M_0 = 1,0 \begin{array}{c} +0,75 \\ -1,0 \end{array}.$$

Festzustellen ist somit, dass im vorliegenden Fall die Montierbarkeit durch die Parallelitätsabweichung gegeben ist. Eine größere Rechtwinkligkeitsabweichung (als die eingetragene) würde sich allerdings negativ auswirken. Somit ist eine abschließende Beurteilung erst bei Erfassung beider Toleranzen möglich.

11.5 Statistische Tolerierung

11.5.1 Erweiterter Ansatz

Bei der arithmetischen Tolerierung berechnet man die Schließtoleranz T_A einer Maßkette aus den extremen Abmaßen der Elemente der Maßkette. Diese müsste somit dann auftreten, wenn zufällig einmal alle Max-Teile und einmal alle Min-Teile aufeinandertreffen. Deshalb ist es höchst unwahrscheinlich, dass diese Schließtoleranz tatsächlich vorkommt.

In der Praxis ist die auftretende *zufallsbestimmte Schließtoleranz* T_W in der Regel deutlich kleiner als T_A. Gibt man eine Schließtoleranz T_A vor und teilt danach die Einzeltoleranzen T_{a_i} arithmetisch auf, dann sind diese Einzeltoleranzen erfahrungsgemäß meist zu eng und somit zu teuer in der Fertigung. Nach einer Untersuchung der Firma Daimler bewirkt eine Einengung von Schließtoleranzen bei Baugruppen um einen gewissen Faktor eine direkte Kostenerhöhung in der Herstellung und Montage um denselben Faktor. Daraus ergeben sich folgende Schlussfolgerungen /KLE 19/:

– Durch die statistische Tolerierung können die Einzeltoleranzen so vergrößert werden, dass die berechnete Schließmaßtoleranz T_S so groß wird, wie die wahrscheinlich auftretende Toleranz T_W.

und

– Die Toleranz T_W kann mit einer gewissen Wahrscheinlichkeit bei der Fertigung überschritten werden. Es können also bei der Produktion auch Zusammenbausituationen auftreten, deren tatsächliche Schließmaßtoleranz größer ist als T_W. Daher muss sichergestellt werden, dass eine Toleranzüberschreitung erkannt wird und diese Teile gegebenenfalls aussortiert werden können.

Das statistische Tolerierungsprinzip wirkt somit der allgemeinen Kostenspirale entgegen.

11.5.2 Mathematische Grundlagen

Die statistische Tolerierung ist in der DIN 7186[1] beschrieben und beruht im Wesentlichen auf den folgenden Grundlagen:
- dem Mittelwertsatz,
- dem Abweichungsfortpflanzungsgesetz,
- dem Zusammenhang zwischen der Standardabweichung und der Toleranz

und
- dem zentralen Grenzwertsatz der Wahrscheinlichkeitsrechnung.

Diese Beziehungen sind für das Verständnis der nachfolgenden Problemdiskussion erforderlich und werden hier noch einmal kurz erläutert. Weitergehende Informationen sind in der DIN ISO 21747 (Statistische Verfahren: Prozessleistungs- und Prozessfähigkeitskenngrößen) zu entnehmen.

Zur Bestimmung der Einhaltungs- oder Überschreitungswahrscheinlichkeit der Toleranz T_W muss man die Verteilung der Maße bei der Fertigung einer Serie von Werkstücken kennen. Man misst daher eine bestimmte Messgröße x (z. B. Wellendurchmesser) von gleichen Werkstücken wiederholt nach und kann dann die Verteilung feststellen. Bei in Großserie hergestellten Teilen wird man gewöhnlich die Gauß'sche Normalverteilung finden. Somit erhält man für eine bestimmte Fertigung den Mittelwert μ_i aus n Messungen:

$$\mu_i = \frac{1}{n} \sum_{i=1}^{n} x_i \qquad (11.9)$$

und die Streuung bzw. Standardabweichung

$$\sigma_i = \frac{1}{n-1} \sqrt{\sum_{i=1}^{n} (x_i - \mu_i)^2} \; . \qquad (11.10)$$

Das gefertigte Ist-Maß kann insofern als eine Zufallsgröße angesehen werden. Für eine Maßkette aus mehreren Werkstücken, die mit unterschiedlichen Verteilungen gefertigt werden, gilt daher, dass das gesamte Nennschließmaß μ_{ges} (auch Erwartungswert) aus der Summation der m Einzelmittelwerte gebildet wird:

$$\mu_{ges} = \sum_{i=1}^{m} \mu_i \; . \qquad (11.11)$$

Die gesamte Streuung σ_{ges} ergibt sich entsprechend aus der Summation der Einzelstreuungen:

$$\sigma_{ges} = \sqrt{\sum_{i=1}^{m} \sigma_i^2} \; . \qquad (11.12)$$

---

[1] Anm.: Die DIN 7186 ist 1974 bzw. 1980 in zwei Teilen erschienen. Wegen zu vieler Einsprüche aus der Praxis ist die Norm 1985 wieder zurückgezogen worden.

Dies ist auch der Inhalt des *Abweichungsfortpflanzungsgesetzes nach Gauß*, welches also aussagt, „dass in linearen Maßketten nicht die Toleranzen, sondern die Varianzen σ_i^2 linear addiert werden". Die Schließmaßtoleranz kann somit als Vielfaches der Gesamtstreuung bestimmt werden:

$$T_W \equiv T_S = \pm u \cdot \sigma_{ges} . \tag{11.13}$$

Mit u ist hierbei ein Quantil-Multiplikator eingeführt worden, der die Weite des Toleranzfeldes steuert und damit äquivalent zu einer Qualitätsanforderung (z. B. $\pm 3 \cdot \sigma \equiv C_p = 1{,}0$) ist.

Der *zentrale Grenzwertsatz* sagt weiterhin aus:
- Treffen mehr als vier Streuungen σ_i aus unterschiedlichen Verteilungen aufeinander, so ist die Gesamtstreuung σ_{ges} stets normalverteilt. (Dies gilt natürlich auch bei vier gleichartigen Streuungen.)
- Bei einer überwachten Fertigung (z. B. mit SPC) können durch Stichprobenauswertung alle Verteilungsgesetzmäßigkeiten festgestellt werden.

Zur Bestimmung dieser Verteilungsgesetzmäßigkeiten /SCH 98/ geht man folgendermaßen vor:
- Man teilt die Toleranzspanne der Messgröße in gleiche Intervalle ein.
- Darauf bestimmt man die Anzahl der Messwerte pro Intervall. Es werden viele Messwerte in der Mitte der Toleranzspanne liegen und die Anzahl der Messwerte wird zu den Rändern hin abnehmen. Für den Idealfall (infinitesimal kleine Intervalle) kann man über die Anzahl n der Istmaße pro Messwert I eine Verteilungskurve ermitteln.

Das folgende Beispiel (s. Abb. 11.6) zeigt die Ermittlung einer Häufigkeitsverteilung einer Stichprobe bei der Fertigung eines Wellenzapfens. Wenn keine automatisierte Messrichtung vorhanden ist, kann dieser Weg immer so gegangen werden.

Wellenzapfen mit Außendurchmesser $\varnothing 22{,}4 \pm 0{,}1$ mm

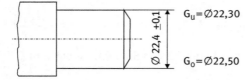

11.5 Statistische Tolerierung

Messwerte (von 50 Wellen, angegeben sind nur die Nachkommastellen)

Nr.	Wert	Nr.	Wert	Nr.	Wert	Nr.	Wert	Nr.	Wert	Nr.	Wert
1	48	9	40	17	32	25	46	33	52	41	37	49	38
2	37	10	35	18	40	26	41	34	41	42	43	50	43
3	38	11	43	19	39	27	38	35	44	43	45
4	45	12	42	20	41	28	43	36	45	44	41
5	43	13	51	21	40	29	35	37	42	45	39
6	41	14	40	22	38	30	42	38	36	46	42
7	42	15	39	23	41	31	39	39	38	47	44
8	36	16	43	24	43	32	41	40	40	48	40

Ergebnis:
angenommen: 48   verworfen: 2 (grau unterlegt)

Strichliste:

	Klassen		Anzahl	%
1	22,30 ≤ d < 22,32		0	0
2	22,32 ≤ d < 22,34	/	1	2
3	22,34 ≤ d < 22,36	//	2	4
4	22,36 ≤ d < 22,38	////	4	8
5	22,38 ≤ d < 22,40	/////////	9	18
6	22,40 ≤ d < 22,42	//////////////	14	28
7	22,42 ≤ d < 22,44	///////////	11	22
8	22,44 ≤ d < 22,46	/////	5	10
9	22,46 ≤ d < 22,48	//	2	4
10	22,48 ≤ d < 22,50		0	0

Mittelwert:
$\mu = \varnothing 22{,}41$ mm

Standardabweichung
$\sigma = 0{,}03$ mm

2 Stück = 4 %
wurden verworfen.

Daraus ergibt sich die folgende Verteilung:

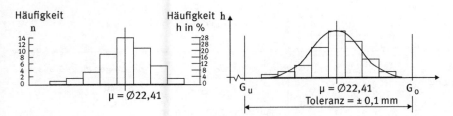

Abb. 11.6: Ermittlung der Häufigkeitsverteilung einer Stichprobe

Je nach Art der Fertigung können sich auch andere charakteristische Verteilungen einstellen. Diese zeigt die folgende Tabelle 11.3.

Tab. 11.3: Kenngrößenauswertung verschiedener Verteilungen

Art der Verteilung		Varianz Toleranz T	Simulationsfall
Rechteck-verteilung		$\sigma^2 = \dfrac{T^2}{12}$ $T = 2\sqrt{3} \cdot \sigma$ $= 3{,}4641 \cdot \sigma$	„Worst Case" oder Simulation eines wandernden Mittelwertes durch Werkzeugverschleiss
Trapez-verteilung ①		$\sigma^2 = \dfrac{10 \cdot T^2}{192}$ $T = 2\sqrt{48/10} \cdot \sigma$ $= 4{,}3818 \cdot \sigma$	
Trapez-verteilung ②		$\sigma^2 = \dfrac{13 \cdot T^2}{300}$ $T = 2\sqrt{75/13} \cdot \sigma$ $= 4{,}8038 \cdot \sigma$	Ergebnisverteilung bei der Faltung oder Simulation eines abgeschwächten Werkzeugverschleißes
Trapez-verteilung ③		$\sigma^2 = \dfrac{T^2}{24}$ $T = 2\sqrt{6} \cdot \sigma$ $= 4{,}8990 \cdot \sigma$	
Dreieck-verteilung		$\sigma^2 = \dfrac{T^2}{24}$ $T = 2\sqrt{6} \cdot \sigma$ $= 4{,}8990 \cdot \sigma$	Simulation einer Kleinserie
Normal-verteilung		$\sigma^2 = \dfrac{T^2}{36}$ $T = 2 \cdot 3 \cdot \sigma$ ausserhalb der Toleranz liegen 0,27 % der Teile	Simulation einer Großserie z. B. $\pm 3\sigma$ bei $C_{pk} = 1$

- Die zuvor schon gezeigte Gauß'sche Normalverteilung (s. Abb. 11.6) wird sich bei jeder Art von Serienfertigung (d. h. bei hinreichend großen Losen) einstellen.
- Eine Normalverteilung repräsentiert immer den Zufall, sie erfasst also keine systematischen Effekte.
- Bei einer Fertigung mit systematischen Einflussfaktoren (Werkzeugverschleiß, Änderung von Prozessparametern) stellt sich in der Regel eine Rechteckverteilung ein.
- Die Rechteckverteilung kann auch als Einhüllende mehrerer Normalverteilungen mit wanderndem Mittelwert interpretiert werden.
- Bei einer Kleinserienfertigung (< 50 Teile) tritt meistens eine Dreiecksverteilung auf, da bei kleinen Stückzahlen in der Regel überwacht auf Istmaß produziert wird.
- Die Trapezverteilung stellt sich real nicht ein, d. h., sie ist eine Simulationsverteilung für die Rechteckverteilung mit einer abgeschwächten Randbewertung.

Die gezeigte Toleranzabstimmung ist zwar sehr wirtschaftlich, erfordert aber auch einen größeren Aufwand. Eine ausführliche Darstellung findet man in /KLE 19/. Deshalb soll hier nur gezeigt werden, wie sich die arithmetische Schließtoleranz T_A durch die wahrscheinliche Schließtoleranz eingrenzen lässt.

Zur Eingrenzung dieser Werte muss man die folgenden Größen betrachten:
- Die arithmetische Schließtoleranz T_A ist stets erheblich größer als T_W. Sie beruht auf der ungünstigsten Annahme, dass alle Maße entweder das Grenzmaß G_o oder G_u haben.
- Die quadratische Schließtoleranz T_q basiert ausschließlich auf der Normalverteilung (d. h. alle Maße sind normalverteilt und $C_{pk} = 1{,}0$). Sie ist in der Praxis oft etwas kleiner als die Toleranz T_W. Die Berechnungen mit diesem Wert können also zu unsicher sein.
- Die quadratische Schließtoleranz T_q wird nach der DIN 7186 durch folgende Formel berechnet:

$$T_q = \sqrt{\sum T_i^2} \qquad (11.14)$$

und bestimmt sich aus dem Abweichungsfortpflanzungsgesetz

$$\frac{T_q}{6} \equiv \frac{T_{ges}}{6} = \sqrt{\frac{T_1^2}{36} + \frac{T_2^2}{36} + \cdots + \frac{T_n^2}{36}} = \frac{1}{6}\sqrt{T_1^2 + T_2^2 + \cdots + T_n^2}\,.$$

Die Rechteck-Schließtoleranz $T_r \equiv T_A$ ist in der Regel ebenfalls größer als T_W und liegt meist in der Größe von T_A.

Abbildung 11.7 zeigt, wie viel Prozent der Istmaße in Abhängigkeit von der Toleranzspanne im Gutbereich liegen.

11 Toleranzverknüpfung durch Maßketten

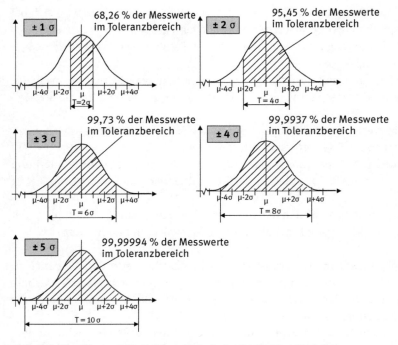

Abb. 11.7: Einschluss von Gutteilen unterhalb der Gauß'schen Verteilung

Mit den Streuungsangaben ist die so genannte Prozessfähigkeit /VDA 86/ direkt verknüpft. Es gilt der Zusammenhang:

$$C_{pk} = 1, \quad \text{entspricht } \pm 3\sigma$$
$$C_{pk} = 1{,}33, \quad \text{entspricht } \pm 4\sigma$$

und

$$C_{pk} = 1{,}67, \quad \text{entspricht } \pm 5\sigma$$

Die Automobilindustrie verlangt heute von ihren Zulieferanten überwiegend die Einhaltung von 4σ; zurzeit diskutiert man die Konsequenzen für eine Forderungserhöhung auf 6σ (s. hierzu /HAR 00/).

Beispiel zur statistischen Tolerierung

Anhand des im Kapitel 11.3.2 schon benutzten Beispiels soll in Abb. 11.8 ergänzend das Vorgehen nach dem Prinzip der statistischen Tolerierung gezeigt werden.

Man kann bei dieser Baugruppe aus einem Kfz-Getriebe annehmen, dass es sich um Serienbauteile handelt. Deshalb wird jedes Maß als normalverteilt angesetzt. Es wird weiterhin angenommen, dass jedes Einzelmaß im Bereich μ ± 3σ das Toleranzfeld nicht überschreitet.

11.5 Statistische Tolerierung

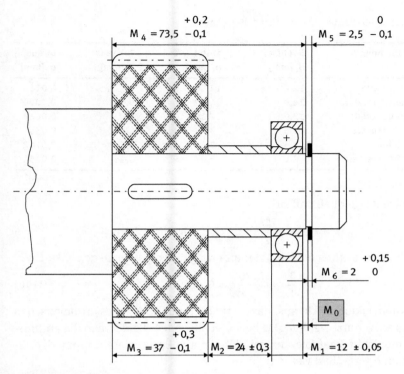

Abb. 11.8: Einbausituation in einem Getriebe

Die Standardabweichungen der Toleranzfelder berechnen sich in Tabelle 11.4 durch folgende Formel:

$$\sigma_i = \frac{T_i}{6}.$$

Da das Toleranzfeld durch den Bereich $\mu_i \pm 3\,\sigma_i$ abgegrenzt werden soll, erhält man eine Toleranzspanne von $6\sigma_i$. Für die Streuung des Schließmaßes erhält man so

$$\begin{aligned}\sigma_{ges} &= \sqrt{\sum \sigma_i^2}\\ &= \sqrt{0{,}0167^2 + 0{,}1000^2 + 0{,}0667^2 + 0{,}0500^2 + 0{,}0167^2 + 0{,}0250^2}\\ &= 0{,}1346\,\text{mm}\,.\end{aligned} \qquad (11.15)$$

Hieraus folgt die statistische Schließmaßtoleranz (ebenfalls für 6σ)

$$T_S = 6 \cdot \sigma_{ges} = 6 \cdot 0{,}1346 = 0{,}807\,\text{mm}\,.$$

Den Gesamtmittelwert bestimmt man analog zur Schließmaßgleichung

$$\begin{aligned}\mu_{ges} &= -\mu_1 - \mu_2 - \mu_3 + \mu_4 + \mu_5 - \mu_6\\ &= -12{,}00 - 24{,}00 - 37{,}10 + 73{,}55 + 2{,}45 - 2{,}075 = 0{,}825\,\text{mm}\,.\end{aligned}$$

Tab. 11.4: Maßgrößen für die statistische Toleranzberechnung

	Bezeichnung	Nennmaß N_i [mm]	Mittelwert μ_i [mm]	Toleranz T_i [mm]	Streuung σ_i [mm]
$-M_1$	Lagerbreite	12,0	12,00	0,1	0,0167
$-M_2$	Hülsenbreite	24,0	24,00	0,6	0,1000
$-M_3$	Zahnradbreite	37,0	37,10	0,4	0,0667
$+M_4$	Wellenabsatz	73,5	73,55	0,3	0,050
$+M_5$	Nutbreite	2,5	2,45	0,1	0,0167
$-M_6$	Sicherungsring	2,0	2,075	0,15	0,0250

Damit ergibt sich das Schließmaß zu[2]

$$M_0 = \mu_{ges} \pm \frac{T_S}{2} = 0,825 \pm 0,4 \text{ mm}.$$

Der Vergleich mit der arithmetischen Toleranz erfolgt über den *Reduktionsfaktor*

$$r = \frac{T_S}{T_A} = \frac{0,807}{1,65} = 0,489 . \qquad (11.16)$$

Diesen Reduktionsfaktor drückt aus, dass statistisch nur 48,9 % des arithmetischen Toleranzfeldes ausgenutzt werden. Das bedeutet aber auch: Behält man die arithmetisch berechnete Schließmaßtoleranz bei, können alle Einzeltoleranzen um den Erweiterungsfaktor **e** vergrößert werden:

$$e = \frac{1}{r} = \frac{T_A}{T_S} = 2,045 . \qquad (11.17)$$

Dadurch erhält man die folgenden neuen Toleranzen:

$$T_{i_{neu}} = 2,045 \cdot T_{i_{alt}},$$

$T_{2\,alt} = 0,6 \text{ mm}, \qquad T_{2\,neu} = 1,23 \text{ mm}$

$T_{3\,alt} = 0,4 \text{ mm}, \qquad T_{3\,neu} = 0,81 \text{ mm}$

$T_{4\,alt} = 0,3 \text{ mm}, \qquad T_{4\,neu} = 0,61 \text{ mm}$

$T_{5\,alt} = 0,1 \text{ mm}, \qquad T_{5\,neu} = 0,21 \text{ mm}$

Die Toleranzen für das Lager und den Sicherungsring können **nicht** durch statistische Tolerierung erweitert werden, da es sich hier um Normteile handelt.

Den Erweiterungsfaktor **e** benötigt man weiter auch zur Bestimmung des normalverteilten Höchst- und Mindestmaßes G_{oi} und G_{ui}, wenn einzelne Maße erweitert werden und die Abmaße beliebig (d. h. insbesondere unsymmetrisch) festgelegt werden sollen.

Abbildung 11.9 zeigt die Unterschiede in der Aufteilung der Toleranzpotenziale bei arithmetischer und statistischer Tolerierung.

---

[2] Anm.: Die Parallelitätstoleranzen sind in diesem Beispiel unberücksichtigt geblieben. Bei Toleranzabweichungen können natürlich auch die F+L-Toleranzen ermittelt werden.

11.5 Statistische Tolerierung

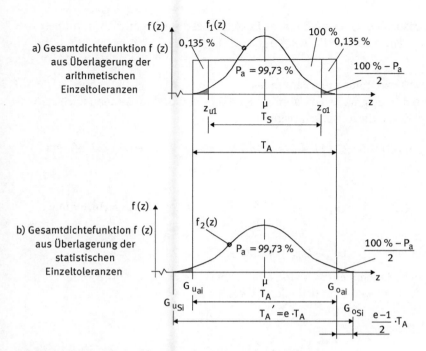

Abb. 11.9: Aufteilung der statistisch ermittelten Toleranzpotenziale

Es gilt dann für jedes neue Einzelmaß

$$G_{uSi} = G_{uai} - \frac{1}{2}(e - 1) \cdot T_{ai} \tag{11.18}$$

bzw.

$$G_{oSi} = G_{oai} + \frac{1}{2}(e - 1) \cdot T_{ai}. \tag{11.19}$$

Die alten Größt- und Kleinstmaße der Einzelmaße G_{oi} bzw. G_{ui} sind noch einmal in Tabelle 11.5 aufgelistet.

Tab. 11.5: Größt- und Kleinstmaße der ersten Auslegung

Maß-Nr:	Größtmaß G_{oi}/[mm]	Kleinstmaß G_{ui}/[mm]
1	12,05	11,95
2	24,30	23,70
3	37,30	36,90
4	73,70	73,40
5	2,50	2,40
6	2,15	2,00

Die statistischen Grenzmaße jedes Einzelmaßes bestimmen sich nun unter Anwendung der Formeln von Gl. (11.18) und (11.19).

Beispiel: Maßerweiterung des Zahnrades

Für die neuen Höchstmaße der Zahnradbreite G_{os3} und G_{us3} erhält man nach statistischer Erweiterung die folgenden Werte

$$G_{o_{s3}} = G_{o_{a3}} + 0.5 \cdot (e - 1) \cdot T_{a_3} = 37{,}3 + 0{,}5 \cdot (2{,}045 - 1) \cdot 0{,}4 = 37{,}50 \text{ mm}$$

und

$$G_{u_{s3}} = G_{u_{a3}} - 0.5 \cdot (e - 1) \cdot T_{a_3} = 36{,}9 - 0{,}5 \cdot (2{,}045 - 1) \cdot 0{,}4 = 36{,}69 \text{ mm}.$$

Daraus folgt

$$G_{o_{s3}} - G_{u_{s3}} = 37{,}50 - 36{,}69 = 0{,}81,$$

dies entspricht der vorstehend schon ermittelten Toleranz $T_{3\,neu} = 0{,}81$ mm.

Das Maß kann weiterhin neu toleriert werden zu

$$M_{3\,neu} = N_3 \begin{matrix} G_{o3} - N_3 + 0{,}50 \\ G_{u3} - N_3 \end{matrix} = 37 \begin{matrix} +0{,}50 \\ -0{,}31 \end{matrix}.$$

Zur Erinnerung: Es war vorher

$$M_{3\,alt} = 37 \begin{matrix} +0{,}3 \\ -0{,}1 \end{matrix} \text{ mm}.$$

Die Werte für die Normteile werden aus Tabelle 11.6 übernommen, da sie nicht durch die statistische Tolerierung erweitert werden können. Nach der Erweiterung ergeben sich die folgenden Maße, wobei teils auf glatte Grenzen gerundet wurde.

Tab. 11.6: Statistische Toleranzberechnung mit gerundeten Maßen

Statistisch:	Nennmaß	Größtmaß G_{oSi}/[mm]	Kleinstmaß G_{uSi}/[mm]	Toleranz T_i/[mm]
		Lager: Normteil		
1	12,0	12,05	11,95	0,1
2	24,0	24,61	23,39	1,22
3	37,0	37,50	36,69	0,81
4	73,5	73,85	73,25	0,6
5	2,5	2,55	2,35	0,2
		Nutring: Normteil		
6	2,4	2,4	2,35	0,05

Eine Kontrollrechnung mit den erweiterten Toleranzen und der Anwendung der quadratischen Tolerierung[3] ergibt:

$$T_{q_{erw}} = \sqrt{0{,}1^2 + 1{,}2^2 + 0{,}8^2 + 0{,}6^2 + 0{,}2^2 + 0{,}05^2} = 1{,}61\,\text{mm}$$

und für das Schließmaß

$$M_0 = \mu_{ges} \pm \frac{T_{q_{erw}}}{2} = 0{,}825 \pm 0{,}8\,\text{mm}.$$

Zum Vergleich hierzu ergab sich die **arithmetische** Toleranz zu

$$M_0 = 1{,}0 \begin{smallmatrix} +0{,}65 \\ -1{,}0 \end{smallmatrix}.$$

Zuvor wurde aus Vereinfachungsgründen die Parallelitätstoleranz des Zahnrades ($t_{P3} = 0{,}2$ mm) ausgeklammert. Im Nachgang soll jetzt die Wirkung dieser Formtoleranz abgeschätzt werden. Form- und Lagetoleranzen sind meist statistisch „betragsnormalverteilt", d. h. durch eine einseitig abgeschnittene „Normalverteilung (BNV1, s. /KLE 07/) charakterisiert. Die Gleichungen der BNV1 sollen nun direkt auf die Ursprungsdaten (siehe Abb. 11.3) angewandt werden:

$$\sigma_{NV} = \frac{t_{P3}}{3} = \frac{0{,}2}{3} = 0{,}0667\,,$$

$$\mu_{P3} = \frac{2 \cdot \sigma_{NV}}{\sqrt{2\pi}} = 0{,}05\,,$$

$$\sigma_{P3} \equiv \sigma_{BNV} = \sqrt{\left(1 - \frac{2}{\pi}\right)} \cdot \sigma_{NV} = 0{,}04\,.$$

Damit ergibt sich als neuer Mittelwert der Maßkette[4]

$$\hat{\mu} = \mu_{ges} + \frac{\mu_{P3}}{2} = 0{,}825\,\text{mm}$$

und als Gesamtstreuung

$$\hat{\sigma} = 0{,}14\,\text{mm}$$

bzw. das statistische Schließmaß zu

$$M_0 = \hat{\mu} \pm \frac{\hat{T}_S}{2} = \hat{\mu} \pm \frac{(6 \cdot \hat{\sigma})}{2} = 0{,}825 \pm 0{,}42\,\text{mm}\,.$$

Das Zahnrad lässt sich somit in allen Fällen montieren. Die Parallelitätstoleranz wirkt hier eher positiv.

---

[3] Anm.: Nach DIN 7186 kann die quadratische Tolerierung nur bei reiner Serienfertigung (d. h. alle Teile) angewandt werden. In diesem Fall muss jedes Einzelmaß normalverteilt sein. Die Norm gibt auch Hinweise darüber, wie statistische Maße in einer Zeichnung gekennzeichnet werden sollten.
[4] Anm.: Hierbei soll als halber Wert der verlange Stützpunkt des Zahnrades an der Wellenschulter berücksichtigt werden.

11.6 Untersuchung der Prozessfähigkeit

Die Prozessfähigkeit sagt aus, ob ein Prozess mit den vorgegebenen Qualitätsforderungen (s. DIN 55319-213) übereinstimmt. Die Untersuchung der Prozessfähigkeit erfolgt unter Anwendung mathematisch-statistischer Auswerteverfahren /REI 00/. Die Vorgabe für einen beherrschten Prozess liegt heute noch bei $\mu \pm 3\sigma$, erst bei Einhaltung dieser Streugrenzen gilt ein Prozess als fähig /GEI 94/, muss aber überwacht werden. Diese Streugrenzen geben an, dass mindestens 99,73 % aller Merkmalswerte innerhalb der vorgegebenen Toleranz liegen. (*Querverweis:* Im Zuge des *Total Quality Management* wird vermehrt auch schon die Forderung nach $\mu \pm 4\sigma$ gestellt (z. B. seitens „Ford of Europe" an deren Zulieferern). In diesem Fall müssen 99,994 % aller Merkmalswerte innerhalb der Toleranz liegen.)[5]

11.6.1 Relative Prozessstreubreite

Die relative Prozessstreubreite f_p sollte in der Regel nicht mehr als 75 % der Werkstücktoleranz bei qualitativen (messbaren) Qualitätsmerkmalen und nicht mehr als 75 % der vorgegebenen Qualitätsforderung bei quantitativen (zählbaren) Qualitätsmerkmalen betragen /BOS 91/. Quantitative Qualitätsmerkmale sind z. B. der Anteil der fehlerhaften Einheiten oder die Anzahl der Fehler pro Stichprobe.

Allgemein wird f_p durch die folgende Gleichung beschrieben:

$$f_p = \frac{\text{Prozessstreubereich}}{\text{Toleranz}}$$

und für die Forderung $\pm 3\sigma$ berechnet zu

$$f_p = \frac{6\sigma}{\text{OSG} - \text{USG}} \,. \tag{11.20}$$

Hierbei sind: **OSG** die obere Spezifikationsgrenze
und
USG die untere Spezifikationsgrenze.

11.6.2 Prozessfähigkeit

Die Prozessfähigkeit (*engl.: process capability*) C_p ist ein Maß für die Streuung des Fertigungsprozesses. Die Berechnung der Prozessfähigkeit für die Forderung $\pm 3\sigma$ erfolgt durch

$$C_p = \frac{\text{OSG} - \text{USG}}{6\hat{\sigma}} = \frac{1}{f_p} \,. \tag{11.21}$$

---

5 Anm.: In den USA gibt es seit 1996 die SIX-SIGMA-Bewegung, hiernach werden Gutteile zwischen $\pm 6 \cdot \sigma$ (= 99,9999998 %) verlangt.

$\hat{\sigma}$ ist der Schätzwert für die Standardabweichung der Momentanstreuung.
   Für $\hat{\sigma}$ werden die folgenden Größen eingesetzt:
- Für quantitative (zählbare) Qualitätsmerkmale gilt
   $\hat{\sigma} = \sigma_r$ ist der Schätzwert der Standardabweichung des Merkmalswertes nach der Spannweitenmethode,
- für qualitative (messbare) Merkmale gilt
   $\hat{\sigma}$ entspricht angenähert der Standardabweichung der Grundgesamtheit.
   Die Einzelstichprobengröße sollte hierbei nicht kleiner als 50 sein.

11.6.3 Prozessfähigkeitsindex

Mit dem Kennwert der Prozessfähigkeit C_p /DIE 96/ wird die grundsätzliche Fähigkeit des Prozesses beschrieben.

Der Prozessfähigkeitsindex (*engl.: process capability index*) C_{pk} berücksichtigt neben der Streuung des Fertigungsprozesses zusätzlich die Lage des Mittelwertes zu den Spezifikationsgrenzen. Bei der Bestimmung dieses Wertes wird also zusätzlich die Angabe der Fertigungslage mit einbezogen.

C_{pk} bewertet die Beherrschung eines Prozesses und ist deshalb anwendbar bei der Prozessfähigkeitsuntersuchung von Prozessen mit nicht nachstellbaren Merkmalen und bei Prozessen, deren Qualitätsmerkmale eine einseitige Begrenzung aufweisen. Dies sind z. B. alle qualitativen Qualitätsmerkmale sowie Planläufe, Rundläufe, Ebenheiten, usw.

Für die Forderung $\pm 3\sigma$ wird C_{pk} berechnet nach

$$C_{pk} = \frac{z_{krit}}{3\hat{\sigma}} . \qquad (11.22)$$

Hierbei ist z_{krit} der kritische Abstand des Gesamtmittelwertes zur Spezifikationsgrenze.
   Es gilt also:

$\Delta_{krit_1} = \mu - USG$,   sollte μ zur unteren Spezifikationsgrenze hin verschoben sein,

bzw.

$\Delta_{krit_2} = OSG - \mu$ bei Verschiebung von μ in Richtung der oberen Spezifikationsgrenze.

In Gl. (11.17) ist dann einzusetzen

$z_{krit} = \text{Min} \left| \Delta_{krit_1}, \Delta_{krit_2} \right|$.

11.6.4 Beurteilung der Prozessfähigkeit

Für die Beurteilung der Fähigkeit eines Prozesses gelten die folgenden Voraussetzungen /VDA 86/:
- Ein Prozess ist **fähig**, wenn folgende Bedingungen erfüllt sind:

$$f_p \leq 75\,\%,$$
$$C_p \geq 1{,}33\,\%$$

und

$$C_{pk} \geq 1{,}33\,.$$

- Ein Prozess ist **bedingt fähig**, wenn gilt:

$$1{,}33 > C_{pk} \geq 1{,}00\,.$$

In diesem Fall erfordert der Prozess eine entsprechende Überwachung und eine bessere Zentrierung. Dies ist nur zulässig bei quantitativen Qualitätsmerkmalen. In diesem Fall kann schon eine geringe Verschiebung des Mittelwertes dazu führen, dass der Prozess nicht mehr beherrschbar ist.
- Ein Prozess ist **nicht fähig** bei

$$C_{pk} < 1\,.$$

Ist $C_p > C_{pk}$, dann liegt der Mittelwert der Verteilung außerhalb der Toleranzmitte.

Ein Prozess, der fähig ist, muss aber nicht zwangsläufig auch beherrscht werden; ebenso gilt, ein beherrschter Prozess muss nicht unbedingt auch fähig sein. Ziel muss es jedoch sein, einen fähigen Prozess auch zu beherrschen.

11.6.5 Interpretation der Fähigkeitskenngrößen

Das folgende Beispiel zeigt den Zusammenhang zwischen f_p, C_p und C_{pk}[6] und die Änderung der Werte bei Verschiebung des Mittelwertes in Richtung auf eine der Spezifikationsgrenzen.

An einer CNC-Säge werden Halbzeuge für St-Lagerstützen eines Regalsystems der Länge 500 mm abgesägt. Die zulässige Toleranz für die Weiterverarbeitung beträgt

---

6 Anm.:
$C_{pk} = 1{,}0$ ($\pm 3\sigma$) entspricht 99,73 % Gutteile
$C_{pk} = 1{,}33$ ($\pm 4\sigma$) entspricht 99,9937 % Gutteile
$C_{pk} = 1{,}67$ ($\pm 5\sigma$) entspricht 99,999943 % Gutteile
$C_{pk} = 2{,}0$ ($\pm 6\sigma$) entspricht 99,9999998 % Gutteile

±3 mm. Die Verteilung der Längenmaße entspricht einer Gauß'schen Normalverteilung. Man hat eine Standardabweichung von $\hat{\sigma} = 0{,}75$ ermittelt.

Bei *Verteilung I* liegt der Mittelwert der Längenmaße genau in der Mitte der Toleranzzone, bei *Verteilung II* ist er um 1,25 mm in Richtung der oberen Spezifikationsgrenze OSG verschoben.

Wie das folgende Beispiel zeigt, erfolgt durch Verschiebung des Mittelwertes eine Änderung des Prozessfähigkeitsindexes C_{pk}.

Die Kennwerte C_p und f_p werden davon nicht betroffen.

Bei diesem Beispiel wäre der Prozess also
- bei Verteilung I fähig,
- bei Verteilung II hingegen **nicht** fähig!

Verteilung I:

$$\mu = 500{,}00\text{ mm} \quad \hat{\sigma} = 0{,}75\text{ mm}$$

$$\text{USG} = 497{,}00\text{ mm}$$

$$\text{OSG} = 503{,}00\text{ mm}$$

$$f_p = \frac{6 \cdot \hat{\sigma}}{\text{OSG} - \text{USG}} = \frac{6 \cdot 0{,}75}{503 - 497} = 0{,}75 = \mathbf{75\,\%}$$

$$C_p = \frac{\text{OSG} - \text{USG}}{6 \cdot \hat{\sigma}} = \frac{1}{f_p} = \mathbf{1{,}33}$$

$$C_{pk} = \frac{z_{krit}}{3 \cdot \hat{\sigma}} = \frac{\text{OSG} - \mu}{3 \cdot \hat{\sigma}} = \frac{503 - 500}{3 \cdot 0{,}75} = \mathbf{1{,}33}$$

Verteilung II:

$$\mu = 501{,}25\text{ mm} \quad \hat{\sigma} = 0{,}75\text{ mm}$$

$$\text{USG} = 497{,}00\text{ mm}$$

$$\text{OSG} = 503{,}00\text{ mm}$$

$$f_p = \frac{6 \cdot \hat{\sigma}}{\text{OSG} - \text{USG}} = \frac{6 \cdot 0{,}75}{503 - 497} = 0{,}75 = \mathbf{75\,\%}$$

$$C_p = \frac{\text{OSG} - \text{USG}}{6 \cdot \hat{\sigma}} = \frac{1}{f_p} = \mathbf{1{,}33}$$

$$C_{pk} = \frac{z_{krit}}{3 \cdot \hat{\sigma}} = \frac{\text{OSG} - \mu}{3 \cdot \hat{\sigma}} = \frac{503 - 501{,}25}{3 \cdot 0{,}75} = \mathbf{0{,}78}$$

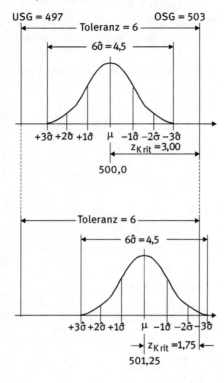

Abb. 11.10: Vergleich von f_p, C_p und C_{pk}

11.6.6 Überprüfung auf Prozessfähigkeit

Die Schließtoleranz M_0 des Beispiels aus Kapitel 11.5.1 besitzt die folgenden Parameter:

$$M_0 = \mu_{ges} \pm \frac{T_{q_{erw}}}{2} = 0{,}825 \pm 0{,}4 \;.$$

Hier soll nun überprüft werden, ob das Beispiel mit den ermittelten Toleranzen prozessfähig ist. Zunächst wird nach Gl. (11.17) die Prozessfähigkeit C_p bestimmt:

$$C_p = \frac{OSG - USG}{6\hat{\sigma}} \;.$$

Nach Kapitel 11.6.1 sollte die Streubreite nicht mehr als 75 % der Werkstücktoleranz betragen. Für eine Serienfertigung, wie im gezeigten Fall der Pkw-Schaltstufe, soll verschärfend nur 50 % des Toleranzfeldes als zulässig angesetzt werden. Damit ergibt sich eine zusätzliche Sicherheit.

Deshalb ergibt sich die obere Grenze des Streubereichs **OSG** zu

$$OSG = 0{,}825 + 0{,}4 = 1{,}225 \text{ mm} ;$$

die untere Grenze **USG** ist

$$USG = 0{,}825 - 0{,}4 = 0{,}425 \text{ mm} .$$

Da es sich um quantitative Messwerte handelt, entspricht $\hat{\sigma}$ hier der Standardabweichung σ. Nach Gl. (11.12) folgt

$$\sigma = 0{,}1346 \text{ mm} .$$

Deshalb ergibt sich für die Prozessfähigkeit:

$$C_p = \frac{1{,}225 - 0{,}425}{0{,}807} = 0{,}99 \approx 1{,}0 .$$

Da in diesem Fall der Mittelwert symmetrisch zu den Spezifikationsgrenzen liegt, gilt entsprechend für den Prozessfähigkeitsindex:

$$C_{pk} = C_p = 1{,}0 .$$

Demnach kann für die Prozessfähigkeit der Montage dieses Bauteils folgende Aussage getroffen werden:
- Ein Prozess gilt als fähig und beherrscht, wenn $C_{pk} \geq 1{,}33$ und $C_p \geq 1{,}33$ sind.
- Im vorliegenden Fall ist $C_p = C_{pk} = 1{,}0 < 1{,}33$.

Unter der verschärften Forderung des Automobilstandards (s. VDA-Richtlinien 4. Teil1 /VDA 96/) folgt daraus:

Der Prozess ist nur bedingt fähig! – Es ist somit eine Überwachung in der Serienfertigung erforderlich!

12 Festlegung und Interpretation von Form- und Lagetoleranzen

12.1 Festlegung von Form- und Lagetoleranzen

Im Weiteren soll beispielhaft gezeigt werden, wie Toleranzen in der Praxis /JOR 91b/ genutzt, interpretiert und festgelegt werden können. Zur Festlegung wird ein „Aktionsplan" mit elf Einzelschritten vorgeschlagen. Ein geübter Konstrukteur wird die hierzu gehörenden Inhalte intuitiv abarbeiten.

Für eine funktions-, fertigungs- und messgerechte Geometriebeschreibung von Bauteilen sollte stets Folgendes geklärt werden:

1. Welches **Tolerierungsprinzip** ist anzuwenden?
2. Welche Normen für **Allgemeintoleranzen** sollten genutzt werden?
3. **Welches** sind die wesentlichen **funktionswichtigen Geometrieelemente**?
4. **Worauf** kommt es bei diesen **funktionswichtigen Geometrieelementen** an?
5. Welche Geometrieelemente sollten als **Bezug** gewählt werden?
6. **Welche Lagetoleranzen** werden benötigt?
7. **Wie groß** sind die **Lagetoleranzen** festzusetzen?
8. **Wo** sind Einzeleintragungen von **Formtoleranzen** nötig?
9. **Welche Formtoleranzen** sind einzutragen?
10. **Wie groß** sollten die **Formtoleranzen** sein?
11. Kann eine **Material-Bedingung** ausgenutzt werden?

Wenn man in der Praxis diese Systematik verfolgt, wird am Ende regelmäßig eine richtige und vollständige Zeichnung stehen.

Als Praxisbeispiel für die Anwendung dieses Aktionsplans dient die Zeichnung eines Flügelbandteils zur Befestigung einer Badezimmerglastüre, welches von einem Unternehmen in Großserie hergestellt wird. Das Bauteil wird von einem Aluminiumprofil abgelängt, sämtliche Oberflächen werden dann spanend bearbeitet und einige Bohrungen zur Aufnahme von Passstiften und einer Gewindebohrung eingearbeitet.

Die umseitige Fertigungszeichnung scheint insofern auf den ersten Blick zweckgerecht und den Anforderungen gemäß bemaßt und toleriert zu sein. Der Konstrukteur hat versucht, die erforderlichen Geometrieanforderungen durch die Beschreibung der zulässigen Abweichungen für die Fertigung in einem „erklärenden Text" festzulegen. Da das Bauteil in Eigenfertigung hergestellt wurde, war diese Vorgehensweise der Fertigung geläufig.

Dieses Verfahren ist natürlich nicht normgerecht. Des Weiteren sind hier die Angaben bezüglich der möglichen Geometrieabweichungen auch nur scheinbar vollständig. Zukünftig soll das Teil aber in Fremdfertigung (z. B. auch im kostengünstigeren Ausland) gefertigt werden, somit ist eine neue, normgerechtere Zeichnung notwen-

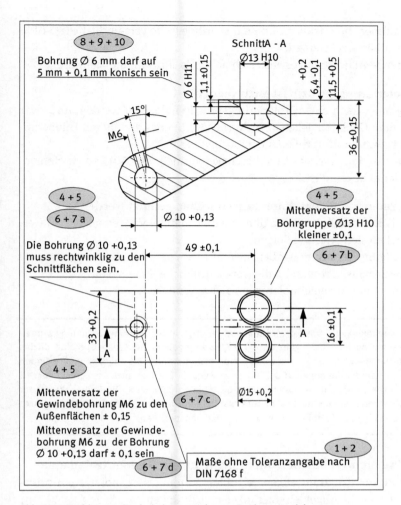

Abb. 12.1: Problempunkte bei einer gegebenen Fertigungszeichnung

dig. Die textlichen Beschreibungen müssen dabei in ISO-Standardsymbolik nach ISO 8015, ISO 14405 und ISO 1101 umgesetzt werden.

Abbildung. 12.1 zeigt die ursprüngliche Zeichnung des Teils, die in der gewachsenen Fertigungsorganisation so entstanden ist und auch verstanden wird. Nachfolgend in Abb. 12.2 die ergänzte Zeichnung mit Form- und Lagetoleranzen entsprechend der ISO 1101 wiedergegeben.

Die Ziffern in den grauen Ellipsen geben die einzelnen Schritte des vorstehenden Aktionsplans an. Dieser unterstützt somit eine systematische Arbeitsweise und wird Lücken in der Spezifikation eines Bauteils schließen.

Da das Bauteil bei verschiedenen Fremdunternehmen angefragt wurde und die ersten Rückläufe aus den Anfragen gezeigt haben, das es Probleme bei der Textinterpretation gibt, müssen die Angaben nunmehr schrittweise in verständliche ISO-GPS-Spezifikationen „übersetzt" werden.

Der vorstehende Aktionsplan erweist sich dabei als sinnvoll und zielführend.

1.) Welches Tolerierungsprinzip ist anzuwenden?
Jede Zeichnung muss nach einem Tolerierungsprinzip aufgebaut werden, und zwar entweder nach dem Unabhängigkeitsprinzip (ISO 8015) oder der älteren Hüllbedingung (DIN 7167 bzw. neu: Hüllprinzip nach ISO 14405).

Für Neukonstruktionen ist das Unabhängigkeitsprinzip **ISO 8015** zu empfehlen, weil es international bekannt ist.

2.) Welche Normen für Allgemeintoleranzen sollten genutzt werden?
Die werkstattübliche Genauigkeit kann über die Allgemeintoleranzen abgedeckt werden. Daraus ergeben sich folgende Fragen:
a) Welches Fertigungsverfahren wird angewandt?
b) Welche Toleranzklasse beschreibt die werkstattübliche Genauigkeit?
c) Ist die Funktion mit Allgemeintoleranzen sicher genug?

Beispiel (Fertigungsgenauigkeit): Das Teil wird **spanend** gefertigt. In der Ursprungszeichnung wurden die Allgemeintoleranzen noch nach der ganz alten **DIN 7168** angegeben. Dies ist ein Grenzfall, da das Teil bisher im Unternehmen hergestellt wurde, aber aus den im Kapitel 8.1 angegebenen Gründen nicht sinnvoll. Hier ist besser die neuere **ISO 2768** zu verwenden. Die Toleranzklasse „fein" der DIN 7168 für Maßtoleranzen entspricht der gleichen Angabe „f" in der ISO 2768. Die Toleranzklasse für Form- und Lagetoleranzen sollte dann „**H**" sein. **Hinweis:** Bei Neuzeichnungen ist zu prüfen, ob nicht auf die neue ISO 22081 (ggf. in Kombination mit DIN 2769) umgestellt werden kann.

3.) Welches sind die wesentlichen funktionswichtigen Geometrieelemente?
Nur für die wichtigsten Funktionselemente sollten Form- und Lagetoleranzen vorgesehen werden, welche die Allgemeintoleranzen einschränken.

Wenn nur wenige Toleranzen eingetragen sind, dann werden die wichtigen Formelemente auch sofort sichtbar.

4.) Worauf kommt es bei den funktionswichtigen Geometrieelementen an?
F+L-Toleranzen begrenzen alle Abweichungen von der geometrisch idealen Form und Lage. Insofern muss festgelegt werden, was funktionell noch unschädlich ist.

Beispiel (Wesentliche Funktionsanforderungen): Damit die Flügelbandteile während der Drehbewegung keine Störkontur verletzt, müssen die Seitenflächen parallel und die Bohrung, die den Scharnierbolzen aufnimmt, **rechtwinklig** zu den Seitenflächen sein.

Die **Position** der Bohrungen für den Gewindestift und die Klemmstifte zu den Bezugskanten sowie das **Lochbild** der Bohrungen zueinander müssen stimmen, da sonst die Bohrungen nicht mit dem Lochbild der Glastür übereinstimmen und daher die Montage unmöglich ist.

5.) Welche Geometrieelemente sollten als Bezug gewählt werden?

Aus dieser Fragestellung leiten sich weitere Teilfragen ab:
- Auf welche Geometrieelemente sollten die Lageabweichungen bezogen werden?
- Auf welchem Geometrieelement liegt das Bauteil bei der Fertigung auf?
- Auf welchem Geometrieelement liegt es bei der Prüfung auf?
- Müssen die Bezugselemente selbst auch toleriert werden?

Beispiel: Es ergibt sich etwa die folgende Fertigungsfolge:
Das Bauteil wird von einem Strangpressprofil abgelängt und die Seitenflächen werden plan gearbeitet.
Die beiden Seitenflächen müssen parallel zueinander sein. Das Teil wird auf einer Seitenfläche aufgelegt und die Bohrung ⌀10 wird rechtwinklig eingebracht. Danach wird das Teil über die Seitenflächen in eine Bohrlehre eingespannt. Es werden nacheinander die Gewindebohrung M6, die Bohrung ⌀6 H11, die Bohrung ⌀13 H10[1] und die Senkung ⌀15 eingebracht. Wichtig für die Bohrungen ist die Ausrichtung auf die Teilemitte.

6.) Welche Lagetoleranzen sind einzutragen?

Die Funktion eines Bauteils erfordert in der Regel eine bestimmte Ausrichtung der Geometrieelemente, daher ist festzulegen:
- Größe und Art der Lagetoleranzen, gegebenenfalls auch für die Bezugselemente.
- Sollten mehrere Bezugselemente vorhanden sein, muss ihre Lage zueinander toleriert werden. Es kann sein, dass auf Teileebene andere Bezüge als bei einzelnen Elementen benötigt werden.

Die Abschätzung der Größe der Lagetoleranzen der zu tolerierenden Elemente hat stets unter funktionellen Bedingungen zu erfolgen.

Beispiel: Zur Angabe der Lagetoleranzen muss man zuerst den Bezüge bestimmen. Der Primärbezug dieses Bauteils ist eine der Seitenflächen. Nach diesen Außenflächen wird die Bohrung ⌀10 ausgerichtet. Die Lage der beiden Bohrungen ⌀13 H10 ist ebenfalls von der Breite des Teils abhängig.
Das Gewinde M6 wird demgegenüber nach den Seitenflächen und dem Bezug C ausgerichtet. Dies ist ein Beispiel dafür, dass ein Geometrieelement einen anderen Primärbezug haben kann.

Aus der Buchstabenkennung kann man gewöhnlich *nicht* auf die Bedeutung der Bezüge rückschließen. In der Norm gibt es keine Festlegung, dass der Primärbezug mit „A", der Sekundärbezug mit „B" und der Tertiärbezug mit „C" festzulegen ist. Für einen Bezug kann somit ein beliebiger Buchstaben festgelegt werden.
Der Bezug erhält erst seinen Bedeutung durch die Reihenfolge im Toleranzindikator.

---

[1] Anm.: Falls eine Passung eingehalten werden soll, ist nach ISO 14405 eine Hülle zu vereinbaren.

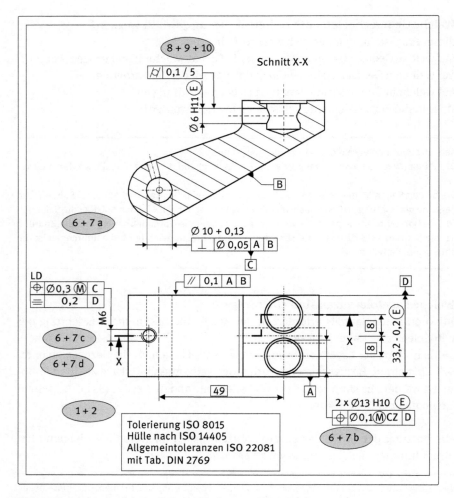

Abb. 12.2: Schritte zur normgerechten Tolerierung mit F+L-Toleranzen

7.) Wie groß sind die Lagetoleranzen festzusetzen?
Darüber kann man keine allgemein gültigen Aussagen treffen. Durch die Beantwortung der folgenden Fragen wird die Größe der Toleranzen eingegrenzt:
- Wie **klein** muss eine Toleranz sein, um die **Funktion zu sichern**?
- Wie **groß** muss eine Toleranz sein, damit sie **wirtschaftlich** und **prozesssicher gefertigt** werden kann?
  Sind die **Toleranzen überprüfbar**? Die Messfähigkeit muss um eine Größenordnung kleiner sein, als die Toleranz. Ist die Toleranz dann noch messbar?

Die Festsetzungen sollten mit der Fertigung abgesprochen werden. Anhaltspunkte für Form- und Lagetoleranzen findet man in den entsprechenden Allgemeintoleranzen. Die Funktionstoleranz wird jedoch gewöhnlich kleiner sein.

In der Praxis hat es sich als zweckmäßig erwiesen nicht nur streng „funktionsorientiert" zu tolerieren, sondern auch die Fertigungsmöglichkeiten und gegebenenfalls die Messmöglichkeiten im Auge zu haben. Im Extremfall kann dies mehrere Zeichnungen (Funktions-, Fertigungs- und Messzeichnung) erforderlich machen.

8.) Wo sind Einzeleintragungen zur Sicherung der Formgenauigkeit nötig?

Jedes funktionswichtige Geometrieelement sollte toleriert werden. Daraus ergeben sich folgende Unterfragen:
- Wo ist die *Hüllbedingung* vorzuschreiben (wenn ISO 8015 verwendet wird)?
- Genügt die *Hüllbedingung* für die Formtolerierung?
- Ist die *Formabweichung eines Bezugselementes* schon in der Hüllbedingung, der Allgemeintolerierung oder einer Lagetoleranz enthalten? Wenn nicht, muss am Bezugselement auch eine Formtoleranz eingetragen werden.

und
- Wo bestehen *zusätzliche Anforderungen* an die Form des Geometrielements?

9.) Welche Formtoleranzarten sind einzutragen?

Die Formtoleranzart ergibt sich aus den unter 8.) getroffenen Überlegungen.

10.) Wie groß sollten die Formtoleranzen sein?

Diese Frage kann nicht allgemein gültig beantwortet werden. Sie ergibt sich aus der Funktion der Geometrieelemente. Als Richtlinie kann in etwa angenommen werden, dass die Toleranzzonen eines Maßes, eines Bezugs und einer F+L-Toleranz in einer abgestimmten Größenordnung liegen sollen. Hier geben jeweils die Normen für die Allgemeintoleranzen ISO 2768, Teil 2 sinnvolle Größenordnungen an. Insbesondere für Bezugselemente gilt, dass die Toleranz nicht größer als die angesprochene Lagetoleranz sein sollte.

Beispiel: Die Punkte 8.), 9.) und 10.) können nicht getrennt voneinander betrachtet werden. Im Beispiel wird die Bohrung ⌀**6 H11** formtoleriert. Es wird eine Angabe zur Zylindrizität gemacht.

11.) Kann eine Materialbedingung ausgenutzt werden?

In diesem letzten Schritt sollte abschließend überlegt werden, ob eine der Materialbedingungen genutzt werden kann. Es sind dies die
- **Maximum-Material-Bedingung**
  Für größere Fertigungstoleranzen und unbedingt erforderlich zur Prüfung mit starrer Lehre

- **Minimum-Material-Bedingung**
  Zur Sicherung einer Mindestbearbeitungszugabe oder Mindestwanddicke
  oder die
- **Reziprozitätsbedingung** zusätzlich zur Erweiterung der Toleranzen (Toleranzpool) und zur Vereinfachung der Prüfung

---

Beispiel: Man sollte zur Prüfung der Position der Bohrungen die Maximum-Material-Bedingung verwenden, um eine Prüfung mit starrer Lehre zu ermöglichen.

In der Praxis zeigt sich, dass eine Materialbedingung die Herstellkosten senkt und die Montage vereinfachen kann.

12.2 Interpretation von Toleranzangaben

Oft ist für die Fertigung und Prüfung nicht klar, was eine eingetragene Toleranz bedeuten und bewirken soll. Deshalb werden im Folgenden *sieben Schritte* angegeben, mit denen die Bedeutung der Toleranzen transparent gemacht werden kann:

1.) **Welche Toleranzart** liegt vor?
2.) **Welches Geometrieelement** ist toleriert?
3.) **Wo** sind die **Bezüge**?
4.) **Wie** ist die **Gestalt der Toleranzzone**?
5.) **Wie** ist die **Toleranzzone festgelegt**?
6.) **Welche extremen Formen + Lagen** kann das Formelement einnehmen?
7.) **Überlagern sich mehrere Toleranzen**, sodass eine davon überflüssig wird?

Das hier verwendete Beispiel (s. Abb. 12.3) ist die Zeichnung eines Radnabengehäuses. Dieses Bauteil ist Teil einer Lkw-Hinterachse und überträgt das Antriebsmoment bzw. zentriert das Rad. Beachte: Für die Zeichnung soll das neue Hüllprinzip nach ISO 14405 gelten, obwohl es sich um eine ältere Zeichnung handelt.

Die Zentrierung erfolgt durch den Bunddurchmesser ⌀180h7. Die Bohrung ⌀80JS6 nimmt ein Wälzlager auf, das als Festlager dient. Dieses Wälzlager wird durch einen zweiten Deckel an die linke Bundfläche der Lagerbohrung gedrückt.

In der Regel ist das Nabengehäuse ein Formteil, welches durch spanende Bearbeitung fertiggestellt wird. Wichtig ist dabei, dass die durch Schwärzung kenntlich gemachten Funktionsflächen möglichst genau sind. Die Formgenauigkeit der Passflächen wird durch Passungen mit Hülle gewährleistet.

In der Regel ist das Nabengehäuse ein Formteil, welches durch spanende Bearbeitung fertiggestellt wird. Wichtig ist dabei, dass die durch Schwärzung kenntlich gemachten Funktionsflächen möglichst genau sind. Die Formgenauigkeit der Passflächen wird durch Passungen mit Hülle gewährleistet.

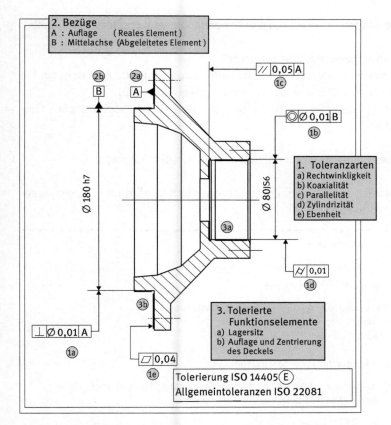

Abb. 12.3: Interpretation von eingetragenen Toleranzen am Beispiel einer Radnabe

Die folgenden Schritte dienen der Analyse der vorhandenen Toleranzen und deren Funktionen.

1.) Welche Toleranzart liegt vor?
Die Symbolik der zu tolerierenden Eigenschaften ist in der ISO 1101 festgelegt. Diese Norm gibt auch eine ausführliche Übersicht über die Eintragung und deren Deutung als Toleranzzone. Alle erforderlichen Informationen können eindeutig aus der Symbolik im Toleranzindikator entnommen werden.

Beispiel: Es sind die folgenden Form- und Lagetoleranzarten genutzt worden:

Die Lagetoleranzen
a) Rechtwinkligkeit
b) Koaxialität
c) Parallelität
und die Formtoleranzen
d) Zylindrizität
e) Ebenheit.

Im zweiten Schritt werden die für die Lagetoleranzen notwendigen Bezüge betrachtet.

2.) Welches Geometrieelement ist toleriert?

Die Geometrieelemente, an denen besondere Anforderungen gestellt werden, sind in der Regel toleriert. An der Stellung des Toleranzpfeils erkennt man
- ein reales Geometrieelement (z. B. Fläche oder Kante heißen auch integrale Geometrieelemente)

oder
- ein abgeleitetes Geometrieelement (z. B. Achse oder Mittelebene).

Für Geometrieelemente ohne besondere Funktionsanforderung können Allgemeintoleranzen vorgesehen werden.

Beispiel: Die Funktionselemente sind
a) Lagersitz
und
b) Auflage und Passung des Deckels toleriert.

Der Lagersitz besteht aus folgenden tolerierten Geometrieelementen:
- **Mittelachse** des Lagersitzes,
- **Ebene** der **Bundfläche**

und
- **Mantelfläche und Kreisdurchmesser** der Lagerbohrung.

Die Lagetoleranzen sind im Bezug auf die Mittelachse der Zentrierung (Bezug **A**) angegeben:
- die Toleranz der Koaxialität der Mittelachse des Lagersitzes

und
- die Ebenheit der Bundfläche.

Die Zylindrizität der Lagerbohrung hat als Formtoleranz keinen Bezug.

Die Koaxialitätstoleranz dient zur Sicherstellung der richtigen Lage der Welle zum Getriebe; die Ebenheit der Bundfläche stellt sicher, dass das Lager rechtwinklig zur Auflagefläche **A** liegt, wenn es durch den Deckel festgestellt wird. Der Wälzlagersitz erfordert nach DIN 5425 eine zusätzliche Einschränkung der Zylinderform.

Die Auflage und Passung des Deckels bestehen aus folgenden Geometrieelementen:
- **Mittelachse** der Zentrierung,
- **Ebene** der Auflagefläche.

Die Rechtwinkligkeit der Mittelachse ist im Bezug **A** zur Auflage toleriert.

Die Ebenheit benötigt als Formtoleranz keinen Bezug.

3.) Wo sind die Bezüge?

Alle Lagetoleranzen benötigen einen eindeutigen Bezug.

Die Bezüge erkennt man an der Stellung der Bezugsbuchstaben im Toleranzrahmen und am Bezugsdreieck

- Bezug am realen Geometrieelement
- Bezug am abgeleiteten Element: Dann steht das Bezugsdreieck auf dem entsprechenden Maßpfeil

Wie ist die Reihenfolge der Bezüge? Hier wird betrachtet, welcher Bezug Primär-, Sekundär- oder Tertiärbezug ist und wie die Bezüge miteinander verknüpft sind.

Beispiel: Bei der Radnabe sind die Bezüge **A** und **B** angegeben.

A ist die Auflage des Deckels auf dem Getriebegehäuse. Dies ist eine Ringfläche und somit ein reales Element, welches zusätzlich in sich eben sein soll.

B ist die Mittelachse der Zentrierung. Dies ist ein abgeleitetes Element.

Die Bezüge sind miteinander durch die Rechtwinkligkeitstolerierung verknüpft.

4.) Gestalt der Toleranzzone

Jede Form- und Lagetoleranz ist durch eine Toleranzzone begrenzt. Die Toleranzzone entspricht dem tolerierten Geometrieelement und der Toleranzart:
- zwischen zwei Ebenen oder Linien,
- zylinderförmig gekennzeichnet durch das ⌀-Zeichen im Toleranzrahmen

oder
- ringförmig o. Ä. bei Rundheit, Zylinderform, Lauf.

Beispiel (Form der Toleranzzonen): Eine Toleranzzone zwischen zwei Ebenen besteht bei
- der Parallelität von Auflagen und Bundflächen

und
- der Ebenheit der Auflagefläche.

Eine zylinderförmige Toleranzzone besteht bei
- der Mittelachse der Zentrierung

und
- der Mittelachse Lagerbohrung.

5.) Wie ist die Toleranzzone festgelegt?

Die Lage der Toleranzzone ergibt sich aus den Bezügen und der Toleranzart:
- frei beweglich bei Formtoleranzen
- nur die Richtung festgelegt (Richtungstoleranzen)
- Ort und Richtung festgelegt (Ortstoleranzen)
- an eine Drehachse gebunden (Lauftoleranzen)
- gemeinsame Toleranzzone mehrerer Formelemente
- dann steht „CZ" im Toleranzindikator.

Beispiel: Interpretation von Toleranzzonen

Abbildung 12.4 zeigt das Bauteil mit Toleranzzonen und möglichen Grenzabweichungen. Der Richtungspfeil gibt beispielhaft an, in welche Richtungen die Toleranzzone *beweglich* ist. Dies sind die Freiheitsgrade der Toleranzart.

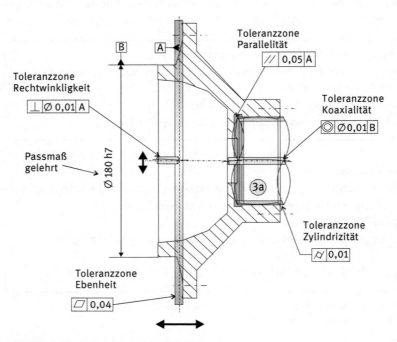

Abb. 12.4: Gehäusedeckel einer Lkw-Radnabe

Die Toleranzzonen der Formtoleranzen Ebenheit und Zylindrizität sind demnach frei beweglich, sie haben keine Bindung an einen Bezug. Ihre Toleranzzone ist verschiebbar und nicht an ein Maß gebunden. Der Ort und die Lage des Geometrieelementes werden nicht durch die Formtoleranz, sondern durch das Maß festgelegt.

Rechtwinkligkeit und Parallelität sind Richtungstoleranzen. Bei diesen ist also nur die Richtung festgelegt. Der Ort dieses Elementes wird durch die Angabe des Maßes festgelegt. Das bedeutet in diesem Fall für die Rechtwinkligkeit von Mittelachse der Zentrierung und Auflage des Gehäusedeckels, dass die Rechtwinkligkeit der Achse nicht mehr als ⌀0,01 mm von der Auflageebene abweichen darf. Der Ort der Achse wird durch die Angabe des Maßes für die Zentrierung ⌀180h7 festgelegt.

Die Richtung der Parallelität wird durch die Ebene der Bundfläche A bestimmt, der Ort durch die Tiefe der Lagerbohrung.

Die Koaxialität ist eine Ortstoleranz. Sie ist also an Richtung und Ort gebunden. Die Richtung der Achse wird durch die Toleranz „⌀0,01 mm" angegeben, der Ort ist durch die Lage der Bezugsachse B bestimmt.

6.) Welche extremen Formen und Lagen kann das tolerierte Element einnehmen?

Die Grenzabweichungen von Geometrieelementen ergeben sich aus den Extremen der Toleranzzonen. Diesbezüglich findet man
- krumm, versetzt krumm, schief versetzt bei einer geradlinigen Toleranzzone,
- gleich dickförmig, elliptisch bei einer ringförmigen Toleranzzone

oder
- Überschreitung der Material-Bedingung Ⓜ oder Ⓛ.

Ihre Überprüfung erfolgt am besten mit einem Wenn-Dann-Satz, dabei beginnt man mit der beteiligten Maßtoleranz:

Prüfung: Wenn im Grenzfall die Funktion noch zu gewährleisten ist, dann müssen die folgenden Voraussetzungen gewährleistet sein.

Für jedes wichtige Geometrieelement ist diese Frage zu stellen und zu beantworten.
   Die Form der Grenzgestalten ergibt sich aus der Art der Fertigung (Kapitel 9.3.2). Die Funktion eines Bauteils kann z. B. nicht mehr gewährleistet sein, wenn die Grenzgestalt einer Fläche, die als Auflage dient, konkav ist.

7.) Überlagern sich mehrere Toleranzen, sodass eine evtl. überflüssig wird?

Einige Toleranzarten grenzen andere mit ein, bzw. die Hülle gibt eine Grenze für einzelne Toleranzen. Beispiele hierfür sind:
- Ebenheit in einer Rechtwinkligkeit enthalten
- Rundheit, Zylinderform in der Hüllbedingung
- Dies kann man durch Vorstellung bzw. Skizzieren der Toleranzzonen ermitteln.

12.3 Toleranzen und Kosten

12.3.1 Wirtschaftliche Toleranzen

Toleranzen werden in der Praxis mehr oder weniger aus Erfahrung festgelegt. Oft überwiegt der Funktionsgesichtspunkt, was meist zu einer übertriebenen Genauigkeit mit vielen negativen Konsequenzen (Maschinenungenauigkeit, Messmittelfähigkeit etc.) führt.
   Die Relation zwischen Fertigungskosten FK und Toleranzen T ist in etwa exponentiell. Je enger die Toleranz eines Maß- oder Geometrieelementes ist, desto höher sind in gewissen Grenzen die Kosten für seine Herstellung. Dieser Zusammenhang lässt sich vereinfacht durch die folgende Formel /WIT 01/ ausdrücken:

$$FK \approx A + B \cdot T^{-e} \quad \text{mit dem Toleranzexponenten e nach Spotts}. \tag{12.1}$$

Zwei charakteristische Toleranz-Kosten-Kurven zeigt das umseitige Abb. 12.5. Hierauf stützt sich auch die allgemeine Aussage: *Mit aufgeweiteten Toleranzen fallen die Fertigungskosten.* Diese Aussage gilt für einzelne Fertigungsschritte wie auch Montageoperationen.

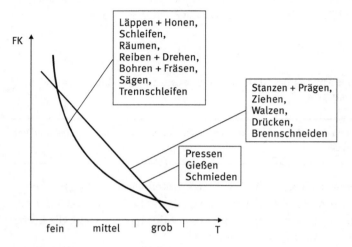

Abb. 12.5: Geglättete Toleranz-Kosten-Kurven

Das angegebene überproportionale Verhalten hat sich nach Untersuchungen der Firma ABB und General Electric jedoch nur bei spanenden Fertigungsverfahren von der Tendenz her bestätigt. Ur- und Umformverfahren verhalten sich dagegen weitestgehend linear.

Das Kostenverhalten bei spanenden Fertigungsverfahren ist sehr davon abhängig, ob der Toleranz bildende Prozess auf einer Oberflächenfeinbearbeitung (e ≤ 3,0) beruht oder durch abtragende Spanung (e ≥ 1,8 – 2,0) erfolgt. Weil dies übliche Prozesse in der Serienfertigung sind, wurde die Toleranz-Kosten-Gesetzmäßigkeit in der Vergangenheit von mehreren Unternehmen untersucht, sodass hierzu eigentlich viele Informationen vorliegen.

> **Leitregel 12.1: Toleranzeinengungen wirken exponentiell auf die Fertigungskosten**
>
> Toleranzen sind Kostentreiber für die Fertigung, Montage und Qualitätssicherung. Nach Gleichung (12.1) schlägt die Halbierung ($T_{neu} = \frac{1}{2} \cdot T_{alt}$) eines Toleranzfeldes quadratisch auf die Fertigungskosten durch:
>
> $$FK_{neu} = 4 FK_{alt} \approx A + 4 \cdot B \cdot T_{neu}^2 \,.$$

In der folgenden Tabelle 12.1 sind zu einigen Fertigungsverfahren Relativkosten in Abhängigkeit von den normalerweise erreichbaren Toleranzen aufgelistet.

Die Toleranzen resultieren aus Messreihen und repräsentieren daher einen Mittelwert.

12.3 Toleranzen und Kosten — 213

Tab. 12.1: Toleranzabhängige Relativkosten einiger spanender Fertigungsverfahren in der Kleinserie (nach Universität Toledo/Ohio)

Relativkostenfaktor	Fertigungsverfahren
25,0	Läppen, Honen
20,0	Rundschleifen, Feinbohren + Feindrehen
15,0	Räumen, Feinschleifen
12,0	Reiben
9,0	Ausbohren auf Bohrwerk
7,0	Drehen
5,0	Bohren, Hobeln
3,0	Fräsen
1,0	Sägen, Trennschneiden

(Toleranz in mm)

Die Relativkosten dieser spanenden Fertigungsverfahren sind auf Sägen und Trennschneiden sowie auf den Maschinenstundensatz bezogen, welche in dieser Kategorie die gröbsten Fertigungsverfahren darstellen.

Obwohl die kostentendenz zu genaueren Fertigungsverfahren zu erahnen war, ist die Auswertung auch ein direkter Beweis des zuvor in Gl. (12.1) aufgestellten Zusammenhangs.

Führt man die Systematik weiter und überträgt dies auf einige Umformverfahren, so bestätigt sich auch hier das vermutete Verhalten.

In der Tabelle 12.2 ist dies dargestellt, wobei Sägen/Trennschneiden weiter die Bezugsbasis ist.

Tab. 12.2: Toleranzabhängige Relativkosten einiger Umformverfahren in der Kleinserie (nach ABB)

Relativkostenfaktor (r_{Tol})	Fertigungsverfahren
3,7	Stanzen, Prägen
3,0	Ziehen
2,3	Walzen
1,5	Drücken, Kaltschlagen

(Toleranz in mm)

Als ein Phänomen zeigt sich, dass die toleranzabhängigen Fertigungskosten jeweils eines Umformverfahrens in sich proportional sind. Das heißt, für die Gl. (12.1) ist der Toleranzexponent e = 1,0. Ein exakt gleiches Verhalten konnte für die Urformverfahren (Pressen, Gießen, Schneiden) nachgewiesen werden.

> **Leitregel 12.2: Einfache Herstellverfahren erzeugen grobe Toleranzen**
> Bei der Maß- und Toleranzgestaltung können zwei Philosophien verfolgt werden.
> **Toleranzdesign:** Funktionssicherheit wird durch eine immer höhere Fertigungsgenauigkeit angestrebt. Dies führt zu immer aufwändigeren Prozessen.
> **Robust-Design:** Funktionssicherheit wird durch eine unempfindliche Mechanik erreicht. Dies ermöglicht gröbere Toleranzen und einfachere Prozesse.

Damit stellt sich auf die Frage: Welche Toleranzen sind in etwa bei den verschiedenen Fertigungsverfahren zu halten? Auch hierzu hat es mehrere Untersuchungen gegeben, aus denen die folgenden Anhaltswerte abgeleitet sind:
- grobe Fertigungsvorgänge ±0,50 mm bis ±0,70 mm,
- Fertigung auf Standardmaschinen ±0,10 mm bis ±0,20 mm,
- Feinbearbeitung auf NC-Maschine ±0,08 mm bis ±0,10 mm,
- Schleifen ±0,05 mm bis ±0,08 mm,
- Honen ±0,005 mm.

Diese Maßtoleranzen können aber nicht ausgeschöpft werden, weil erfahrungsgemäß die Hälfte eines Toleranzfeldes für die zwangsläufig auftretenden Geometrietoleranzen zu reservieren ist.

Die Größe der DIN-Toleranzfelder ist aus der Toleranzeinheit i abgeleitet:

$$i = 0{,}45 \sqrt[3]{D} + 0{,}001 \cdot D \quad \text{in } (\mu m) \,. \tag{12.2}$$

Hierin fließt mit $D = \sqrt{D_1 \cdot D_2}$ das geometrische Mittel der Grenzwerte D_1 und D_2 des Nennmaßbereichs ein. Mit der Toleranzeinheit wurden 20 IT-Klassen (IT 01, IT 0, IT 1-18) als Gütemaßstab gebildet. Auf jede IT-Klasse entfällt ein Toleranzfeld in Vielfaches der Toleranzeinheit.

Für verschiedene Anwendungen sind Bereiche für IT-Klassen festgelegt worden, welche sich folgendermaßen einordnen lassen:
- IT 01 ... 4   überwiegend für Messmittel und Lehren,
- IT 5 ... 11   allgemein für Passungen in der Fertigung des Maschinenbaus/Fahrzeugbaus und Feinmechanik,
- IT 12 ... 18 für grobe Funktionsanforderungen sowie in der spanlosen Formung (z. B. Walzwerkserzeugnisse, Schmiedeteile, Ziehteile).

Tab. 12.3: Bildung von Toleranzfeldern mit der Toleranzeinheit i nach DIN 7151

IT	5	6	7	8	9	10	11	12	13	14
T =	7 i	10 i	16 i	25 i	40 i	64 i	100 i	160 i	250 i	400 i

Die geläufigsten Fertigungsverfahren bewegen sich in den IT-Klassen 4–5 (Feinbearbeitung, Glattwalzen), 6 (Drehen, Fräsen, Hobeln) und 7–8 (Stanzen, Ziehen, Gießen).

Weiter besteht ein direkter Zusammenhang zwischen der Oberflächenqualität bzw. der Rauigkeit und den Formtoleranzen. Im Kapitel 14.1 ist schon darauf eingegangen worden, dass die Rauigkeit mit den Formtoleranzen abzustimmen ist und diese nicht größer sein sollte, um Oberflächeneffekte und damit Formveränderungen auszuschließen.

Die Tabelle 12.4 belegt den Zusammenhang zwischen den fertigungstechnischen Rauigkeiten und den hervorgerufenen Fertigungskosten. Bezugsbasis ist hier eine unbearbeitete GG-Gussoberfläche, welche in einer groben Fertigung entsteht.

Tab. 12.4: Oberflächenabhängige Relativkosten (nach GE)

Fertigungsverfahren	Rauigkeit Ra (µm)	Relativkostenfaktor r_{Ob}
Guss, unbearbeitet	12,7	1
grobe Bearbeitung (z. B. Schruppen)	6,5	3
normale Bearbeitung (z. B. Schlichten)	3,2	5
feinere Bearbeitung (z. B. Feinschlichten)	1,7	11
Schleifen	1,0	18
Feinschleifen, Honen	0,5	30

Über die Stufen grob, normal, fein und feinst erkennt man in den Relativkostenfaktoren wieder ein überproportionales Verhalten, da große Kostensprünge ermittelt wurden.

12.3.2 Kostengesetzmäßigkeit

Die detaillierte Abhängigkeit der Herstellkosten von den Toleranzen wurde am intensivsten bei den spanabhebenden Fertigungsverfahren untersucht. Man hat herausgefunden, dass die Toleranzkosten im Wesentlichen sehr stark abhängig sind von den folgenden Parametern:
– Maschine,
– Material,

- Bearbeitungsgeschwindigkeit,
- Länge, Durchmesser,
- Stückzahl,
- Werkzeugkosten,
- Umspannkosten,
- Prüfkosten

sowie
- Wartung, Inspektion.

In der Kostenrechnung werden die vorstehenden Parameter weitestgehend in der Maschinenstundensatz-Kalkulation berücksichtigt. Für Abschätzungen wird vielfach die Michael-Sidall-Funktion herangezogen:

$$FK_M = A \cdot T^{-e} \cdot \exp(-B \cdot T) \,, \qquad (12.3)$$

welche ebenfalls einen exponentiellen Verlauf ausweist. Eine Auswertung zeigt in der Tendenz eine große Ähnlichkeit zu Gl. (12.1).

In der Tabelle 12.5 ist eine beispielhafte Auswertung der Michael-Sidall-Funktion für ein Drehteil wiedergegeben, welches in einer Fertigungsstätte auf einer Drehmaschine hergestellt und kalkuliert wurde.

Tab. 12.5: Toleranz-Kostentabelle für Drehteile (100 < n < 1.000 Stück)

Toleranzabw. (mm)	Relativkosten r_{Tol}	Toleranzabw. (mm)	Relativkosten r_{Tol}
±0,025	14,50	±0,279	2,30
0,051	11,94	0,305	2,00
0,076	8,95	0,330	1,79
0,102	7,78	0,356	1,66
0,127	6,30	0,380	1,49
0,152	5,02	0,406	1,45
0,177	4,18	0,432	1,34
0,203	3,54	0,457	1,23
0,228	3,00	0,483	1,10
0,254	2,61	0,510	1,00

Die relativ krummen Werte ergeben sich aus der Umrechnung in das metrische System. Der Nutzen ist darin zu sehen, dass der Konstrukteur erkennt, welche Auswirkungen seine Toleranzfestlegungen oder -variationen auf die Fertigung haben und in welchen Toleranzbereichen man Funktionen abstimmten sollte.

12.3.3 Relativkosten-Katalog

Im Zusammenhang mit der Realisierung konstruktiver Lösungen durch fertigungstechnische Alternativen geben Relativkosten-Übersichten eine gute Orientierung. Die zuvor zusammengestellten Toleranz-Kosten-Relationen können nur für eine erste Einschätzung herangezogen werden. Für hinreichend sichere Betrachtungen müssen die Relationen an spezielle Unternehmensressourcen angepasst und verfeinert werden.

Viele Unternehmen versuchen durch Relativkosten-Kataloge die Fertigungs- und Montagekosten in einem frühen Stadium zu beeinflussen, in dem die Kostentreiber tendenziell aufgezeigt werden. Die DIN 32991 gibt Hinweise, wie ein Kosteninformationssystem aufgebaut werden kann. Diesem administrativen Aufwand steht als Nutzen gegenüber, dass die Gestaltung bzw. einzelne Gestaltungsdetails von Anfang an unter Kostengesichtspunkten festgelegt wird.

Die Abb. 12.6 gibt ein Relativkosten-Arbeitsblatt eines großen Herstellers von Turbinen wieder, die damit ihr Fertigungs-Know-how transparent machen. Nutznießer dieser Informationen sind der Entwicklungs- und Konstruktionsbereich sowie die Arbeitsvorbereitung. Durch deren Entscheidungen werden in 80 % der Herstellkosten eines Produktes festgelegt, die später nur noch zu 10 % beeinflusst werden können. Der Einfluss der Toleranzkosten in der Fertigung und Montage kann etwa 5–7 % der Herstellkosten betragen.

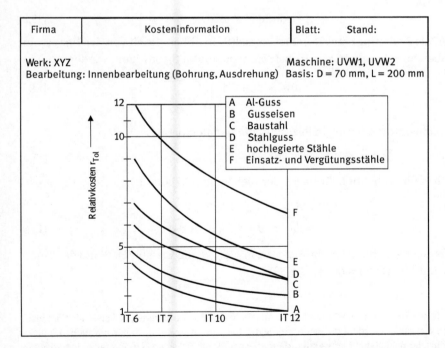

Abb. 12.6: Beispiel für die Gestaltung eines Relativkosten-Arbeitsblattes nach DIN 32991, T. 1

13 Temperaturproblematik bei Toleranzen

13.1 Ausdehnungsgesetz

Bei Toleranzen muss man die Temperaturabhängigkeit der verwendeten Materialien beachten, insbesondere bei Passungen aus unterschiedlichen Materialien und bei großen Temperaturänderungen, wie beispielsweise im Automobilbereich mit Differenzen von −20 °C bis +100 °C.

Die Längenänderung ΔL eines Längenmaßes L_0 bei einer Temperaturänderung $\Delta\vartheta$[1] wird durch eine lineare Beziehung beschrieben:

$$\Delta L = L_0 \cdot \alpha \cdot \Delta\vartheta . \qquad (13.1)$$

Hierbei ist **α** der lineare thermische Längenausdehnungskoeffizient. Als Beispiel /STA 96/ seien hier aufgeführt:
Stahl: $\alpha_{St} = 1{,}20 \cdot 10^{-5}\ [K^{-1}]$
Aluminium: $\alpha_{Al} = 2{,}38 \cdot 10^{-5}\ [K^{-1}]$
Kunststoff: $\alpha_K \approx 1{,}10 \cdot 10^{-4}\ [K^{-1}]$

Die Gl. (13.1) behält ihre Gültigkeit natürlich auch für Durchmessermaße. Sie lautet dann entsprechend

$$\Delta d = d_0 \cdot \alpha \cdot \Delta\vartheta . \qquad (13.2)$$

Nun soll die Änderung eines Durchmessers $d(\vartheta)$ in Abhängigkeit von der Temperatur gegenüber eines Durchmessers d_0 bei Nenntemperatur ϑ_0 bestimmt werden:

$$d(\vartheta) = d_0 + \Delta d(\Delta\vartheta) \qquad (13.3)$$

mit
$\Delta\vartheta$ Temperaturänderung in Bezug auf die Nenntemperatur

$$\Delta\vartheta = \vartheta - \vartheta_0 . \qquad (13.4)$$

Dadurch ergibt sich durch Einsetzen der Gleichung (13.2) in (13.3)

$$\begin{aligned} d(\vartheta) &= d_0 + d_0 \cdot \alpha \cdot (\vartheta - \vartheta_0) \\ &= d_0 \cdot \alpha \cdot \vartheta + d_0 \cdot (1 - \alpha\,\vartheta_0) . \end{aligned} \qquad (13.5)$$

Diese Geradengleichung hat die Steigung $m = d_0 \cdot \alpha$, die Variable ist ϑ und der Y-Achsenabschnitt beträgt $b = d_0 \cdot (1 - \alpha\,\vartheta_0)$.

---

[1] Anm.: In der Regel verwendet man für die Angabe von Temperaturwerten in Kelvin als Formelzeichen T. In diesem Fall wird für die Bezeichnung der Temperatur sowohl in Kelvin als auch in °Celsius der griechische Buchstabe ϑ verwendet, da in diesem Skript „T" schon für Toleranzfeld verwendet wird.

13.2 Temperaturabhängigkeit von Passmaßen

Betrachtet man nun die oberen und unteren Abmaße zu einem Nennmaß d(ϑ), so sind diese natürlich auch temperaturabhängig. Es gilt dann für das obere Abmaß **es** und das untere Abmaß **ei** einer Welle (bzw. ES und EI bei einer Bohrung) analog zu Gl. (13.5):

$$es(\vartheta) = es_0 + es_0 \cdot \alpha \cdot (\vartheta - \vartheta_0)$$
$$= es_0 \cdot \alpha \cdot \vartheta + es_0 \cdot (1 - \alpha\, \vartheta_0) \qquad (13.6)$$

und

$$ei(\vartheta) = ei_0 + ei_0 \cdot \alpha \cdot (\vartheta - \vartheta_0)$$
$$= ei_0 \cdot \alpha \cdot \vartheta + ei_0 \cdot (1 - \alpha\, \vartheta_0) \ . \qquad (13.7)$$

Hierbei sind es_0 und ei_0 die Abmaße bei Nenntemperatur ϑ_0.

Das Toleranzfeld T wird stets bestimmt durch

$$T = es - ei \ . \qquad (13.8)$$

In Abhängigkeit von der Temperatur ϑ ergibt es sich somit zu

$$T(\vartheta) = es(\vartheta) - ei(\vartheta)$$
$$= [es_0 \cdot \alpha \cdot \vartheta + es_0 \cdot (1 - \alpha\, \vartheta_0)] - [ei_0 \cdot \alpha \cdot \vartheta + ei_0 (1 - \alpha\, \vartheta_0)]$$
$$= [es_0 - ei_0] \cdot \alpha \cdot \vartheta + [es_0 - ei_0] \cdot (1 - \alpha\, \vartheta_0) \ .$$
$$= T_0 \cdot \alpha \cdot \vartheta + T_0 (1 - \alpha\, \vartheta_0) \qquad (13.9)$$

Aus dieser Gleichung ist direkt ersichtlich:

Das Toleranzfeld vergrößert sich linear mit zunehmender Temperatur.

Dieses macht man sich beispielsweise in der Praxis bei folgender Anwendung zunutze: Presspassungen werden oft zusammengefügt durch Erwärmen der Bohrung, bzw. Abkühlung der Welle (s. hierzu auch /TRU 97/).

13.3 Simulation an einer Spielpassung

Bei diesem Beispiel soll die Änderung des Mindestspiels bei einer Spielpassung zwischen der Paarung Aluminiumbohrung/Stahlwelle betrachtet werden. Dies könnte beispielsweise ein einfaches Schwenkhebellager in einem Getriebegehäuse sein, welches Schaltstellungen auslöst. Die Maße werden gemäß der umseitigen Zeichnung angenommen.

13 Temperaturproblematik bei Toleranzen

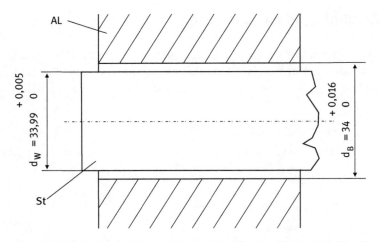

Abb. 13.1: Spielpassung bei einem Schwenkhebellager Al-Nabe mit Stahlwelle

Die Temperaturdehnungen dürfen einerseits nicht zu einem Klemmen des Mechanismus führen und andererseits sollte kein Ausschlagen des Lagers wegen zu großem Spiel auftreten.

Der Temperaturbereich dieses Falles erstreckt sich zwischen

$$\vartheta_1 = -15\,°C = 258{,}15\,K$$

und

$$\vartheta_1 = +60\,°C = 333{,}15\,K\,,$$

die Nenntemperatur sei

$$\vartheta_0 = +20\,°C = 293{,}15\,K \quad (0\,°C \equiv 273{,}15\,K)\,.$$

Zunächst wird das Mindestspiel M_0 bei ϑ_0 bestimmt. Es ergibt sich zu

$$M_0 = d_{Bu} - d_{Wo}$$
$$= 34{,}000\,mm - 33{,}995\,mm = 0{,}005\,mm\,.$$

Weiterhin ermittelt man die Abhängigkeit des Mindestspiels $M(\vartheta)$ von der Temperatur. Nach Gl. (13.7) gilt für die Bohrung in der Al-Wabe

$$\begin{aligned} d_{Bu}(\vartheta) &= d_{Bu}(\vartheta_0) + \Delta d_{Bu}(\Delta\vartheta) \\ &= d_{Bu}(\vartheta_0) + d_{Bu}(\vartheta_0) \cdot \alpha_{Al}\,(\vartheta - \vartheta_0) \\ &= d_{Bu}(\vartheta_0) \cdot [(1 - \alpha_{Al} \cdot \vartheta_0) + \alpha_{Al} \cdot \vartheta]\,. \end{aligned} \qquad (13.10)$$

Analog dazu gilt für die Welle

$$d_{Wo}(\vartheta) = d_{Wo}(\vartheta_0) \cdot [(1 - \alpha_{St} \cdot \vartheta_0) + \alpha_{St} \cdot \vartheta]\,. \qquad (13.11)$$

Das temperaturabhängige Mindestspiel M(ϑ) ergibt sich somit zu

$$M(\vartheta) = d_{Bu}(\vartheta) - d_{Wo}(\vartheta)$$
$$= d_{Bu}(\vartheta_0) \cdot [(1 - \alpha_{Al} \cdot \vartheta_0) - \alpha_{Al} \cdot \vartheta] - d_{Wo}(\vartheta_0) \cdot [(1 - \alpha_{St} \cdot \vartheta_0) + \alpha_{St} \cdot \vartheta] \quad . \quad (13.12)$$

Zur Veranschaulichung der Spielveränderlichkeit von der Temperatur bietet sich eine grafische Darstellung an. Dies zeigen beispielsweise die umseitigen Abbildungen 13.2 und 13.3.

Nach Gl. (13.10) galt für die beiden Durchmesser

$$d_{Bu}(\vartheta) = d_{Bu}(\vartheta_0) \cdot [(1 - \alpha_{Al} \cdot \vartheta_0) + \alpha_{Al} \cdot \vartheta]$$
$$d_{Wo}(\vartheta) = d_{Wo}(\vartheta_0) \cdot [(1 - \alpha_{St} \cdot \vartheta_0) + \alpha_{St} \cdot \vartheta]$$

mit

$$d_{Bu}(\vartheta_0) = 34{,}000 \text{ mm}$$
$$d_{Wo}(\vartheta_0) = 33{,}995 \text{ mm} \quad .$$

Mit diesen Werten erhält man die folgenden Geradengleichungen:

$$d_{Bu}(\vartheta) = 34{,}000 \text{ mm} \cdot \left[\left(1 - 2{,}38 \cdot 10^{-5} \text{ mm K}^{-1} \cdot 293{,}15 \text{ K}\right) + \cdot 2{,}38 \cdot 10^{-5} \text{ mm K}^{-1} \cdot \vartheta\right]$$
$$= 33{,}762 \text{ mm} + 0{,}8092 \cdot 10^{-3} \text{ mm K}^{-1} \cdot \vartheta$$

und

$$d_{Wo}(\vartheta) = 33{,}995 \text{ mm} \cdot \left[\left(1 - 1{,}20 \cdot 10^{-5} \text{ mm K}^{-1} \cdot 293{,}15 \text{ K}\right) + 1{,}20 \cdot 10^{-5} \text{ mm K}^{-1} \cdot \vartheta\right]$$
$$= 33{,}8754 \text{ mm} + 0{,}4079 \cdot 10^{-3} \text{ mm K}^{-1} \cdot \vartheta \quad .$$

Hiermit lassen sich die Extrema von d_{Bu} und d_{Wo} im vorgegebenen Temperaturbereich bestimmen.

Die Auswertung zeigt die folgende Tabelle:

Tab. 13.1: Abhängigkeit des Mindestspiels von der Temperatur

	ϑ/[K]	d_{Bu}/[mm]	d_{Wo}/[mm]	M_o/[mm]
min.	258,15	33,876	33,980	−0,104
Nenn.	293,15	34,000	33,995	0,005
max.	333,15	34,032	34,011	0,021

Die Diagramme zeigen demgemäß den kontinuierlichen Verlauf der Durchmesser und des Mindestspiels in Abhängigkeit von der Temperatur.

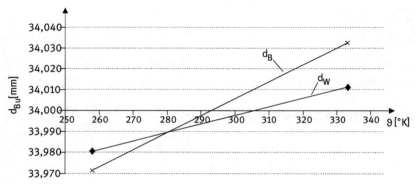

Abb. 13.2: Wellendurchmesser als Funktion der Temperatur

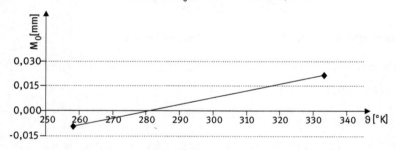

Abb. 13.3: Mindestspiel als Funktion der Temperatur

13.4 Grenztemperatur

Als wesentliche Aussage aus den Kurvenverläufen folgt, dass ab einer bestimmten Temperatur das Mindestspiel kleiner Null wird. Es ist also kein Spiel mehr vorhanden, vielmehr entsteht eine Pressung:

Hierdurch ist die Funktion dieses Verbundes unterhalb dieser Grenztemperatur nicht mehr gegeben!

Die Grenztemperatur, unter welcher die Passverbindung nicht mehr funktionsfähig ist, soll im Weiteren bestimmt werden.

Die Grenztemperatur ϑ_{Grenz} ist definiert durch das Schließmaß $M_0(\vartheta_{Grenz}) = 0$. In diesem Fall ist die Funktion gerade noch gewährleistet, d. h., die Welle kann gegenüber der Bohrung widerstandsfrei bewegt werden.

Da $M(\vartheta) = d_{Bu}(\vartheta) - d_{Wo}(\vartheta)$ (s. Gl. 13.12) ist, tritt dieser Fall ein, wenn $d_{Bu}(\vartheta) = d_{Wo}(\vartheta)$ ist.

Die Durchmesser d_{Bu} und d_{Wo} werden beschrieben durch

$$d_{Bu}(\vartheta) = 33{,}762\,\text{mm} + 0{,}8092 \cdot 10^{-3}\,\text{mm}\,\text{K}^{-1} \cdot \vartheta$$

und

$$d_{Wo}(\vartheta) = 33{,}8760\,\text{mm} + 0{,}4079 \cdot 10^{-3}\,\text{mm}\,\text{K}^{-1} \cdot \vartheta\,.$$

Daraus erhält man die Grenztemperatur durch Gleichsetzen und Umformen der Gleichungen nach ϑ:

$$\vartheta_{Grenz} = \frac{33{,}876 - 33{,}762}{0{,}8092 - 0{,}4079} \cdot 10^3\,\text{K} = 284{,}07\,\text{K}$$
$$\approx +11\,°\text{C}\,.$$

Probleme mit Temperaturwirkung erlangen im Maschinen- und Fahrzeugbau eine immer größere Bedeutung. Ursachen liegen in der zunehmenden Steigerung der Leistungsfähigkeit (höhere Drehzahlen = höhere Temperaturen), dem vermehrten Mischbau (z. B. St mit Al, Al mit Mg etc.) und Kunststoffeinsatz. Klemmen von Verbindungen ist dann meist mit Störungen verbunden, welche wieder kostenaufwändig beseitigt werden müssen.

14 Anforderungen an die Oberflächenbeschaffenheit

Zusätzlich zu den vorstehend behandelten Dimensions- und Geometrieabweichungen an Bauteilen treten bei allen Fertigungsverfahren noch Rauheiten, Welligkeiten und Strukturmuster (s. DIN 4760) sowie örtlich kleine Risse (s. DIN 4761) auf. Ergänzend sollen daher einige Anforderungen an technische Funktionsoberflächen (ISO 21920 bzw. ISO 25178) betrachtet werden.

14.1 Technische Oberflächen

Die Funktionstauglichkeit technischer Oberflächen, insbesondere auf dem Gebiet der mechanisch hoch beanspruchten Kontaktflächen (z. B. Pass-, Gleit- und Wälzlagerflächen) erfordert eine sorgfältige Abstimmung zwischen Toleranzen und Oberflächenbeschaffenheit. Zu diesem Problemfeld gibt es bis heute kaum wissenschaftlich abgesicherte Erkenntnisse, bekannt sind hingegen einige Erfahrungsregeln, die sich in der Praxis bewährt haben.

Ein allgemeines Prinzip der Bauteilauslegung sollte sein, dass alle Arten von Oberflächenunregelmäßigkeiten nicht dazu führen dürfen, dass sich bei Kontaktflächenberührungen größere dimensionelle Änderungen ergeben. Dies könnte durch Glättungseffekte mit plastischer Materialverdichtung eintreten. Meist hat dies erhöhtes Spiel überproportionalen Verschleiß zur Konsequenz.

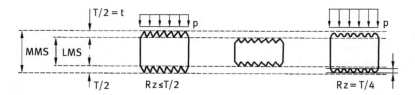

Abb. 14.1: Zusammenhang zwischen Maßtoleranz und größter Rautiefe (Rz) bei einer Passfläche

Im vorstehenden Abb. 14.1 ist versucht worden, den Zusammenhang zwischen Maßtoleranz und Rautiefe transparent zu machen. Hierbei ist die Faustregel nach /VDI 91/ verwandt worden, die für Oberflächen ohne Funktionsanforderungen eine gemittelte Rautiefe von Rz ≤ T/2 vorschlägt. Im Grenzfall Rz = T/2 kann es dann beim Kleinstmaß vorkommen, dass das Materialvolumen unterhalb der Minimum-Material-Grenze (LMS) liegt. Bei höheren Oberflächenbelastungen von Passflächen aus Pressung oder Verschleiß kann somit die Maßtoleranz unterschritten werden.

Bei sehr hohen Oberflächenbeanspruchungen sollte man daher Rautiefen im Bereich Rz ≤ T/4 wählen. Für einige technische Funktionsoberflächen gibt es die folgenden Empfehlungen:

- *Passflächen* sollten je nach spezifischer Oberflächenpressung zwischen Rz ≤ T/2 bis T/4 liegen und *Pressflächen* (s. DIN 7170) sollten etwa Rz ≤ T/3 einhalten.
- *Schmiergleitflächen* liegen meist im Mischreibungsgebiet. Für $h_0 \leq 2Rz$ gilt erhöhter Verschleiß- oder Fressgefahr. Für Flüssigkeitsreibung ist zu verlangen

$$h_0 \geq c \cdot [2 \cdot Rz + (Wt_1 + Wt_2)] \quad \text{mit Wt = Wellentiefe und } c = 1{,}1\text{--}1{,}2 \,.$$

Die Schmierfilmdicke bei hydrodynamischer Schmierung bestimmt sich zu

$$h_0 = \frac{d \cdot \psi}{2}(1-e)\,, \quad \text{mit } \psi = \frac{D-d}{d} \text{ (relatives Lagerspiel)}\,. \tag{14.1}$$

Meist werden Lager mit einem größeren Rz hergestellt und durch Einlaufen geglättet. Bei hoch belasteten Gleitlagerungen hat sich bewährt:

$$Rz = 1\,\mu m \quad \text{bei gehärteten Wellen}\,,$$
$$Rz = 3\,\mu m \quad \text{bei 3-Stofflagern}\,.$$

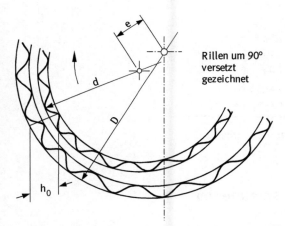

Abb. 14.2: Geometrie eines Lagerspaltes an der engsten Stelle bei rauen Oberflächen

- *EHD-Wälzkontakte* können mit einer „scheinbaren Oberflächenberührung" abgestimmt werden zu

$$h_{0\,min} = 1{,}0 \left[2 \cdot Rz + \sum Wt \right]\,. \tag{14.2}$$

- *Dynamisch beanspruchte Spannungsgrenzflächen* (d. h. Oberflächen unter Wechselbeanspruchung) haben großen Einfluss auf die Lebensdauer eines Bauteils. Erfahrungsgemäß sollte hier Rt/Rz ≤ 1,3[1] sein, wobei Rz ≤ T/4 im Regelfall einzuhalten ist. Falls Korrosion auftreten kann, ist Rz ≤ T/5 anzustreben.

---

[1] Anm.: Rt = Gesamthöhe eines Profils innerhalb der Gesamtmessstrecke, Rz = größte Höhe innerhalb einer Einzelmessstrecke, Ra = arithm. Mittelwert innerhalb einer Einzelmessstrecke

Neben diesen Werten stellt die nachfolgende Auflistung im Abb. 14.3 noch eine Vielzahl von Erfahrungswerten zur Verfügung, die sehr hilfreich bei der Festlegung von Oberflächenqualitäten sein können.

technische Oberflächen	größte Rautiefe Rz bzw. Rt
– Schneidflächen	2–3 µm
– Press- und Übergangspressflächen	1,5–6 µm
– Schrumpfpassflächen	10–20 µm
– Stützflächen	6–30 µm
– Messflächen	0,4–2,5 µm
– Haftflächen für Endmaße aus St	0,03–0,06 µm
– Dichtflächen ohne Dichtung	1,0–13 µm
– Dichtflächen mit	
a) bewegter Dichtung	1–6 µm
b) ruhender Dichtung	6–25 µm
– Spielpassflächen	3–17 µm
– Bremsflächen	15–18 µm
– Rollflächen	0,1–2,5 µm
– Wälzflächen	1–60 µm
– Stoßflächen	0,4–3 µm
– Spannungsgrenzenflächen	1,5–32 µm

Abb. 14.3: Bereiche für Rautiefen Rz bzw. Rt von Oberflächen

14.2 Herstellbare Oberflächenrauheiten

Weiterhin zeigt die umseitige Abb. 14.4 in einer Übersicht, welche Rautiefenspektren bei den gängigen Fertigungsverfahren überhaupt entstehen bzw. eingehalten werden können. Meist ist der Mittelbereich in den Verteilungen bei einer überwachten Fertigung gut zu halten.

Ähnliche Verhältnisse wie zwischen Rauheit (Rz bzw. Rt) und Maßtoleranz (T) können zwischen Rauheit und Formtoleranz (t) angegeben werden. Gewöhnlich wird es sich hier um Passflächen handeln, an die besondere Bedingungen gestellt werden. Die Abb. 14.5 ist insofern eine Ergänzung, es gibt einige Anhaltswerte aus der Praxis bezüglich der F+L-Toleranzen und der Rauheit wieder. Im Allgemeinen führt dies zu beherrschten Langzeiteigenschaften der Passungsflächen.

14.2 Herstellbare Oberflächenrauheiten — 227

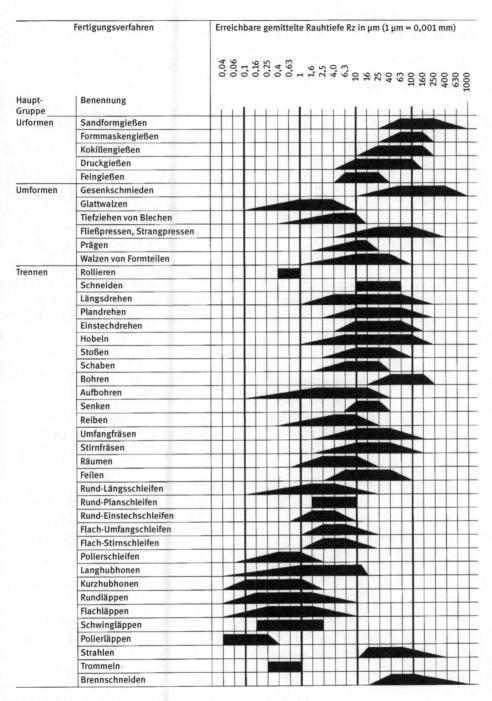

Abb. 14.4: Erreichbare Rautiefen bei geläufigen Fertigungsverfahren

Formeigenschaften	Relationen	Anforderungen an die Paarung	
		hoch	mittel
Passung		H7/g6	H8/F7 oder e8
Rundheits-/Maßtoleranz	$\dfrac{t_k}{T}$	0,1 … 0,2	0,25 … 0,5
Zylindrizitäts-/Maßtoleranz	$\dfrac{t_z}{T}$	0,2 … 0,4	0,5 … 1
Rauheit/Maßtoleranz	$\dfrac{R_z}{T}$	0,02 … 0,06	0,04 … 0,12
Rauheit/Rundheitstoleranz	$\dfrac{R_z}{t_k}$	0,1 … 0,25	
Rauheit/Zylindrizitätstoleranz	$\dfrac{R_z}{t_z}$	0,05 … 0,13	

Abb. 14.5: Anhaltswerte und Relationen von Maß-, Form- und Oberflächentoleranzen für zylindrische Gleitflächen

Ergänzende Informationen zu Passungen sind in der DIN EN ISO 286, T. 1 und 2 zu finden. Für die spezielle Abstimmung von Toleranzfeldern, Rauheiten und Funktionsanforderungen sollten einschlägige Fachbücher zur Auslegung von Maschinenelementen herangezogen werden.

14.3 Symbolik für die Oberflächenbeschaffenheit

Die Anforderungen an die Oberfläche von Bauteilen hat in technischen Zeichnungen (und auch in Auftragsdokumentationen) durch grafische Symbole und Kenngrößen nach der alten ISO 1302 (mittlerweile zurückgezogen), der neuen ISO 21920 oder der ISO 25178 zu erfolgen.

Mittels Kenngrößen werden alle Spezifikationen festgelegt, und zwar
- die Art des Oberflächenprofils (P = Primärprofil, R = Rauheitsprofil, W = Welligkeitsprofil)[2] in einem Schnitt,
- das Profilmerkmal,
- die geforderte Anzahl an Einzelmessstrecken

und
- Grenzen der Vorgaben.

Weiter wird die Oberflächenbearbeitung durch das einfache *R-Symbol* verschlüsselt. Die ISO-Normen unterscheiden hierbei, ob ein Profil (ISO 21920) oder Flächen von 3D-Körpern (ISO 25178) spezifiziert werden.

---

[2] Anm.: Das *Primärprofil* ist die in einer Tastschnittebene erfasste Ist-Oberfläche; mittels Filter wird hiervon das Welligkeits- und Rauheitsprofil abgeleitet.

14.3 Symbolik für die Oberflächenbeschaffenheit

Gemäß Abb. 14.6 besteht dies aus zwei geraden Linienzügen unterschiedlicher Länge, die etwa 60° geöffnet sind, neuerdings einen Querstrich haben und auf die zu charakterisierende Oberfläche zu richten ist. Auch wenn das Grundsymbol mit zusätzlichen ergänzenden Informationen angewendet wird, so ist noch keine Entscheidung über die Art der Oberflächenbearbeitung getroffen worden.

ISO 1302 / ISO 21920	Bedeutung
	Jedes Fertigungsverfahren ist zulässig
	Textangabe in Berichten oder Verträgen: APA (Any process allowed)
	Materialabtrag gefordert
	Textangabe in Berichten oder Verträgen: MRR (Material removal required)
	Materialabtrag unzulässig
	Textangabe in Berichten oder Verträgen: NMR (No material removed)

Abb. 14.6: „Vollständige" grafische Symbole nach alter ISO 1302 und neuer ISO 21920

Wenn eine vorgeschriebene Oberfläche durch Materialabtrag (z. B. mechanische Bearbeitung) gefordert wird, so muss das Grundsymbol um eine Querlinie erweitert werden. Im Anwendungsfall sind dann noch weitere Informationen anzufügen.

Soll hingegen ein Materialabtrag zum Erreichen einer bestimmten Oberfläche unzulässig sein, so ist dem Grundsymbol ein Kreis hinzuzufügen.

Ist eine Anforderung auf *alle* Oberflächen eines Bauteils auszudehnen, so wird vielfach das „Rundum-Symbol" als Flächenkennung, wie im Abb. 14.7 dargestellt, benutzt. Nach der neuen ISO-Norm ist das nicht mehr zu bevorzugen, weil die Rundum-Kennzeichnung nicht eindeutig ist. Zukünftig sollen die maßgeblichen Oberflächen

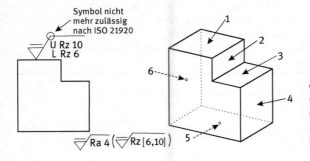

Abb. 14.7: Angabe einer Oberflächenanforderung auf die sechs Flächen eines Außenumrisses (vordere und hintere Fläche sind nicht erfasst) nach ISO 21920

gemäß ISO 21920 individuell gekennzeichnet werden. Hingegen wird die „Rundum-Spezifizierung" noch in der ISO 25178 verwandt.

In der Realität werden zur Oberflächencharakterisierung neben dem grafischen Symbol noch eine Anzahl weiterer Informationen notwendig sein. Die ISO-Norm und die VDA-Empfehlung bieten hierzu die im Abb. 14.8 beispielhaft dargestellten Möglichkeiten an.

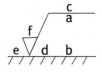

a = Oberflächenkenngröße und Zahlenwert (µm)
b = zweite Anforderung an die Oberfläche (µm)
c = Fertigungsverfahren
d = Angabe der Oberflächenrillen
e = Bearbeitungszugabe (mm)
f = vorgesehen für Flächenangabe (n. ISO 25178)

Abb. 14.8: Positionen für die Zusatzanforderungen nach der ISO 25178

Die aufgeführten Positionen sollen kurz definiert werden:

Pos. a: Hier werden einzelne Anforderungen an die Oberflächenbeschaffenheit angegeben. Einige beispielhafte Anordnungen zeigt Abb. 14.9.

Pos. a + b: Mit „Pos. a" ist die erste (obere) Anforderung und mit „Pos. b" die zweite (untere) Anforderung gegeben.

Pos. c: Bezeichnung des Fertigungsverfahrens, der Behandlung, Beschichtung oder anderer Anforderungen zur Herstellung der Oberfläche (z. B. gedreht, gewalzt, geschliffen)

Pos. d: Symbol für die zulässigen Oberflächenrillen und ihrer Ausrichtung

Pos. e: Zahlenwert (in mm) für die erforderliche Bearbeitungszugabe

Pos. f: ggf. Zusatzangabe für Fläche

Anordnungsbeispiele	Spezifikationen nach ISO 25178
1. 0,0025 – 0,8/Rz 6,5	Übertragungscharakteristik-Einzelmessstrecke/Oberflächenkenngröße mit Zahlenwert
2. –0,8/Rz 6,5	(fehlt) – Einzelmessstrecke/Oberflächenkenngröße mit Zahlenwert
3. 0,008 – 0,5/12/R 10	*Motivmethode*: Übertragungscharakteristik/Wert der Einzelmessstrecke (Wert 16 ist Standard)/ Oberflächenkenngröße mit Zahlenwert
	Motivmethode wird nur in der französischen Automobilindustrie verwendet

Abb. 14.9: Anforderungen an die Oberflächenbeschaffenheit gemäß Pos. a

14.3.1 Oberflächencharakterisierung

In der DIN EN ISO 4287 werden technische Oberflächen über ihr Profil quantitativ charakterisiert. Dazu werden alle bestimmenden Merkmale aus dem *Primärprofil* mittels eines Tastschnitts (s. Abb. 14.10) abgegriffen und in einem Messgerät verarbeitet. Das Messgerät erfasst das Primärprofil der Oberfläche (eindimensionale Messstrecken), aus dem mit speziellen Filtern das Welligkeits- und Rauheitsprofil abgetrennt werden muss. Die spezifischen Kenngrößen des Primärprofils (Pt) werden demgemäß aufgespalten in Welligkeits- (Wt) und Rauheitskenngrößen (Rt).

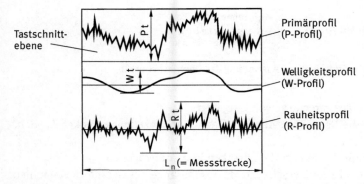

Abb. 14.10: Technische Oberfläche in einem Tastschnitt (senkrecht zur Oberfläche)

In der Norm werden die charakterisierenden Profile wie folgt definiert und mittels der Filter abgegrenzt:
- Das *Rauheitsprofil* wird vom Primärprofil durch *Abtrennen der langwelligen Profilanteile (Hochpassfilterung)* mit dem Profilfilter λc gewonnen, sodass nur die kurzwelligen Profilanteile als Rauheitsprofil zurückbleiben.
- Das *Welligkeitsprofil* wird vom Primärprofil durch *Abtrennen der kurzwelligen Profilanteile (Tiefpassfilterung)* mit den speziellen Profilfiltern λf oder λc gewonnen. Hierbei bleiben die kurzwelligen Profilanteile erhalten, wenn der Profilfilter λf angewandt wird, bzw. der langwellige Profilanteil bleibt erhalten, wenn der Profilfilter λc angewandt wird.

Als Messstrecke wird am Primärprofil entweder die Bearbeitungsrichtung oder eine Strecke quer zur Bearbeitung für die Auswertung und Beschreibung der Gestaltabweichung herangezogen.

Die abzugrenzende *Einzelmessstrecke* L_r für die Rauheit und L_w für die Welligkeit ist zahlenmäßig gleich der Grenzwellenlänge λc bzw. λf des Profilfilters (s. hierzu auch Abb. 14.14). Die Einzelmessstrecke L_p für das Primärprofil ist gleich der Messstrecke (= Länge des zu messenden Geometrieelementes). Aus Gründen einer besseren statistischen Absicherung der Messgrößen wird im Regelfall die Messstrecke L_n in mehrere Einzelmessstrecken aufgeteilt, wie in umseitiger Abb. 14.11 hervorgehoben. Der angedeutete Vor- und Nachlauf wird nicht berücksichtigt.

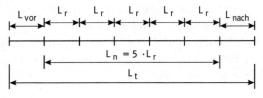

Legende:
L_t = Taststrecke
L_{vor}, L_{nach} = Vor- bzw. Nachlaufstrecke
L_r = Einzelmessstrecke
L_n = Mess strecke bzw. Gesamtmessstrecke

Abb. 14.11: Messtechnische Erfassung und Auswertung des Oberflächenprofils

Für jedes Profil ist die Messstrecke soweit festgelegt:
– Beim R-Profil ist die Regel-Messstrecke L_n aus *fünf* Einzelmessstrecken L_r, d. h. $L_n = 5 \cdot L_r$ zu bilden.
– Beim W-Profil ist die Anzahl an Messstrecken immer anzugeben.
– Beim P-Profil ist die Regel-Messstrecke als Gesamtlänge des Geometrieelementes definiert.

Wenn beim R-Profil von der Regelanzahl fünf bei den Einzelmessstrecken abgewichen werden soll, muss dies an der zugehörigen Kenngrößenbezeichnung angegeben werden, wie beispielsweise Rz8, Rp8 etc. (sofern eine Messstrecke aus acht Einzelmessstrecken gewünscht wird). Des Weiteren gibt es noch drei Möglichkeiten, wie die Spezifikationsgrenzen der Oberflächenbeschaffenheit anzugeben und zu interpretieren sind, und zwar nach der „Tmax-Regel, 16-%-Regel oder nach der Tmed-Regel":
– Die Tmax-Regel (Höchwert-Toleranzakzeptanzregel) ist jetzt international der Default-Fall, d. h., die Überschreitung der Toleranzgrenze eines Parameters ist nicht zulässig.
– Die T16%-Regel (alte Standardspezifikation) lässt die Überschreitung von 16 % der Messwerte eines Parameters zu:
 Akzeptierte Messergebnisse für einen Soll-Ist-Abgleich sind hiernach:
 – wenn der 1. Messwert 30 % unterhalb des Grenzwertes liegt,
 oder
 – die ersten drei Messwerte den Grenzwert nicht überschreiten bzw. von den ersten sechs Messwerten nur ein Messwert (d. h. 16 %) den Grenzwert überschreitet,
 oder

- von den ersten zwölf Messwerten nur zwei Messwerte (d. h. 16 %) den Grenzwert überschreiten.
- Die Tmed-Regel (Median-Toleranzakzeptanzregel=Ersatzmittelwert) legt fest, das der Medianwert aus allen Messwerten eines Parameters die Toleranzgrenze einhalten muss.

In der Abb. 14.12 sind zwei Beispiele für die textliche Spezifikation in der Produktdokumentation und für Zeichnungsangaben beispielhaft angegeben.

Textangabe in Dokument	Zeichnungsangabe	Spezifikation
MRR Rz [5,0;8,5] (MRR= Material Removal Required)	U Rz 8,5 / L Rz 5,0	festgelegte obere und untere Grenze der Oberflächenrauheit. Akzeptanzregel Tmax.
MRR L Ra3 T16 %	LRa 3/ T16%	Festgelegter unterer Wert. Akzeptanzregel T16 %.
MRR Rk 2 / -0,8	Rk 2/ -0,8	Kernprofil mit reduziertem Traganteil; Nesting-Index 0,8 für Gauß-Filter.

Abb. 14.12: Verschlüsselung von Rauheitsanforderungen

Darf aus funktionellen Gründen kein gemessener Wert den in der Zeichnung vorgegebenen Wert überschreiten, sollte gewöhnlich die „Höchstwert-Regel" angewendet werden. Dies wird durch den nachgestellten Zusatz „max" hervorgehoben. Durch mindestens drei Messungen in der kritischen Messstrecke ist die Einhaltung nachzuweisen.

14.3.2 Filter und Übertragungscharakteristik

Wie vorstehend schon erwähnt, müssen die an der Bauteiloberfläche ermittelten Messgrößen gefiltert werden. Zweck der Filterung ist die Trennung der Rauheit von den Welligkeiten und Formabweichungen. Welligkeit und Form sind nämlich nicht Bestandteil der Rauheit und dürfen somit nicht in das gemessene Rauheitsprofil mit eingehen. Des Weiteren müssen Filter die vorhandenen Grundschwingungen innerhalb der Messung möglichst vollständig unterdrücken.

In der alten DIN-Norm war noch der analoge 2-RC-Filter vereinbart. Vom Aufbau her verarbeitet dieser aber nur sinusförmige Schwingungen abbildungsgetreu. Da dies bei Oberflächenprofilen aber nicht der Regelfall ist, wurde in der neuen ISO-Norm der digitale Gauß-Filter als Standard festgeschrieben. Digitale Filter werden durch eine Software realisiert, die rein rechnerisch aus einer Welle hoch- und niederfrequente

Schwingungen trennt. Hierzu werden drei Filter mit unterschiedlichen Grenzwellenlängen und einer speziellen Übertragungscharakteristik nach ISO 11562 benutzt:

λs-Profilfilter: grenzen den Übergang von der Rauheit zu den Anteilen mit den noch kürzeren Wellenlängen, die auf der Oberfläche vorkommen, ab

λc-Profilfilter: definieren den Übergang von der Rauheit zur Welligkeit

λf-Profilfilter: grenzen den Übergang von der Welligkeit zu den Anteilen mit noch längeren Wellenlängen, die auf der Oberfläche vorkommen, ab

In Abb. 14.13 sind die zu den Übertragungscharakteristiken gegebenen Grenzwellenlängen der entsprechenden Filter dargestellt.

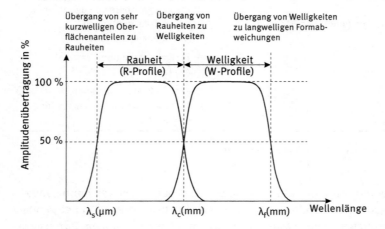

Abb. 14.13: Übertragungscharakteristika oder Bandbreiten für das Rauheits- und Welligkeitsprofil

Die digitalen Filter können bei bestimmten Grenzwellenlängen schon bei einer 50 %-Übertragung die Rauheit scharf von der Welligkeit separieren. Dies erfolgt durch den λs- und λc-Filter. Insbesondere ist es Zweck des λs-Filters, mit einer kurzen Nennwellenlängenbegrenzung die gemessene Rauheit nach unten zu begrenzen und somit dynamische Effekte des Messgerätes auszuschließen. Der Messbereich wird wesentlich durch die Tastnadelgeometrie, den elektrischen Geräteaufbau und den verarbeitbaren Digitalisierungsabstand beeinflusst. Praktisch sinnvolle Bandbreiten für das Rauheitsprofil sind somit nur im Zusammenhang mit den wirksamen Tastnadelradien zu sehen. Mit der gleichzeitigen Festlegung eines maximalen Messpunkteabstandes auf dem Profil (bezogen auf die Einzelmessstrecke L_r) entstehen die empfohlenen Übertragungscharakteristiken oder Bandbreiten (Verhältnis λc : λs). Der zahlenmäßige Wert der Einzelmessstrecke L_r in Millimeter entspricht dann dem Nennwert des Filters für die lange Wellenlänge λc der Rauheit. In Abb. 14.14 sind einige empfohlene Werte für eine Messung spezifiziert.

λc (mm)	λs (µm)	Bandbreite λc: λs	maximaler Tastnadel-radius (µm)	minimaler Profilpunkt-abstand (µm)
0,08	2,5	30	2	0,5
0,25	2,5	100	2	0,5
0,80	2,5	300	2	0,5
2,5	8	300	5	1,5
8,0	25	300	10	5

Abb. 14.14: Für Rauheitsmessungen empfohlene Spezifikationen

Die entsprechende Grenzwellenlänge (Cut-off genannt) legt die Empfindlichkeit des Filters fest. Alle weiteren Werte müssen geeignet gewählt werden. Die Grenzwellenlänge λc entspricht der Einzelmessstrecke L_r. Diese Einzelmessstrecke ist als $L_r = L_n/5$ über die Länge des Geometrieelementes vereinbart.

14.3.3 Definition der Oberflächenkenngrößen

In technischen Zeichnungen werden die Oberflächenvorgaben durch das „vollständige grafische Symbol" (s. noch einmal Abb. 14.8) mit Einzelanforderungen angegeben. Die Charakterisierung der Funktionsbedingungen erfolgt mit Kenngrößenkurzzeichen, wobei der vorausgehende Großbuchstabe (P, R, W) auf das entsprechende Profil verweist. In Abb. 14.15 ist ein gefiltertes Rauheitsprofil in einem Tastschnitt über die Messlänge dargestellt. Exemplarisch sollen hieran einige Kenngrößen markiert und definiert werden. Einzelheiten dazu findet man in der ISO 4287.

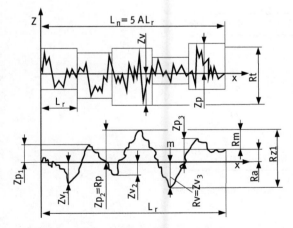

Abb. 14.15: Ermittlung von „Senkrecht-Kenngrößen" an einem Rauheitsprofil

Alle Kenngrößen werden von einer „Mittellinie" abgegriffen. Die Lage dieser Mittellinie wird beim Rauheitsprofil durch die kleinsten Abweichungsquadrate festgelegt. Als wesentliche geometrische Kenngrößen sind in der ISO 4287 festgelegt worden:

- *Profilelemente* werden durch eine Profilspitze und das benachbarte Profiltal begrenzt.
- *Profilspitze* (vom Material ins umgebende Medium) als ein aus dem gemessenen Profil herausragender Teil, der zwei benachbarte Schnittpunkte mit der x-Achse (d. h. Mittellinie) bildet.
- *Profiltal* (vom umgebenden Medium ins Material), als ein in das gemessene Profil hineinragender Teil, der zwei benachbarte Schnittpunkte mit der x-Achse bildet.
- *Messstrecke* L_n bezeichnet die Länge in x-Richtung, die für die Auswertung des Profils herangezogen wird.
- *Einzelmessstrecke* L_p, L_r, L_w bezeichnet die jeweilige Länge in x-Richtung, die für die Erkennung der Gestaltabweichung des auszuwertenden Profils herangezogen wird.
  Die Einzelmessstrecke für die Rauheit L_r und für die Welligkeit L_w ist betragsmäßig gleich der Grenzwellenlänge des Profilfilters λc beziehungsweise λf. Die Einzelmessstrecke für das Primärprofil L_p ist gleich der Messstrecke.
- *Ordinatenwert Z(x)* bezeichnet ganz allgemein die Höhe des gemessenen Profils an einer beliebigen Position.
- *Materiallänge des Profilelements ML(c) in der Schnitthöhe c* gibt die dann noch vorhandenen Traganteile eines Profils nach vorhergehendem abrasiven Verschleiß an.

Eine Zusammenstellung der definierten Größen zeigt noch einmal Abb. 14.16.

Grunddefinitionen	Benennung
Messstrecke	L_n
Einzelmessstrecke	L_p, L_r, L_w
Ordinatenwert	$Z(x)$
örtliche Profilsteigung	dZ/dx
Höhe der Profilspitze	Zp
Tiefe des Profiltals	Zv
Höhendifferenz des Profilelements	Zt
Breite des Profilelements	Xs
Materiallänge des Profils auf der Schnitthöhe c	ML(c)

Abb. 14.16: Grunddefinitionen von geometrischen Profilkenngrößen

Zur quantitativen Eingrenzung der realen Oberflächenausprägung werden *Kenngrößenkurzzeichen* benutzt, die sich in *Senkrecht- und Waagerechtkenngrößen* unterteilen lassen. Die wichtigsten Kenngrößen sollen nach DIN EN ISO 4287 kurz umrissen werden.

- Definitionen der Senkrechtkenngrößen (Amplitudenkenngrößen):
  - *Höhen der Profilspitzen* Zp_i bzw. größte Höhe einer Profilspitze $Zp_i \cong Rp$ oder Pp oder Wp innerhalb einer Einzelmessstrecke;
  - *Tiefen der Profiltäler* Zv_i bzw. größte Tiefe eines Profiltals $Zv_i \cong Rv$ oder Pv oder Wv innerhalb einer Einzelmessstrecke;
  - *größte Höhe des Profils Pz, Rz = Rp + Rv, Wz* als Summe aus der größten Profilspitze Zp und des tiefsten Profiltals Zv *innerhalb einer Einzelmessstrecke*;
  - *Gesamthöhe des Profils Pt, Rt, Wt* als Summe aus der Höhe der größten Profilspitze Zp und der Tiefe des größten Profiltales Zv innerhalb einer *Gesamtmessstrecke*.

  Da die Gesamtmessstrecke größer als die Einzelmessstrecke ist, treffen die folgende Relationen für jedes Profil zu:

  $$Pt \geq Pz, \quad Rt \geq Rz, \quad Wt \geq Wz.$$

  Im Regelfall ist Rt = Rz, es wird dann empfohlen, Rt anzugeben.
- *Mittelwert der Höhe der Profilelemente Zt* innerhalb einer Einzelmessstrecke:

$$Pc, Rc, Wc = \frac{1}{n} \sum_{i=1}^{n} Zt_i \quad \text{mit dem Regelfall } n = 5\,; \qquad (14.3)$$

- *arithmetischer Mittelwert* der Beträge der Ordinatenwerte Z(x) innerhalb einer Einzelmessstrecke:

$$Pa, Ra, Wa = \frac{1}{n} \sum_{i=1}^{n} |Z(x)|\,; \qquad (14.4)$$

- *quadratischer Mittelwert* der Ordinatenwerte Z(x) innerhalb einer Einzelmessstrecke:

$$Pq, Rq, Wq = \sqrt{\frac{1}{n} \sum_{i=1}^{n} |Z^2(x)|}\,; \qquad (14.5)$$

- *Schiefe des Profils* als Quotient aus der gemittelten dritten Potenz der Ordinatenwerte Z(x) und der jeweils dritten Potenz von Pq, Rq oder Wq innerhalb einer Einzelmessstrecke, z. B. für

$$Rsk = \frac{1}{Rq^3} \left[\frac{1}{n} \sum_{i=1}^{n} |Z^3(x)| \right]\,; \qquad (14.6)$$

- *Steilheit des Profils* als Quotient aus der gemittelten vierten Potenz der Ordinatenwerte Z(x) und der jeweiligen vierten Potenz von Pq, Rq oder Wq innerhalb einer Einzelmessstrecke, z. B. für

$$Rku = \frac{1}{Rq^4} \left[\frac{1}{n} \sum_{i=1}^{n} |Z^4(x)| \right]. \qquad (14.7)$$

- Definitionen der Waagerechtkenngrößen (Abstandskenngrößen)
  - *Mittlere Rillenbreite* des Profils als Mittelwert der Breite der Profilelemente Xs innerhalb einer Einzelmessstrecke:

$$\text{PSm, RSm, WSm} = \frac{1}{m} \sum_{i=1}^{m} Xs_i \, . \tag{14.8}$$

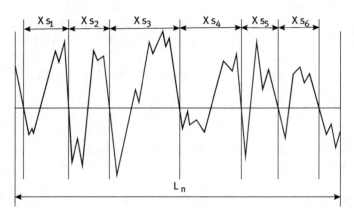

Abb. 14.17: Rillenbreite der Profilelemente

- Charakteristische Kurven und abgeleitete Kennwerte
  - *Materialanteil des Profils* als Quotient aus der Summe der Materiallängen aller Profilelemente ML(c) in der gewählten Schnitthöhe c über der gesamten Messstrecke:

$$\text{Pmr(c), Rmr(c), Wmr(c)} = \frac{ML(c)}{L_n} \, ; \tag{14.9}$$

  - *Materialanteilkurve* gibt den Materialanteil des Profils als Funktion der Schnitthöhe an. Diese Kurve resultiert aus der Summenhäufigkeitskurve der Ordinatenwerte Z(x) über die Länge der Messstrecke.

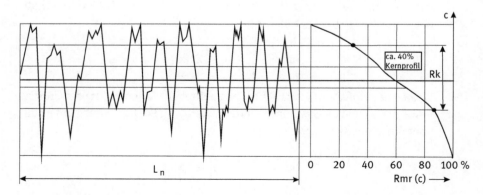

Abb. 14.18: Tragender Materialanteil eines Oberflächenprofils mit Traganteil

14.3 Symbolik für die Oberflächenbeschaffenheit — 239

Zur besseren Orientierung über alle ISO-Kenngrößen zeigt Abb. 14.19 noch eine Gesamtübersicht.

Im Allgemeinen wird empfohlen, eine technische Oberfläche durch einen Rz-Wert zu spezifizieren. Der vielfach angegebene Ra-Wert ist hingegen bezüglich der Funktionsfähigkeit nicht so aussagefähig.

Die VDA-Richtlinien 2005 gibt für viele Maschinenelemente und Funktionsflächen bewährte Richtgrößen an.

Kenngrößen	Benennung
Profile allgemein:	
Höhe der größten Profilspitze	Rp
Tiefe des größten Profiltales	Rv
größte Höhendifferenz des Profils	Rz
mittlere Höhe der Profilelemente	Rc
Gesamthöhe des Profils innerhalb der Messstrecke	Rt
Aperiodische Profile (Schleifen, Erodieren, etc.):	
größte Höhendifferenz des Profils	Rz
arithmetischer Mittelwert der Profilordinaten	Ra
quadratischer Mittelwert der Profilordinaten	Rq
Schiefe des Profils	Rsk
Steilheit des Profils	Rku
Periodische Profile (Drehen, Fräsen, Hobeln, etc.):	
mittlere Rillenbreite der Profilelemente	RSm
quadratischer Mittelwert der Profilordinaten	Rq
quadratischer Mittelwert der Profilsteigung	RΔq
Kernhöhe	Rk
Materialanteilkurve des Profils	Rmr(c)
Höhendifferenz zwischen zwei Schnittlinien	RSc
Materialanteil	Rmr

Abb. 14.19: Kenngrößen zur Oberflächenquantifizierung

14.3.4 Zeichnungsangaben für Oberflächen

Die vorstehend charakterisierten Kenngrößen und Definitionen sollen in der folgenden Abb. 14.20 an einigen Eintragungsbeispielen interpretiert werden.

Leitgedanke für den Konstrukteur muss es sein, die Oberflächenanforderung nicht unnötig zu verschärfen. Wie bei den Toleranzen gilt auch hier, dass die Bearbeitungskosten exponentiell mit einer Verkleinerung der Oberflächenrauheit ansteigen. Dies kann natürlich nicht heißen, gänzlich auf eine Oberflächenspezifizierung zu verzichten.

14 Anforderungen an die Oberflächenbeschaffenheit

Symbol	Erläuterung und Bedeutung
⌀/ Rz 5 T16%	Materialabtragende Bearbeitung ist unzulässig, R-Profil, Regelübertragungscharakteristik, einseitig vorgegebene obere Grenze, größte Rautiefe 5 μm innerhalb einer Einzelmessstrecke, Messstrecke aus 5 Einzelmessstrecken, „16-%-Regel"
⌀/ U Ra 3,2 L Ra 1,5	Materialabtragende Bearbeitung ist unzulässig, R-Profil, Regelübertragungscharakteristik, vorgegebene obere und untere Grenze, obere Grenze 3,2 μm, untere Grenze 1,5 μm, Messstrecke aus 5 Einzelmessstrecken, „16%-Regel"
∇/ Rzmax 6,5	Materialabtragende Bearbeitung ist verlangt, R-Profil, Regelübertragungscharakteristik, einseitig vorgegebene obere Grenze mit größter gemittelter Rautiefe 6,5 μm, Messstrecke aus 5 Einzelmessstrecken, „max-Regel"
∇/ Ra 2,5 / 0,0025 - 0,8	Materialabtragende Bearbeitung ist verlangt, R-Profil, Übertragungscharakteristik: 0,0025–0,8 mm (d. h. $\lambda s = 0{,}0025$, $\lambda c = L_r = 0{,}8$), einseitig vorgegebene obere Grenze, Mittenrauwert: 2,5 μm, Messstrecke aus 5 Einzelmessstrecken, „16%-Regel"
∇/ Ra 2,5 / - 0,8 - 3	Materialabtragende Bearbeitung ist verlangt, R-Profil, Übertragungscharakteristik: Einzelmessstrecke 0,8 mm (λs-Regelwert = 0,0025 mm), einseitig vorgegebene obere Grenze, Mittenrauwert: 2,5 μm, Messstrecke aus 3 Einzelmessstrecken, „16%-Regel"
∇/ Ptmax 20 / 0,008	Materialabtragende Bearbeitung ist verlangt, P-Profil, Übertragungscharakteristik: $\lambda s = 0{,}008$ mm, kein Langwellenfilter λc, einseitig vorgegebene obere Grenze für Profil-Gesamthöhe: 20 μm, Messstrecke gleich Werkstücklänge, „max-Regel"
∇/ Ramax 2 / 0,008	Bearbeitungsverfahren beliebig, R-Profil, einseitig vorgegebene obere Grenze mit gemittelter Rautiefe von 1,5 μm, Übertragungscharakteristik $\lambda s = 0{,}08$ mm
∇/ Ramax 3,0 / 0,008 - 4 Ra 1,5 / 0,008 - 4	Materialabtragende Bearbeitung st verlangt, R-Profil, Übertragungscharakteristik 0,008 bis 4 mm, vorgegebene obere Grenze Ra 1,5 μm, untere Grenze Ra 1,0 μm, Regelmessstrecke, „16%-Regel", Bearbeitungszugabe 0,7 mm, Oberflächenrillen rechtwinklig

Abb. 14.20: Eintragungsbeispiele für Anforderungen an die Oberfläche gemäß ISO 21920

Die ISO 21920 wurde als GPS-Norm extra dazu geschaffen, um Oberflächen spezifizieren zu können. Die Rauheit hat nämlich wesentliche Auswirkungen auf den Verschleiß, die Reibleistung und die Erwärmung, womit gegebenenfalls die Lebensdauer von Bauteilen und Systemen verkürzt wird.

Eine direkte Umrechnung von Rauheitswerten ist erfahrungsgemäß mit großen Streuungen behaftet, in der Praxis wird jedoch oft der Zusammenhang

$$Rz \approx (4-5) \cdot Ra \qquad (14.10)$$

benutzt. Die berechneten Zahlenwerte stimmen in etwa überein mit den messtechnisch ermittelten Größen.

Ergänzend sollen noch einige Vereinbarungen und Spezifizierungen zum Bearbeitungsverfahren erläutert werden.

Symbol	Erläuterung und Bedeutung
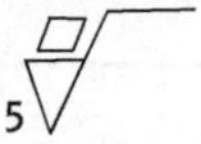 5	Bearbeitungszugabe 5 mm für die gekennzeichnete Oberfläche
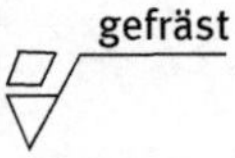 gefräst	Bearbeitungsangabe für die gekennzeichnete Oberfläche: Materialabtrag durch Fräsen
 M	Alle Bearbeitungsverfahren und mehrfache Richtungen der Oberflächenrillen sind zulässig.
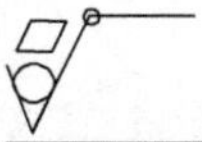	Die Oberflächenangabe (Materialabtrag unzulässig) gilt für den gesamten Außenumriss der Ansicht.

Abb. 14.21: Besondere Vereinbarungen zur Oberflächenbearbeitung gemäß ISO 25178 in der 3D-CAD-Körperspezifizierung

14.3.5 Zeichnungsangaben für Oberflächenrillen

Zum Problemkreis Oberflächen gehören auch die Oberflächenrillen. Rillen entstehen bei der Bearbeitung als Spuren der Werkzeugbewegung. Bei einer Feinbearbeitung werden diese weniger ausgeprägt sein, als bei einer Grobbearbeitung oder stark spanendem Abtrag.

Da für viele technische Funktionsflächen auch die Rillenstruktur maßgebend ist, können entsprechende Anforderungen nach Abb. 14.22 ebenfalls mit dem Oberflächensymbol vereinbart werden.

Symbol nach ISO 21920-1   Symbol nach ISO 25178-1

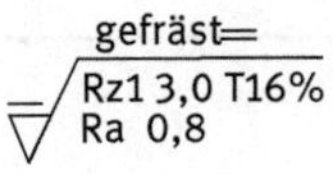

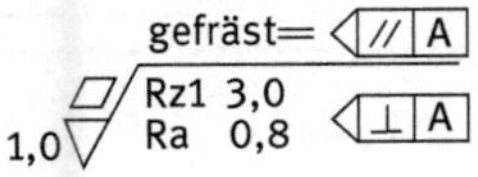

gefräst Rz1 3,0 T16% Ra 0,8

gefräst ⟨//|A⟩ Rz1 3,0 Ra 0,8 ⟨⊥|A⟩ 1,0

Abb. 14.22: Vereinbarung paralleler Rillenstruktur für eine Oberfläche

242 — 14 Anforderungen an die Oberflächenbeschaffenheit

Im Gegensatz zur Symboleintragung nach der alten ISO 1302, hat sich bei der ISO 21920 und ISO 25178 die örtliche Platzierung der Symbole geändert bzw. ist zusätzlich die Schnittrichtung für die Messung (mit A ist hierin eine Orientierungsebene) festzulegen. Die Angaben nach ISO 25178 sind nach der Norm hauptsächlich für die vollständige Oberflächenspezifizierung in 3D-CAD-Zeichnungen heranzuziehen.

Zum Zweck der besseren Interpretierbarkeit sind in der folgenden Aufstellung noch einige Eintragungsbeispiele für die ISO 21920 (Fertigungszeichnung für Profile) wiedergegeben. Gleichzeitig ist die zugehörige Definition schematisch sichtbar gemacht worden.

Symbole	Vereinbarung	Bedeutung/Eintragung
=	Rillen *parallel* zur Projektionsebene der Ansicht, auf die das Symbol weist	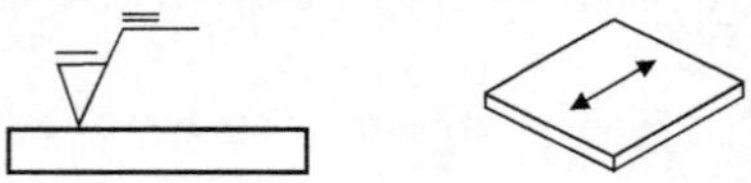
⊥	Rillen *rechtwinklig* zur Projektionsebene, auf die das Symbol weist	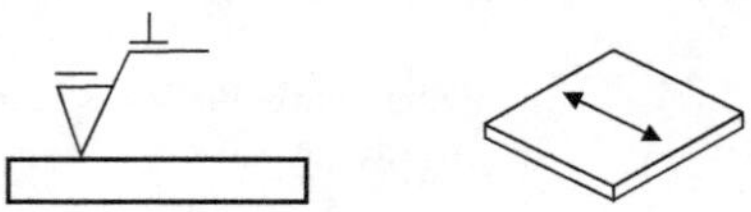
X	Rillen *gekreuzt* in zwei schrägen Richtungen zur Projektionsebene der Ansicht, auf die das Symbol weist	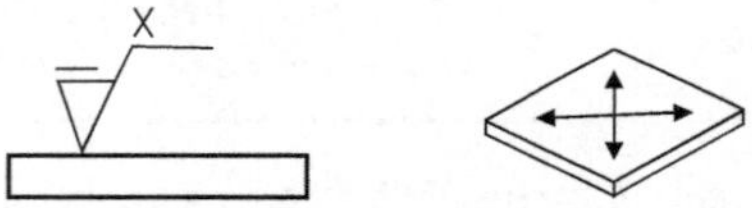
M	Rillen in *mehrfachen* Richtungen zur Projektionsebene der Ansicht, auf die das Symbol weist	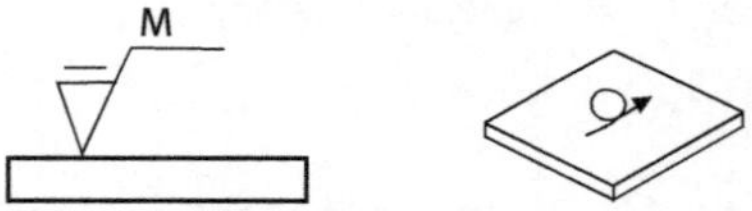
C	Rillen annähernd *konzentrisch* zur Mitte der Oberfläche, auf die das Symbol weist	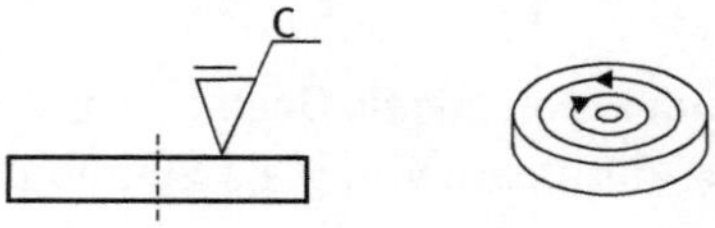
R	Rillen annähernd *radial* zur Mitte der Oberfläche, auf die das Symbol weist	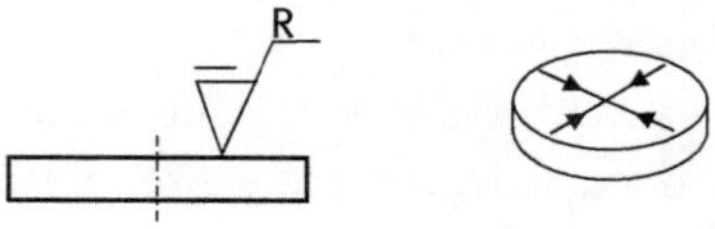
P	*Nichtrillige* Oberfläche darf ungerichtet oder muldig sein	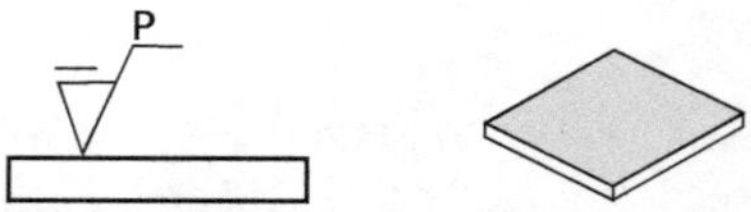

Abb. 14.23: Angabe und Vereinbarung von Oberflächenrillen

14.3 Symbolik für die Oberflächenbeschaffenheit

Für die Messung eines Parameters unter einer gegebenen Richtung oder einem angegebenen Winkel zur Bearbeitungsrichtung kann zusätzlich noch die Profilrichtung nach Abb. 14.24 angegeben werden.

Symbol nach ISO 21920	Profilrichtung
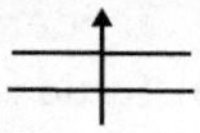 ⊥	Senkrecht ur vorherrschenden Profilrichtung
 ⇉	Parallel zur vorherrschenden Profilrichtung
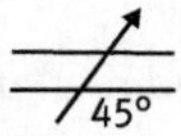 ∕45°	Unter einem festgelegten Winkel zur vorherrschenden Profilrichtung (0° < α < 90°), z. B. ist 45° angegeben
 ◎	Annähernd kreisförmig in Bezug auf den Mittelpunkt der Oberfläche

Abb. 14.24: Angabe der Profilrichtung bezüglich der Erfassung von Oberflächenwerten

15 Unterschiede zwischen DIN, ISO und ASME

15.1 ASME-Standard

Der amerikanische Wirtschaftsraum ist derzeit noch der größte und leistungsstärkste auf der ganzen Welt. Die Amerikaner nutzen Normung, um eindeutige Standards für ihren nationalen Markt zu setzen. Das American National Standards Institute (ANSI) orientiert sich hierbei weniger an internationalen Entwicklungen, sondern legt vielfach mit ASME-Normen Prinzipien fest, die primär nur nationalen Erfordernissen genügen.

Auf dem Sektor der Maß-, Geometrie- und Oberflächennormung sind hiervon diejenigen deutschen Unternehmen betroffen, die entweder in den USA oder in Deutschland nach US-amerikanischen Zeichnungen fertigen. Aus der teils unterschiedlichen Interpretation resultieren meist Missverständnisse, die einen höheren Abstimmungsbedarf erforderlich machen oder im schlimmsten Fall zu einer nicht spezifikationsgerechten Fertigung führen.

In beiden Fällen sind dies Aktivitäten, die unnötige Kosten verursachen und sich durch eine bessere Kenntnis beider Normensysteme vermeiden lassen.

Die aktuelle amerikanische Norm für den *Gesamtkomplex Maße und Toleranzen* ist die

---

ASME Y14.5M – 2018
„Dimensioning and Tolerancing".

Die ASME-Norm unterscheidet sich in Aufbau und Umfang in weiten Teilen von den entsprechenden ISO-Normen. In vielen Punkten besteht aber eine inhaltliche Übereinstimmung. Daher soll im Folgenden nur ein kurzer Vergleich der Norm ASME Y14.5M[1] mit den relevanten DIN- bzw. ISO-Normen durchgeführt werden.

Insbesondere sollen die wesentlichen Unterschiede zwischen ASME Y14.5M und ISO/GPS und die Besonderheiten der ASME-Norm bezüglich Maßkonventionen und Form- und Lagetoleranzen diskutiert werden. Man muss dem ASME-Normensystem aber konstatieren, dass es sehr vollständig, exakt und weit reichend ist. In einigen Belangen geht es über das ISO-System hinaus.

---

[1] Anm.: Kommentierung und Zusammenfassung von S. Rust, erschienen im Beuth-Verlag, Berlin, 2018.

15.2 Symbole und Zeichen

15.2.1 Maßeintragung

Bei dem Eintrag und der Angabe von Maßen gibt es einige Unterschiede zwischen der ASME-Norm und den DIN-EN- bzw. ISO-Normen. Diese betreffen im Wesentlichen die Hauptleserichtung für Maße, die Maßeintragung und teilweise die Symbolik.

Die Maßproblematik ist in Deutschland in den älteren Normen DIN 406-10, -11 und -12 geregelt. Festlegungen zu technischen Zeichnungen (Ansichten, Darstellungsregeln, Linienarten sowie Maß- und Toleranzeinträge) sind in den ergänzenden, internationalen Normen ISO 128 und ISO 129 vorgegeben.

Bei der Anfertigung neuer Zeichnungen sollte man sich grundsätzlich an das ISO-Normenwerk orientieren. Es ist zu vermuten, dass das DIN-Institut die nationalen Zeichnungsnormen in naher Zukunft zurückzieht.

In der nachfolgenden Tabelle 15.1 sind einige Unterschiede bei der Angabe von Maßen zusammengestellt. Oberstes Darstellungsprinzip, auch bei der ASME-Norm, ist Vollständigkeit und Eindeutigkeit.

Eine Zeichnung sollte im Regelfall auch keine oder nur eine bestimmte Bearbeitung vorgeben. Falls dies notwendig sein sollte, sind hierfür Toleranzen heranzuziehen

Tab. 15.1: Unterschiede in der Maßeintragung

	ISO 129-1	ASME Y14.5M
Maßzahlen	stehen auf der Maßlinie	Die Maßlinie wird für die Maßzahl unterbrochen. (Maßzahl auf Linie ist auch zulässig aber unüblich.)
Maßlinien und Maßhilfslinien	enden an der Körperkante	Zwischen Linie und Körperkante besteht eine kleine Lücke.
	werden nicht unterbrochen, wenn sie sich schneiden	werden unterbrochen, wenn sie sich schneiden
Hauptleserichtung	gerade oder von links	vom unteren Rand her lesbar (gerade)
Allgemein Koordinatenbemaßung	DIN EN ISO 129-1 Maße sollen von unten oder von rechts lesbar sein.	Maße sollen **immer** von unten lesbar sein. Maße sollen von unten lesbar sein.

Die beispielhafte Angabe von Maßen in einer technischen Zeichnung zeigt Abb. 15.1.

Die hauptsächlichen Unterschiede bestehen in der Leserichtung, dem Maßeintrag und dem Maßhilfslinienbezug.

Bei DIN-ISO ist der Bezugspunkt für die Hauptleserichtung die linke untere Ecke einer Zeichnung. Auf diesen Punkt bezogen müssen alle Maße lesbar sein. Die Maß-

Unterschiede in der Bemaßung

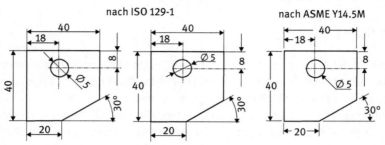

Abb. 15.1: Besonderheiten für die Eintragung von Maßen und Maßpfeilen

zahl steht dann oberhalb des Maßpfeils. Wird von dieser Konvention abgewichen, dann muss die Maßzahl mittig zum Maßpfeil stehen. Dies entspricht der üblichen ASME-Darstellung. Eine Besonderheit ist hier noch das zwischen der Maßhilfslinie und der Körperkante eine sichtbare Lücke vorzusehen ist. Diese Festlegung gilt auch für die französische AFNOR-Norm.

15.2.2 Unterschied zwischen Millimeter und Inch-Bemaßung in ASME

Bedingt durch die hauptsächliche Anwendung in der amerikanischen Industrie wird in der ASME großen Wert auf die Unterscheidung zwischen einer Inch- und Millimeter-Bemaßung gelegt. Die ASME-Norm sieht bei Anwendung der Inch-Bemaßung die *Dezimal-Inch-Bemaßung* bestimmte Konventionen vor. Diese werden gemäß den in der Tabelle 15.2 aufgeführten Regeln angewandt.

> **Leitregel 15.1:**
> Beachte den Unterschied zwischen Millimeter und Dezmal-Inch-Bemaßung in Zeichnungen nach ASME Y14.5M.

Wenn in *einer Zeichnung* Millimeter- und Inch-Maße verwendet wurden, dann mussten nach dem alten ASME-Normenstand die Inch-Maße mit den angefügten Buchstaben **IN** gekennzeichnet werden, heute ist dies nicht mehr erforderlich. Es wird empfohlen auf einer Zeichnung (in der Nähe des Schriftfeldes) ein eindeutigen Hinweis anzubringen, z. B.:

„Wenn nicht anders angegeben, sind alle Maße in Millimeter (oder alternativ Inch) anzunehmen".

15.2 Symbole und Zeichen

Tab. 15.2: Unterschiede zwischen Millimeter und Dezimal-Inch-Bemaßung in ASME Y14.5M

Millimeter-Bemaßung	Dezimal-Inch-Bemaßung
Bei Maßen kleiner ein Millimeter steht **eine** Null vor dem Punkt. 0.5 Ø0.5 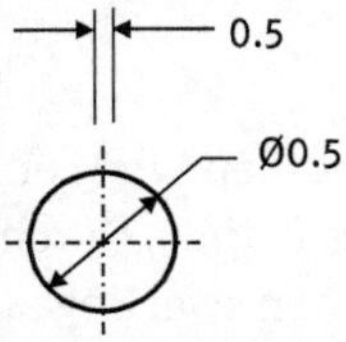	Bei Maßen kleiner ein Inch steht **keine** Null vor dem Punkt. .20 Ø.25 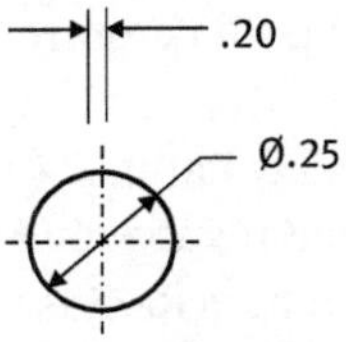
Der letzten Ziffer rechts vom Dezimalpunkt folgt **keine** Null. 30.0 ± 0.1 30 ± 0.1 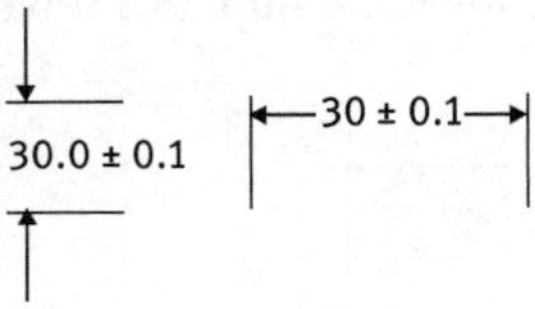	Die Maßangabe erfolgt mit der gleichen Anzahl von Ziffern wie die Toleranzangabe. Wenn notwendig, werden rechts vom Dezimalpunkt Nullen hinzugefügt. 30.0 ± 0.1 .650 / .648 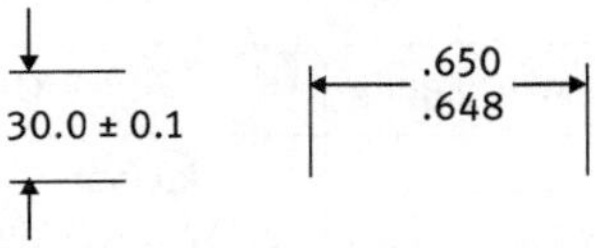

15.2.3 Eintragung von Toleranzen

Sowohl ASME als auch DIN ISO erlauben bei der Tolerierung neben der Eintragung eines Maßes mit seinen zugehörigen Abmaßen auch das direkte Eintragen der Grenzmaße:
- Im Bereich der ISO-Normen nutzt man in der Regel eine Toleranzangabe mit Abmaßen oder über Toleranzfelder an der Maßzahl.
- In der ASME-Norm wird bei der Angabe von Toleranzen die Eingabe von Grenzmaßen bevorzugt.

Die DIN ISO lässt zum direkten Eintragen der Grenzmaße nur eine Möglichkeit zu, während die ASME zwei Möglichkeiten bietet. Diese sind in Abb. 15.2 dargestellt.

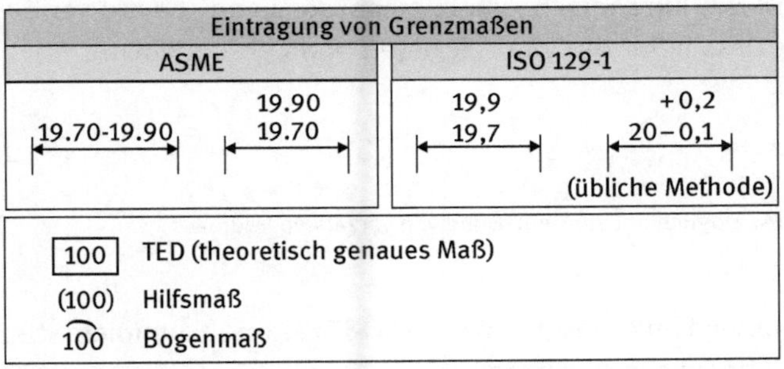

Eintragung von Grenzmaßen			
ASME		ISO 129-1	
19.70-19.90	19.90 / 19.70	19,9 / 19,7	20 +0,2/−0,1
			(übliche Methode)

100	TED (theoretisch genaues Maß)
(100)	Hilfsmaß
⌢100	Bogenmaß

Abb. 15.2: Unterschiede bei der Eintragung von Grenzmaßen

15.3 Besonderheiten der Maßangabe in ASME

15.3.1 Radientolerierung

Die ASME-Norm ermöglicht weiterführende Angaben zur Geometrie eines Radius durch die Eintragungen von CR („Controlled Radius").
- Controlled Radius
  Wenn CR für „**C**ontrolled **R**adius" (*dt. kontrollierter Radius*) angegeben wird, erfolgt zusätzlich zur Maßangabe die Einschränkung der Kontur des Radius. Durch die Eintragung CR an einem Radius wird eine Toleranzzone zwischen zwei Bögen definiert, die tangierend in die anliegenden Flächen übergehen. Die Werkstückkontur muss in diesem Fall innerhalb der halbmondförmigen Toleranzzone liegen und eine glatte Kurve ohne Unebenheiten darstellen. Die folgende Abb. 15.3 zeigt die Unterschiede in der Radientolerierung mit R und CR.

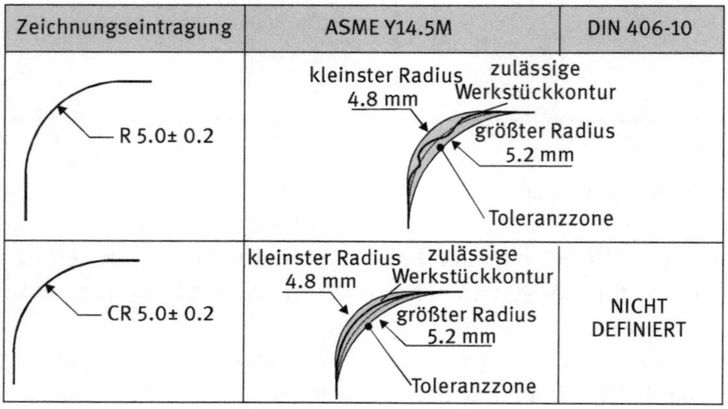

Zeichnungseintragung	ASME Y14.5M	DIN 406-10
R 5.0± 0.2	kleinster Radius 4.8 mm, zulässige Werkstückkontur, größter Radius 5.2 mm, Toleranzzone	
CR 5.0± 0.2	kleinster Radius 4.8 mm, zulässige Werkstückkontur, größter Radius 5.2 mm, Toleranzzone	NICHT DEFINIERT

Abb. 15.3: Tolerierung eines Radius mit R und CR

- Wahrer Radius
  Nach ASME besteht die Möglichkeit, einen Radius in einer Ansicht zu bemaßen, in der seine wahre Gestalt nicht gezeigt wird. Dies kann zum Beispiel eine Ansicht sein, in der die Darstellung verzerrt ist. In einem solchen Fall wird vor die eigentliche Bemaßung des Radius das Wort TRUE (*dt. wahr*) geschrieben.

Abb. 15.4: Möglichkeit zur Bemaßung von verzerrten Radien

Nach der ISO 14405 müssen Funktionsradien mit TED-Maße und Formtoleranzen (Linien- oder Flächenform) angegeben werden.

15.3.2 Begrenzende Toleranzangaben

Das so genannte ALL-AROUND-Symbol (*dt. ringsum*) zeigt an, dass die Toleranz für alle Oberflächen des Bauteils gilt. Es besteht aus einem Kreis, der an einer Abzweigstelle der Leitlinie vom Toleranzrahmen anzuordnen ist.

Das so genannte BETWEEN-Symbol (*dt. zwischen*) schränkt eine Toleranz auf einen durch Markierungspfeile eingegrenzten Bereich der Oberfläche ein.

In Abb. 15.5 wird die Eintragung der beiden Toleranzangaben am Beispiel einer Flächenprofiltolerierung gezeigt:
– Im Fall a) gilt die eingetragene Flächenprofiltoleranz für die ganze Oberfläche.
– Im Fall b) gilt die Flächenprofiltoleranz nur zwischen den abgesteckten Punkten A und B.

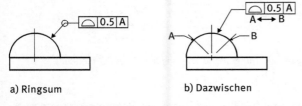

a) Ringsum   b) Dazwischen

Abb. 15.5: Tolerierungsangabe ALL AROUND und BETWEEN

Die Toleranzangabe mit „dem Ringsum- und dem Dazwischen-Symbol" ist neuerdings auch in der neuen ISO 1101 eingeführt worden, insofern gibt es hier eine Übereinstimmung zur ASME.

15.3.3 Darstellung von Bohrungen und Senkungen

ASME bietet einige Möglichkeiten zur symbolischen Darstellung von Bohrungen und Senkungen. Diese vereinfachen die zeichnerische Darstellung und geben hilfreiche Fertigungsinformationen.

Leitregel 15.2: Bohrungssymbole in ASME Y14.5M

Bezeichnung	Symbol
Durchgangsbohrung	THRU
Sacklochtiefe	↧
Kegelsenkung	∨
Zylindersenkung	⊔

- Durchgangsbohrungen und Sacklöcher
  Ist aus der Zeichnung nicht ersichtlich, dass es sich um eine Durchgangsbohrung handelt, so wird vor die Maßzahl das Wort THRU geschrieben (siehe Abb. 15.6a). Bei Sacklöchern wird zusätzlich zum Durchmesser auch die Tiefe der Bohrungen mit angegeben (siehe Abb. 15.6b), auch Bohrungen mit Zylindersenkungen können vereinfacht bemaßt werden.

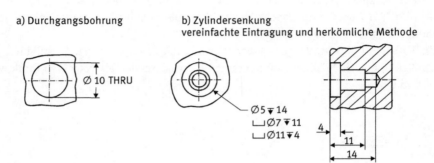

Abb. 15.6: Bemaßung von Durchgangsbohrungen und Bohrungen mit Zylindersenkung

- Bei Bohrungen mit Kegelsenkung wird in der Regel der Bohrungsdurchmesser, der Durchmesser der Senkung sowie der eingeschlossene Winkel der Senkung angegeben. Dies kann wie in Abb. 15.7 dargestellt geschehen. Auch hier ist rechts die herkömmliche Methode (die in DIN ISO übliche Methode der Bemaßung) dargestellt.

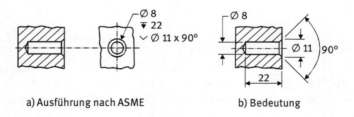

a) Ausführung nach ASME   b) Bedeutung

Abb. 15.7: Bemaßung von Bohrungen mit Kegelsenkung

15.3.4 Kennzeichnung statistischer Toleranzen

Treten in einer Zeichnung statistische Toleranzen (s. auch alte DIN 7186) auf, so sind diese durch ST in einem Sechsecksymbol besonders hervorzuheben.

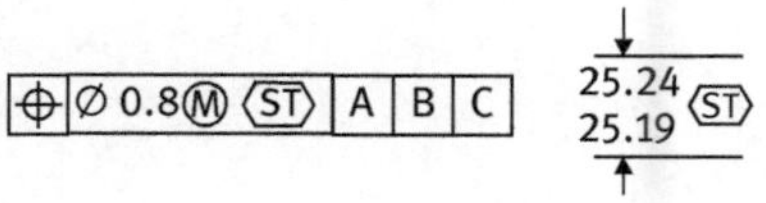

⊕ | ⌀ 0.8 Ⓜ ⟨ST⟩ | A | B | C   25.24 ⟨ST⟩
                                25.19

Abb. 15.8: Kennzeichnung von statistischen Toleranzen

Wie in Abb. 15.8 dargestellt, kann die Angabe für Maßtoleranzen und für Form- und Lagetoleranzen gesondert erfolgen. Da diese Angabe in der DIN nicht eindeutig festliegt, kann hier die ASME-Angabe sinnentsprechend übernommen werden.

15.3.5 Tolerierung einer Tangentenebene

Durch Angabe des Symbols Ⓣ hinter der Maßangabe im Toleranzrahmen einer Lagetoleranz wird nicht das tatsächliche Geometrieelement, sondern das tangential anliegende ideale Element toleriert.

Eine Ebene Ⓣ, die die höchsten Punkte des tolerierten Bauteils berührt, darf nicht mehr als 0,1 mm Schiefstellung aufweisen.

Das Bauteil nach Abb. 15.9 dient beispielsweise als Anschlag für eine Bohrschablone. Zur Sicherstellung der Position der Bohrungen ist die tolerierte Rechtwinkligkeit genau einzuhalten. Eine Abweichung der Ebenheit der Oberfläche beeinflusst die Lage des zu bearbeitenden Teils hingegen nicht.

Das anliegende tangentiale Element wäre in diesem Fall die ebene Seitenfläche einer Platte, deren Ausrichtung nach der Minimum-Bedingung erfolgt (siehe Kapitel 4.2). Die Zeichnung zeigt die Toleranzangabe und einen möglichen tatsächlichen Zustand des Bauteils. Bei der Schiefstellung des zu bearbeitenden Bauteils darf die Rechtwinkligkeitstoleranz von $t_R = 0,1$ nicht überschritten werden.

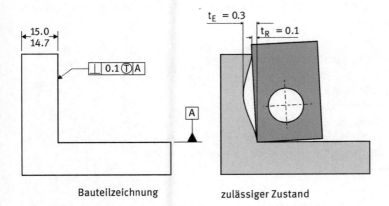

Abb. 15.9: Toleranzangabe einer Tangentenebene und deren Interpretation

15.4 Tolerierungsprinzipien

15.4.1 Bedeutung

Das amerikanische Normeninstitut ANSI legt in der ASME einen zu bevorzugenden nationalen Tolerierungsgrundsatz fest. Wie im Kapitel 10 schon ausgeführt, sollte einer Zeichnung nur einem Tolerierungsgrundsatz unterliegen, der für die Produkte zweckmäßig ist und auch im Unternehmen allgemein bekannt ist.

Hüllprinzip RULE#1

In der Anwendung von Hüll- und Unabhängigkeitsprinzip besteht ein wesentlicher Unterschied zwischen ISO 8015 und ASME.

Während die ISO-Norm dem *Unabhängigkeitsprinzip* den Vorrang gibt, wird in der ASME Y14.5M das *„Hüllprinzip"* als für eine Zeichnung geltendes Toleranzprinzip festgelegt, wenn keine gegenteiligen oder erweiternden Angaben im Schriftfeld gemacht wurden. Es wird in der ASME auch als RULE #1 (*dt. Regel Nr.1*) bezeichnet. Seine Festlegung erfolgt in ASME Y14.5M Kap. 2.7.1, und zwar wie folgt:

> „Wenn in einer Zeichnung nichts anderes festgelegt ist, schreiben die Grenzmaße eines Geometrieelementes den Bereich vor, innerhalb dessen Abweichungen der geometrischen Form sowie der Größe erlaubt sind." Diese gilt Regelung für einzelne Maßelemente, d. h. „zylindrische oder sphärische Oberflächen, oder ein Paar von zwei gegenüberliegenden Elementen oder von gegenüberliegenden parallelen Elementen, die mit einem Größenmaß verbunden sind."

Unabhängigkeitsprinzip RFS RULE #2

Der Begriff „Unabhängigkeitsprinzip" wird für Maßtoleranzen nicht explizit aufgeführt. Das Unabhängigkeitsprinzip auf Maßtoleranzen wird durch eine Zeichnungseintragung oder einen Eintrag am Geometrieelement festgelegt, wie in der folgenden Leitregel 15.3 angegeben.

> **Leitregel 15.3: Tolerierungsprinzipien in ASME Y14.5M**
> Ohne anders lautende Festlegung in einer Zeichnung gilt das Hüllprinzip.
> – Das **Hüllprinzip** wird als **RULE #1** bezeichnet.
> – Das **Unabhängigkeitsprinzip** entspricht **RFS RULE #2**.
>
> Das ASME-Unabhängigkeitsprinzip ist wie in der ISO zu interpretieren, und zwar
> – für die gesamte Zeichnung durch eine Eintragung im Schriftfeld oder
> – für einzelne Elemente durch eine Eintragung am Geometrieelement.
>
> Die Eintragung lautet gewöhnlich:
> PERFECT FORM AT MMC NOT REQUIRED (bzw. REQD)
>
> In diesem Fall darf die Oberfläche eines Geometrieelementes die Umgrenzung der Nennform bei MMC überschreiten.

Dem Unabhängigkeitsprinzip entspricht in etwa in der ASME-Norm dem Begriff „RFS". Er wird definiert in ASME Y14.5M, Kapitel 2.8.1 Die Anwendung des Begriffes RFS erfolgt aber in der ASME-Norm nur in Verbindung mit geometrischen Toleranzen. In der ASME-Norm wird die Anwendung des Prinzips RFS durch die Regel Nr. 2 gegeben und eingeschränkt.

REGEL Nr. 2:

„Auf eine geometrische Toleranz ist RFS anzuwenden, wenn kein Materialprinzip angegeben ist".

RFS = engl.: **Regardless feature size**
       dt.: unabhängig von der Größe des Geometrieelementes

Wirkung von RFS:

„Die angegebene geometrische Toleranz ist unabhängig vom Istmaß des Maßelementes. Die Toleranz ist begrenzt auf den festgelegten Wert, ohne Rücksicht auf das Istmaß".

Die Toleranzarten Rundlauf, Gesamtlauf, Konzentrizität und Symmetrie können nur auf Basis des Prinzips RFS angewendet werden. Für diese Toleranzangaben ist eine Einschränkung auf Basis der Maximum-Material-Bedingung MMC oder der Minimum-Material-Bedingung LMC nicht möglich.

> **Leitregel 15.4: Verwendung des Begriffes RFS**
>
> Der Begriff RFS (unabhängig vom Istmaß) wird in der ASME-Norm verwendet, um darauf hinzuweisen, dass die Verwendung von MMC und LMC nicht zulässig ist bei der Eingrenzung von Geometrietoleranzen.
>
> (Siehe ASME Y14.5M Kap 1.3.22)

15.5 Definition der Materialprinzipien in ASME

Die Definition der Materialprinzipien erfolgt in ASME Y14.5M Kap. 1.3. Sie entspricht im Wesentlichen den Festlegungen der ISO-Norm. In der ASME-Norm werden sowohl das Maximum-Material-Prinzip MMC als auch das Minimum-Material-Prinzip LMC festgelegt, sie entsprechen der ISO 2692.

Maximum- und Minimum-Material-Prinzip werden nur angewendet, wenn eine entsprechende Eintragung Ⓜ oder Ⓛ im Toleranzrahmen erfolgt. In einer früheren Fassung der ASME-Norm (ASME Y14.5M-1984) wurde zur deutlichen Darstellung, dass kein Materialprinzip angewendet wird, die Eintragung Ⓢ im Toleranzrahmen vorgeschrieben.

15.5.1 Struktur der Toleranzprinzipien

Die folgende Übersicht in Abb. 15.10 zeigt noch einmal sehr transparent die Anwendungsparallelen zwischen dem nationalen deutschen Tolerierungsgrundsatz, dem nationalen amerikanischen Tolerierungsgrundsatz und der internationalen ISO-Norm. In der Praxis kann dies natürlich zur Verwirrung führen.

Es kann deshalb nicht oft genug herausgestellt werden, dass sich ein Unternehmen auf einen Tolerierungsgrundsatz festlegen sollte. Bei dieser Festlegung, die erhebliche Konsequenzen für Konstruktion, Fertigung und Montage hat, muss abgewägt werden, wo die Märkte des Unternehmens sind, wo gefertigt werden soll und wie Reparaturen und Ersatzlieferungen organisiert werden können. Unternehmen, die sich nur im heimischen Markt bewegen, können hierbei ohne weiteres den nationalen Tolerierungsgrundsatz anwenden. Wenn aber starke internationale Verflechtungen bestehen, ist es immer ratsam, sich an den ISO-Normen auszurichten.

Eine absolute Ausnahme gibt hier der amerikanische Markt, hierfür ist es unbedingt notwendig, die ASME-Normung zu kennen und umzusetzen. Es gibt eine Viel-

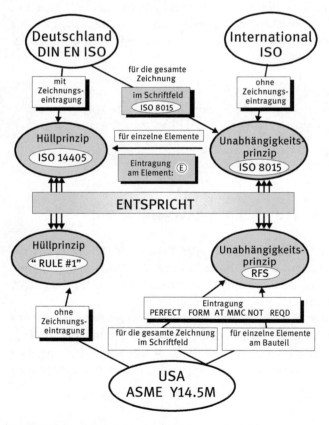

Abb. 15.10: Anwendungsbereich der Toleranzprinzipien

zahl von Beispielen, wo deutsche Automobilzulieferanten Zeichnungen von GM oder FORD übernommen haben und entweder den verlangten Qualitätsstandard nicht erfüllen konnten oder diesen übererfüllt haben.

15.5.2 Unterschiede in der Begriffsdefinition

Obwohl die Definition der Materialprinzipien der ISO- und der ASME-Norm ähnlich ist, werden teilweise Begriffe mit unterschiedlichen Bedeutungen belegt. Die Definition einiger wichtiger Begriffe erfolgt in Tabelle 15.3 (zur Definition der Begriffe siehe auch Kapitel 9.1 und Kapitel 10.3 f).

Tab. 15.3: Begriffsdefinition Materialprinzipien

Begriff	DIN ISO 2692	ASME Y14.5M
Maximum-Material-Zustand (engl.: Maximum-Material-Condition)	MMC	MMC (In ASME Y14.5M wird zwischen Max.-Mat.-Zustand und Max.-Mat.-Maß nicht unterschieden.)
Maximum-Material-Maß (engl.: Maximum-Material-Size)	MMS	
Minimum-Material-Zustand (engl.: Minimum-Material-Condition)	LMC	LMC (In ASME Y14.5M wird zwischen Min.-Mat.-Zustand und Min.-Mat.-Maß nicht unterschieden.)
Minimum-Material-Maß (engl.: Minimum-Material-Size)	LMS	

15.5.3 Anwendung einer Materialbedingung

In der ASME wird der Begriff des Maßelementes (*engl.: feature of size*) definiert. Dieser Begriff ist von der ISO 14405 aufgenommen worden, während ansonsten die ISO-Normen von einem Geometrieelement sprechen.

> **Leitregel 15.5: Maßelemente in ASME**
> „Ein Maßelement ist eine zylindrische oder sphärische Oberfläche oder ein Paar von zwei gegenüberliegenden Elementen oder von gegenüberliegenden parallelen Ebenen, die mit einem Größenmaß verbunden sind".
>
> Nur auf Maßelemente können
> - die Hüllbedingung,
> - die Maximum-Material-Bedingung
>
> und
> - die Minimum-Material-Bedingung
>
> angewendet werden.

Die Anwendungsmöglichkeiten der ASME hinsichtlich der Materialbedingungen decken die neuen Normen ISO 8015, ISO 2692 und ISO 14405 ab.

15.6 Form- und Lagetoleranzen

Die Form- und Lagetolerierung in der ASME-Norm entspricht im Wesentlichen den Prinzipien der ISO 1101. Einige Unterschiede bestehen bei der Verwendung der Ebenheits-, Positions-, und Profiltolerierung.

15.6.1 Ebenheitstolerierung bzw. Koplanarität

Mit der Ebenheitstoleranz wird eine Toleranzzone spezifiziert, die durch zwei parallele Ebenen eingeschlossen ist und in der eine Oberfläche eines Werkstücks liegen muss. Ebenheit kann innerhalb der ASME auch auf Einheitsbasis angewendet werden, um abrupte Änderungen in kleinen Bereichen der Oberfläche zu vermeiden. Die Angabe erfolgt wie in Abb. 15.11 dargestellt.

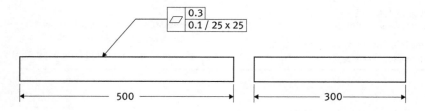

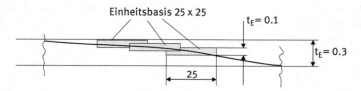

Abb. 15.11: Angabe einer Ebenheitstoleranz auf Einheitsbasis und deren Interpretation

Die gesamte Oberfläche des Bauteils darf eine Ebenheitsabweichung von $t_1 = 0,3$ mm aufweisen. In jedem beliebigen Quadrat auf der Oberfläche der Platte mit dem Maß 25×25 darf jedoch nur eine Ebenheitsabweichung von $t_2 = 0,1$ mm auftreten. Im unteren Teil ist an einem Linienelement der Ebene die Lage der Toleranzzone für das gesamte Element und die Lage der durch die Einheitsbasis festgelegten Toleranzzonen skizziert.

> **Leitregel 15.6: Ebenheitstolerierung/ Koplanarität**
> - Das Toleranzsymbol für Ebenheit wird **nur** zur Tolerierung eines realen Formelementes verwendet.
> - Wenn eine abgeleitete Ebene, z. B. eine Mittelebene toleriert werden soll, so wird das Symbol für Geradheit für das abgeleitete Formelement angegeben.
> - Koplanarität ist hingegen eine Ebenheitsforderung für zwei oder mehr Oberflächen eines Werkstücks und wird für so genannte koplanare Oberflächen eingetragen.

Anders als in der DIN-ISO-Norm legt die Eintragung des Toleranzpfeils nicht die Orientierung der Toleranzzone fest (siehe Kapitel 5.2). Wenn unter ASME ein reales Geometrieelement toleriert wird, steht der Toleranzpfeil, wie in Abb. 15.11 dargestellt, schräg zur Oberfläche. Die Eintragung einer Toleranz für abgeleitete Formelemente in ASME entspricht der Eintragung nach DIN ISO (siehe Kapitel 5.3), d. h. rechtwinklig.

Eine Besonderheit in ASME (Kapitel 6.5.6) ist die „Koplanarität". Koplanarität wird verwendet, wenn zwei oder mehr Oberflächen eines Werkstücks eine gemeinsame Ebene bilden sollen. Diese Forderung ist identisch mit der ISO 1101 „Common Zone" (CZ). Anstatt dieser Angabe wird dann eine *nicht unterbrochene* Oberfläche (über n SURFACES) verlangt.

15.6.2 Profil- und Positionstolerierung

Im Bereich der Profil- und Positionstolerierung gibt es *große Unterschiede* zwischen den ISO-Normen und der ASME-Norm, da die amerikanische Norm das Feld der Positionstolerierung viel ausführlicher als die entsprechenden ISO-Normen behandelt.

Entsprechende DIN ISO-Normen sind:

Profiltoleranzen	Positionstoleranzen
DIN EN ISO 1660 : 2017 GPS-Profiltolerierung	DIN EN ISO 5458 : 2018 GPS-Positions- und Mustertolerierung
ASME Y14.5M Kap. 8	ASME Y14.5M Kap. 7.2

Die folgenden Festlegungen gelten sowohl für die DIN EN ISO-Normen als auch für die ASME-Norm (dazu siehe ISO 5458 Kap. 3.2 und ASME Y14.5M Kap. 7 und 8, zur Darstellung der Positionstolerierung siehe auch Kapitel 7.3 ff.).

> **Leitregel 15.7: Regeln für Ortstoleranzen**
> Zu den Ortstoleranzen zählen
> - Position, Konzentrizität/Koplanarität und Symmetrie.
> - Die Festlegung eines Ortes erfolgt durch theoretisch genaue Maße und Positionstoleranzen.

- Die Positionstolerierung wird angewendet auf abgeleitete Geometrieelemente, wie Achsen, Mittelebenen und Punkte.

Die Toleranzzone ist symmetrisch zum theoretisch genauen Ort.

15.6.3 Mehrfachtoleranzrahmen

Die ASME-Norm unterscheidet zwischen Verbundtoleranzrahmen und Toleranzrahmen mit zwei Einzelsegmenten (siehe umseitiges Abb. 15.12). Diese Mehrfachtoleranzrahmen dienen der Tolerierung von Gruppen von Geometrieelementen. Durch den oberen Abschnitt des Toleranzrahmens wird die Lage der gesamten Gruppe bezogen auf ein Bezugssystem eingegrenzt, der untere Teil des Rahmens legt die Lage der einzelnen Elemente zueinander fest. Verbundtoleranzrahmen und Toleranzrahmen mit Einzelsegmenten unterscheiden sich in der Festlegung der einzelnen Elemente der Gruppen im Bezugssystem. Die ISO 5458 bezeichnet Mehrfachtoleranzrahmen als Toleranzkombinationen.

Es wird für die Lage der Elemente zueinander ein System der schwimmenden Toleranzzonen FRTZF festgelegt:

FRTZF = engl.: Feature Relating Tolerance Zone Framework
       = dt.: geometrieelementeigene oder schwimmende Toleranzzonen
             gesprochen „FRITZ" oder „FRITZEFF"

Dieses schwimmende System wird durch das kantenbezogene Bezugssystem PLTZF auf dem Werkstück festgelegt.

PLTZF = engl.: Pattern-Locating Tolerance Zone Framework
       = dt.: System von Gruppen-Ortstoleranzen oder kantenbezogenen
             Toleranzzonen
             gesprochen „PLAHTZ" oder „PLATZEFF"

Für abgeleitete Formelemente wird gewöhnlich die Positionstolerierung angewendet, für reale Elemente verwendet man hingegen die Profiltolerierung.

Verbundtoleranzrahmen

Der gezeigte Verbundtoleranzrahmen wird bisher nur in der ASME-Norm benutzt (siehe ASME Y14.5M Kap. 7.1 und 8.6 ff.).

Durch Anwendung dieser Tolerierungsmethode können Gruppen von Geometrieelementen (z. B. Bohrungsgruppen) als eine Gruppe zu einem Bezugssystem betrachtet werden und gleichzeitig können die Toleranzen der Elemente untereinander fest-

15.6 Form- und Lagetoleranzen

a) Zeichnungsangabe

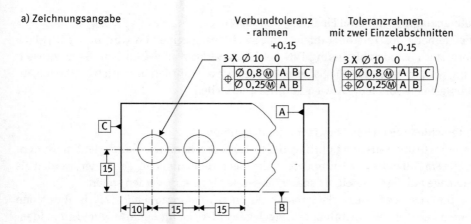

b) Lage der Toleranzzonen

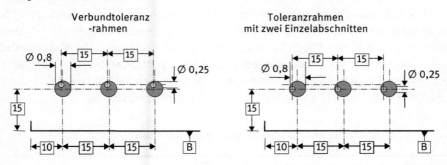

c) Lage der Toleranzzone einer Bohrungsachse

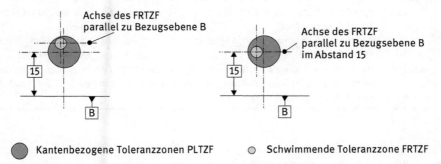

Abb. 15.12: Verbundtoleranzrahmen/Rahmen mit zwei Einzelabschnitten

gelegt werden. Zu diesem Verfahren der Toleranzangabe gibt es im Bereich der ISO-Normen keine direkte Entsprechung, ähnlich sind sog. gestapelte Toleranzindikatoren die gelegentlich in Zeichnungen angewendet werden.

Toleranzrahmen mit zwei Einzelsegmenten

Die Methode des Toleranzrahmens mit zwei Einzelsegmenten wird in der DIN-ISO-Norm zur Positionstolerierung DIN EN ISO 5458 kurz angeschnitten. Seine Anwendung wird in der ASME Y14.5M Kap. 7.5.2 jedoch ausführlich beschrieben. Die folgenden Beispiele sollen die Anwendung kurz darstellen.

Unterschiede zwischen Mehrfachtoleranzrahmen

Bei einer Gruppe aus drei Bohrungen soll diese Vorgehensweise kurz erläutert werden. In diesem Fall muss der Abstand der Bohrungen zueinander enger toleriert werden als ihre Lage auf dem Bauteil, da später Passstifte eingesetzt werden sollen.

Die Lage des Systems der kantenbezogenen Toleranzzonen PLTZF, die durch den oberen Teil des Toleranzrahmens festgelegt werden, ist für beide Möglichkeiten identisch. Die Toleranzzonen der Bohrungen werden durch Zylinder mit dem Durchmesser $\varnothing 0{,}8$ mm beschrieben. Diese Zylinder stehen senkrecht auf dem Bezug A.

Die Achse jedes Zylinders wird durch das theoretisch genaue Maß festgelegt. Die Toleranzzone des unteren Teils des Toleranzrahmens beschreibt Zylinder mit dem Durchmesser $\varnothing 0{,}25$ mm. Die Zylinderachsen liegen in einer Linie. Ihr Abstand wird ebenfalls durch die theoretisch idealen Maße 15 mm angegeben (siehe Abb. 15.12a). Die Lage des Systems der schwimmenden Toleranzzonen FRTZF bezogen auf die Bezüge A, B und C wird in der folgenden Tabelle 15.4 näher erläutert.

Tab. 15.4: Verbundtoleranzrahmen/Rahmen mit zwei Einzelabschnitten

Toleranzzonen des schwimmenden Bezugssystems FRTZF		
	Verbundtoleranzrahmen	Rahmen mit zwei Einzelabschnitten
Bezug A	Die Zylinder stehen senkrecht auf Bezugsfläche A.	
Bezug B	Zylinder sind als Gruppe parallel zum Bezug B angeordnet. Das theoretisch genaue Maß $\boxed{15}$ muss **nicht** eingehalten werden.	Zylinder sind als Gruppe parallel zum Bezug B angeordnet. Das theoretisch genaue Maß $\boxed{15}$ muss **zusätzlich** eingehalten werden.
Bezug C	Da der Bezug C im unteren Teil nicht aufgeführt wird, sind die Toleranzzylinder des FRTZF im Bezug auf C frei verschiebbar. Sie müssen jedoch im Rahmen des kantenbezogenen Bezugssystems PLTZF liegen.	

! **Leitregel 15.8: Verbundtoleranzrahmen mit zwei Einzelabschnitten**
- Bei Anwendung eines **Toleranzrahmens mit zwei Einzelabschnitten** muss jeder Abschnitt des Toleranzrahmens unabhängig voneinander betrachtet werden.
- Die ISO-Normen unterscheidet nicht zwischen Verbundtoleranzrahmen und Rahmen mit zusammengefassten Einzelabschnitten. Der gestapelte Toleranzindikator unter ISO 5458 wird in der Praxis jedoch genauso behandelt, wie in der ASME-Norm.

15.6.4 Profiltoleranzen

Einseitig festgelegte Profiltoleranzzonen

Die Toleranzzonen für Profiltoleranzen können sowohl symmetrisch zum Nennprofil liegen als auch einseitig oder ungleichmäßig verteilt sein. Die folgende Abb. 15.13 zeigt links die Möglichkeiten zur Eintragung einer Profiltoleranz mit der Angabe der Toleranzzonen und rechts davon ihre Auswirkungen auf die Lage der Toleranzzonen.

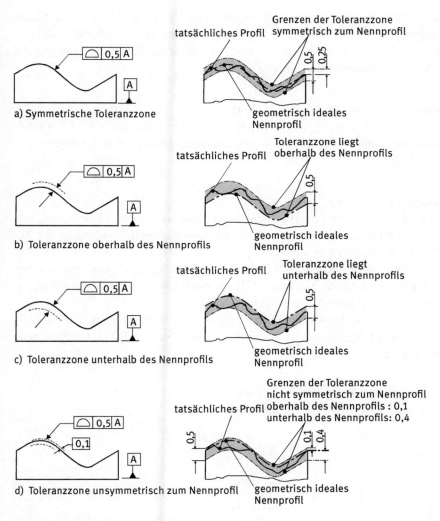

Abb. 15.13: Eintragung von Toleranzzonen bei Profiltoleranzen

Interpretiert zeigen die Fälle:
- Fall a) zeigt die Eintragung einer Flächenprofiltoleranz, wenn die Toleranzzonen symmetrisch zum Nennprofil liegen sollen. Dann ist eine Eintragung der Lage der Toleranzzonen nicht nötig. Der Toleranzrahmen wird in diesem Fall in herkömmlicher Weise mit dem zu tolerierenden Element verbunden.
- In Fall b) bis d) werden die Eintragungen einer Profiltoleranz für ungleichmäßig verteilte Toleranzzone gezeigt.

In diesen Fällen wird die Lage der Toleranzzone durch eine Strich-Zweipunkt-Linie eingezeichnet. Diese Linie verläuft parallel zum theoretisch genauen Profil. Zwischen dem theoretisch genauen Profil und dieser Linie wird eine Maßlinie gezeichnet, die bis zum Toleranzrahmen verlängert wird.

Verbundtoleranzrahmen für Profiltolerierung
Auch bei realen Linien- und Flächenprofiltolerierungen wird bei ASME der Verbundtoleranzrahmen angewendet. Die Angaben sind dann genauso zu interpretieren wie in Kapitel 15.6.3.

Gemeinsame Toleranzzone
Der in Kapitel 5.3.2 definierte Begriff „Gemeinsame Toleranzzone" GTZ bzw. „Common Zone" CZ existiert in der ASME-Norm nicht. Dort wird der Begriff Coplanarity (*dt. Koplanarität, s. auch Kap. 15.6.1*) verwendet.

„Coplanarity" meint, dass zwei oder mehr Oberflächen von Geometrieelementen in einer Ebene liegen sollen. Für ebene Flächen muss hier eine Flächenprofiltolerierung wie in Abb. 15.14 gezeigt angegeben werden.
- Der Fall a) zeigt die Angabe einer gemeinsamen Toleranzzone nach ASME Y14.5M.
- Fall b) stellt im Vergleich dazu die im Neuentwurf der DIN ISO 1101 vorgesehene Eintragung dar.

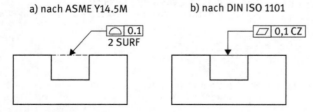

Abb. 15.14: Gemeinsame Toleranzzone

Anwendung des Maximum-Material-Prinzips für komplexe Formen

In der ISO 2692 ist das Maximum-Material-Prinzip nur für einfache Formen vorgesehen. Die ASME-Norm bietet die Möglichkeit der Anwendung dieses Prinzips auf beliebig geformte Elemente durch Kombination einer Profil- mit einer Positionstolerierung und der Angabe BOUNDARY (*dt.: Umgrenzung*) wie in Abb. 15.15 dargestellt.

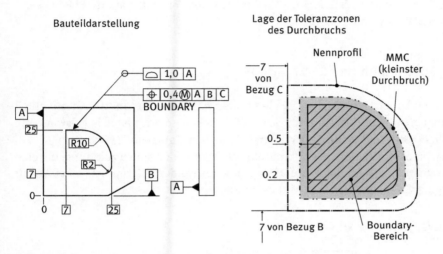

Abb. 15.15: Erweiterung des Maximum-Material-Prinzips durch Profiltolerierung

Auf der linken Seite der Abbildung ist die Tolerierung eines Durchbruches an einem Bauteil festgelegt. Die rechte Seite zeigt die Lage der Toleranzzonen des Durchbruchs. Für diesen Durchbruch gelten die folgenden Festlegungen:
- Das Nennprofil wird durch die theoretisch idealen Maße und Radienangaben festgelegt.
- Die Nennlage des Nennprofils wird durch die Positionstoleranz im Bezugssystem ABC festgelegt.
- Der Maximum-Material-Zustand des Durchbruchs ist rundum um die halbe Profiltoleranz ±0.5 nach innen verschoben.
- Dieser kleinste Durchbruch darf allseitig um die halbe Profiltoleranz ±0.2 verschoben werden. Eine Verdrehung ist nicht erlaubt.

Durch die obigen Angaben bleibt der schraffierte BOUNDARY–Bereich immer frei. Er kann mit einer einfachen Funktionslehre geprüft werden.

16 Referenz-Punkte-Systematik (RPS)

Neben dem DIN-EN-ISO-Normenwerk existieren in der Automobilindustrie eine Vielzahl von Werksnormen, die im Zusammenhang mit dem Fahrzeugbau eine große Bedeutung erlangt haben. Eine derartige Werknorm stellt beispielsweise die „Referenz-Punkte-Systematik" (s. VW-RPS 01055, Ford-Locator Concept, Daimler PLP-Schema, FKM von BMW etc.) da.

16.1 Toleranzen im Fahrzeugbau

An den modernen Fahrzeugbau werden immer höhere Anforderungen hinsichtlich der Entsprechung und Wertigkeit gestellt. Ein Maßstab hierfür ist beispielsweise die Gleichmäßigkeit und Breite der sichtbaren Spalten im Fahrzeug /SPO 98/.

Derzeit betragen diese noch durchschnittlich 5 mm und sollen zukünftig, um eine höhere Qualität zu vermitteln, auf 3 mm verringert werden. Hiermit ist fast eine Halbierung der Toleranzen (s. Abb. 16.1) verbunden.

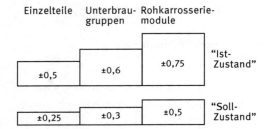

Abb. 16.1: Stand und Nachholbedarf bei der Tolerierung von Karosseriekomponenten

Um dieses Ziel zu erreichen, müssen in den E + K- und Fertigungsbereichen neue Wege beschritten werden. Neben den zuvor schon angeführten Prinzipien der Tolerierung und der Maßkettenbildung hat hier vor allem der „Referenz-Punkte-System-Ansatz" einen Weg zur Steigerung der Genauigkeit gewiesen. Auf das Grundkonzept soll nachfolgend kurz eingegangen werden.

16.2 Fahrzeug-Koordinatensystem

Der Grundgedanke des RPS besteht darin, für ein Fahrzeug ein „globales Koordinatensystem (GKS)" festzulegen und alle Module oder Einzelteile mit ihrem „lokalen Koordinatensystem (LKS)" hierzu relativ zu positionieren. Dies hat den Vorteil, dass Gesamtfahrzeugänderungen sofort auf die lokalen Koordinatensysteme umgerechnet werden können und somit schnelle Anpassungen möglich sind.

Wie in der umseitigen Abb. 16.2 gezeigt, liegt gewöhnlich der Ursprung des GKS mittig auf der Höhe der Vorderachse. Hiervon ausgehend werden in allen drei Raumrichtungen Netzlinien mit 100 mm Abstand skaliert. Mithilfe dieser Netzlinien lässt sich jeder Punkt im Fahrzeug eindeutig festlegen, bzw. es wird auch die Bemaßung unter Zuhilfenahme der Netzlinien ausgeführt.

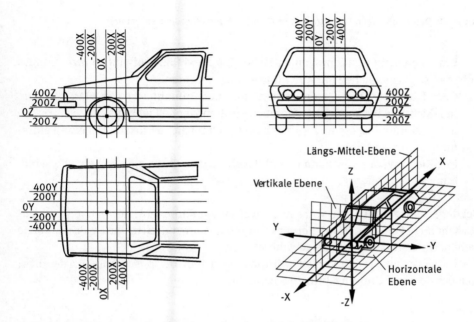

Abb. 16.2: Fahrzeug-Koordinatensystem mit seinen achsparallelen Netzlinien

Zweckmäßig ist es somit, für jedes Bauteil einen Referenzpunkt (Punktkoordinaten) als LKS zu definieren. Dieser wird durch den Schnittpunkt von drei Bezugsebenen gebildet. Die Bezugsebenen ergeben sich jeweils über die RPS-Hauptaufnahmen, in denen jedes Bauteil eindeutig zu positionieren ist. Ein Bauteil ist dann richtig positioniert, wenn alle Beweglichkeiten im Raum unterdrückt worden sind.

16.3 Die „3-2-1-Regel"

Aus der Technischen Mechanik ist bekannt, dass beliebige materielle Körper im Raum sechs Freiheitsgrade (FHG's) haben, und zwar drei translatorische FHGs und drei rotatorische FHGs um die Achsen des lokalen Koordinatensystems.

Die im Automobilbau genutzte Orientierung ist Abb. 16.3 zu entnehmen.

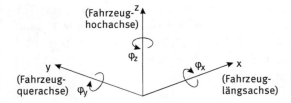

Abb. 16.3: Definition der Freiheitsgrade (FHGs) im 3-D-Raum-Koordinatensystem

Um einen nicht rotationssymmetrischen Körper völlig bestimmt zu lagern, muss er in den sechs möglichen Raumrichtungen fixiert werden.

Gemäß der „3-2-1-Regel" müssen dann folgende Aufnahmen geschaffen werden:
- in z-Richtung insgesamt 3 Aufnahmen (größtmögliche Fläche),
- in y-Richtung insgesamt 2 Aufnahmen (größtmögliche Strecke, um eine Verdrehung zu verhindern),
- in x-Richtung nur 1 Aufnahme (funktionsbezogene Festlegung, um eine Verschiebung zu verhindern).

Bei der 3-2-1-Regel geht man von einem eigensteifen Körper aus, der sich unter Eigengewicht nicht verformt. Ist der Körper verformbar, dann dürfen in der x-y-Primärebene weitere Unterstützungspunkte gewählt werden.

Die Umsetzung dieser Vorgabe wird an dem kleinen Beispiel in Abb. 16.4 deutlich, welches dem VW-Ordnungsprinzip entspricht.

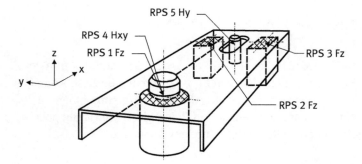

Abb. 16.4: Anwendung der „3-2-1-Regel" am Beispiel (RPS 1 ist immer der Punkt, der die meisten FHGs sperrt.)

Durch die drei Aufnahmen in z-Richtung werden drei FHGs gesperrt, nämlich die z-Translation und die jeweiligen Rotationen φ_x, φ_y um die x- und y-Achse. Der Aufnahmestift im Rundloch verhindert gleichzeitig Bewegungen in x- und y-Richtung und der Stift im Langloch sperrt die Rotation φ_z um die z-Achse. Dieses Prinzip lässt sich relativ einfach auf beliebig starre Körper übertragen. Eine Ausnahme stellten flexible oder nicht eigenstabile Teile dar, die gewöhnlich zur Unterstützung noch zusätzliche Referenzpunkte benötigen.

16.4 RPS-Symbolik

Im Fahrzeugbau ist es üblich, dass alle Referenzpunkte in den Teilezeichnungen angegeben werden. Hierzu hat man eine „sprechende" Symbolik entwickelt, die auszugsweise im Abb. 16.5 wiedergegeben ist.

Haupt-Referenz-Punkte	=	Großbuchstaben	
1 bis 6	→	H =	Loch/Stift
1 bis 6	→	F =	Fläche/Punkt
1 bis 6	→	T =	theoretischer Punkt, wird aus zwei Nebenpunkten gebildet
System starrer Körper (Gelenk oder Verschiebeschlitten)	=	Großbuchstaben	
51 bis 99	→	H/F/T	Loch/Stift/Fläche/Punkt
Neben-Referenz-Punkte (flexible und nicht eigenständige Teile)	=	Kleinbuchstaben	
ab 101	→	h =	Loch/Stift
ab 101	→	f =	Fläche/Punkt
21 bis 50	→	f/h =	Nebenpunkte aus denen ein T entsteht (Symmetrie)
Fixierungsrichtungen	=	Kleinbuchstaben	
ab 101	→	x, y, z	für netzparallele, bauteilorientierte Bezugssysteme
ab 101	→	a, b, c	für gedrehte, bauteilorientierte Bezugssysteme

Abb. 16.5: RPS-Symbolik nach VW-Werksnorm

Mit diesen Angaben lässt sich jetzt auch die im vorstehenden Abb. 16.4 eingetragene Symbolik eindeutig interpretieren.
– Hauptreferenzpunkt

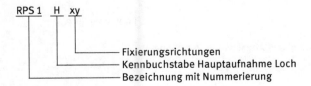

– weiterer Referenzpunkt

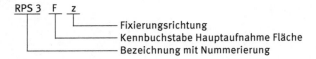

– Fixierrichtung

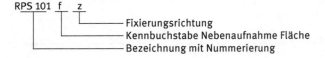

Normalerweise beginnt die Körperplatzierung damit, dass ein Hauptreferenzpunkt (RPS 1) festgelegt wird, der meist alle Koordinatenrichtungen sperren kann. Dazugehörig werden zwei weitere Punkte (RPS 2, RPS 3) gesucht, so dass letztlich die z-Richtung gesperrt ist. Danach werden zwei Punkte festgelegt, um die y-Richtung zu sperren. Die festgelegten Punkte müssen dann so aufeinander abgestimmt werden, dass ein Punkt die Sperrung in x-Richtung vornimmt.

16.5 Verfahrensweise für Baugruppen

Im Abb. 16.6 ist eine fiktive Baugruppe dargestellt, welche aus drei Teilen gebildet wird.

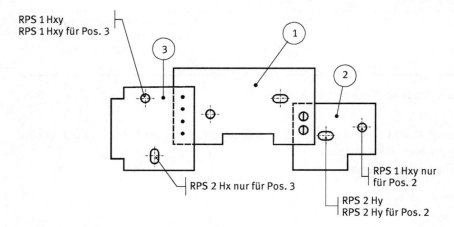

Abb. 16.6: Baugruppen mit RPS-Punkten (Angabe ohne Z-Aufnahme)

Im Fahrzeugbau gilt die Vereinbarung:
- Sind in einem ZUS-Bau Teile mit angerissener Teile-Nummer, aber ohne RPS-Eintrag, dargestellt, so existiert zu dem Teile eine eigene Zeichnung.
- Sind in einem ZUS-Bau Teile mit angerissener Teile-Nummer und den zugehörigen Referenzpunkten dargestellt, dann existiert zu dem Teil keine eigenständige Zeichnung.

Gewöhnlich wird dieses Prinzip nur bei sehr einfachen Teilen genutzt.

17 Geometrische Produktspezifikation/GPS

17.1 Konzeption

Die Normung hat sich dem technischen Fortschritt in einer globalisierten Wirtschaft anzupassen. Seitens der Bauteilbeschreibung ist dies durch den Einsatz von CAD, DNC und digitaler Messtechnik gekennzeichnet.

Gleichfalls haben die erweiterten Möglichkeiten auch zu höheren Qualitätsansprüchen geführt, deren Festschreibung in den Fertigungsunterlagen erfolgen muss. Hiermit ist eine vollständigere Geometriebeschreibung von Bauteilen (s. ISO 14660) verbunden, die Folgendes umfassen sollte:
- Längenmaße mit dimensionellen Toleranzen,
- geometrische Toleranzen

sowie
- technologische Oberflächencharakterisierung.

Ziel ist es, die notwendigen Bauteileigenschaften, die in der
- Funktionalität,
- Funktionssicherheit

und
- Austauschbarkeit

bestehen, durch eine exaktere Spezifizierung abzusichern. Die ISO hat deshalb schon in den 90er-Jahren das Technische Komitee (CEN/TC 290) gebildet, welches sich mit einer Erweiterung der Normung in *Ketten*, d. h. zusammenhängende Normen (ISO 14638) für die gleichen geometrischen Eigenschaften (Maß, Form, Lage, Welligkeit und Rauheit), beschäftigt hat.

Das mit den großen Industriestaaten abgestimmte Konzept wird derzeit als eigene GPS-Norm (ISO 17450) eingeführt. Viele Neuerscheinungen weisen im Textkopf schon auf dieses Konzept hin, wie die folgende Abb. 17.1 exemplarisch zeigen soll.

Abb. 17.1: Kopfleiste einer deutschen, europäischen und internationalen GPS-Norm

Eine Normenkette besteht aus sechs Kettengliedern (durchnummeriert von 1 bis 6) und wird als „allgemeine GPS-Normenkette" für 18 geometrische und technologische Eigenschaften sowie als „ergänzende Normenkette" für die Toleranznormen einiger wichtiger Fertigungsverfahren (derzeit 7) und als Geometrienormen für bestimmte Maschinenelemente (derzeit 3) entwickelt.

Die dazu erforderliche Systematik ist in einer (vorläufigen) GPS-Matrix (s. Abb. 17.2) strukturiert worden, um den Normungsgrad sichtbar zu machen.

Beispielsweise werden die oft gebrauchten „Allgemeintoleranzen" in das Feld der ergänzenden Normen geführt und sind insofern für eine häufigere Überarbeitung vorgesehen.

Für den zukünftigen Normungsbedarf kann diese Matrix geeignet erweitert werden. Obwohl sie derzeit schon einen recht vollständigen Umfang aufweist. Über alle Bereiche existieren mittlerweile 145 ISO-GPS-Normen. Damit ist das System mächtiger als alle nationalen Normen.

Gegenüber dem derzeitigen Normenstand besteht bei dem GPS-Konzept die Zielsetzung, bei den notwendigen Festlegungen stets die folgenden drei Grundsätze streng einzuhalten:
- Widerspruchsfreiheit,
- Vollständigkeit

und
- Ergänzbarkeit.

Von der Umsetzung dieser Vorgaben /GPS 03/ können alle Anwender sicherlich einen hohen Nutzen für ihre praktische Arbeit erwarten. Die GPS-Struktur sei in dem folgenden Vorgehensmodell der Abb. 17.3 zusammenhängend dargestellt, wobei die nachfolgend aufgeführten Grundsätze eingehalten sind.

Der Grundsatz der *Widerspruchsfreiheit* soll zukünftig dafür sorgen, dass die Inhalte besser abgegrenzt, eindeutige Begriffe benutzt und eine einheitliche Nomenklatur verwandt werden. Eine Normenkette wird damit durchgängig übertragbar auf die „Bauteilverkörperung, das physikalische Modell und die messtechnisch zu erfassenden Merkmale" (s. ISO 14253).

Mit dem Grundsatz der *Vollständigkeit* soll gewährleistet werden, dass alle Möglichkeiten erfasst werden können, um ein Bauteil geometrisch und technologisch vollständig zu spezifizieren. Hiermit hängt direkt die *Ergänzbarkeit* zusammen, die zu berücksichtigen hat, dass Inhalte vervollständigt und erweitert werden müssen. Die Ergänzungen sollten so eintragbar sein, dass keine Überschneidungen entstehen und anderen Anforderungen widersprechen.

Globale GPS-Normen
GPS-Normen oder verwandte Normen, die verschiedene oder alle GPS-Normenketten behandeln und beeinflussen
Matrix allgemeiner GPS-Normen
Allgemeine GPS-Normenketten Normenkette *Maß* Normenkette *Abstand* Normenkette *Radius* Normenkette *Winkel* Normenkette *Form einer Linie* (bezugsunabhängig) Normenkette *Form einer Linie* (bezugsabhängig) Normenkette *Form einer Oberfläche* (bezugsunabhängig) Normenkette *Form einer Oberfläche* (bezugsabhängig) Normenkette *Richtung* Normenkette *Lage* Normenkette *Rundlauf* Normenkette *Gesamtlauf* Normenkette *Bezüge* Normenkette *Oberflächenrauheit* Normenkette *Oberflächenwelligkeit* Normenkette *Grundprofil* Normenkette *Oberflächenfehler* Normenkette *Kanten*
Matrix ergänzender GPS-Normen
Ergänzende GPS-Normenkette A. Toleranznormen für bestimmte Fertigungsverfahren A1. Normenkette *Spanen* A2. Normenkette *Gießen* A3. Normenkette *Schweißen* A4. Normenkette *Thermoschneiden* A5. Normenkette *Kunststoffformen* A6. Normenkette *Metallischer und anorganischer Überzug* A7. Normenkette *Anstrich* B. Geometrienormen für Maschinenelemente B1. Normenkette *Gewindeteile* B2. Normenkette *Zahnräder* B3. Normenkette *Keilwellen*

(GPS-Grundnormen)

Abb. 17.2: Struktur der ISO-GPS-Normung

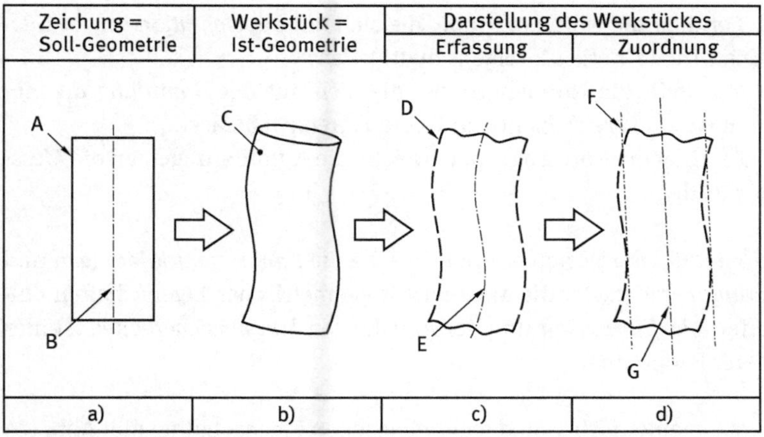

Zeichung = Soll-Geometrie	Werkstück = Ist-Geometrie	Darstellung des Werkstückes	
		Erfassung	Zuordnung
a)	b)	c)	d)

Zylinder:
A vollständiges Nenn-Geometrieelement
B abgeleitetes Nenn-Geometrieelement (Mittellinie)
C wirkliches Geometrieelement
D erfasstes vollständiges Geomtrieelement (so wie gefertigt)
E erfasstes abgeleitetes Geometrieelement
F zugeordnetes vollständiges Geometrieelement
G zugeordnetes abgeleitetes Geomtrieelement

Abb. 17.3: Erfassung der realen Werkstückgeometrie durch Ableitung von der Nenn-Geometrie

17.2 Normenkette

Zu dem GPS-Vorhaben wird von den nationalen Normenkomitees eine Übersichtsliste geführt, die jederzeit über den Stellenwert und Status einer Norm Auskunft gibt. Alle Normen, die noch nicht als endgültige Fassung herausgegeben sind, werden als „Vorhaben (project)" gelistet. Falls eine Norm in Überarbeitung ist, wird diese mit „(R)" gekennzeichnet; falls eine Norm zurückgezogen ist, wird diese mit „(W)" gekennzeichnet.

Die angesprochene Normenkette soll den Phasen der Produktentwicklung folgen und das erforderliche Produkt-Know-how verschlüsseln helfen, sodass eine standortunabhängige Fertigung möglich wird. Dies wird unterstützt durch eine international abgestimmte Nomenklatur, die alle Normenanwender unabhängig von ihrer Landessprache verstehen.

Die sechs Kettenglieder werden dazu folgendermaßen strukturiert /WEC 01/:
- Kettenglied 1 enthält die Normengruppe, die die *Zeichnungseintragung* von Werkstückeigenschaften regelt.
- Kettenglied 2 enthält die Normengruppe, die die *Tolerierung* von Werkstückeigenschaften regelt.

- Kettenglied 3 enthält die Normengruppe, die sich mit der *Definition des Ist-Geometrieelementes* (reale Werkstückeigenschaft) befasst.
- Kettenglied 4 enthält die Normengruppe, die sich mit der *Ermittlung der Abweich*ungen und dem *Vergleich* mit den Toleranzgrenzen befasst.
- Kettenglied 5 enthält die Normengruppe, welche die Anforderungen an die *Messeinrichtungen* festlegt.

und

- Kettenglied 6 enthält die Normengruppe, welche die *Kalibrieranforderungen* und die *Kalibrierung* festlegt. Für die Messbarkeit geometrischer Eigenschaften einschließlich der *Rückführbarkeit* und der Angabe von *Messunsicherheiten* ist dies von besonderer Bedeutung.

Für die festgelegten geometrischen und technologischen Eigenschaften gibt Abb. 17.4 die Zuordnung in einer Matrix wieder. Zweck dieser Matrix ist transparent zu machen, was durch die Normung abgedeckt ist bzw. noch abzudecken ist.

Derzeit hat man festgestellt, dass das Normenwerk nur knapp 50 % der notwendigen Anforderungen regelt, die heutige Technologien unter der Prämisse einer hohen Funktionssicherheit und Qualität fordern. Die GPS-Normung greift damit vor und leistet einen Beitrag zur Weiterentwicklung der Technik in einem globalen Wirtschaftsumfeld mit wachsenden Anforderungen an die Ausführungsqualität.

Kettengliedernummer	1	2	3	4	5	6
geometrische Eigenschaften des Elementes	Angaben der Produktdokumenten-Codierung	Definition der Toleranzen – Theoretische Definition und Werte	Definitionen der Eigenschaften des Istformelementes oder der Kenngrößen	Ermittlung der Abweichungen des Werkstücks – Vergleich mit Toleranzgrenzen	Anforderungen an Messeinrichtungen	Kalibrieranforderungen – Kalibriernormen
1. Maß						
2. Abstand						
3. Radius						
4. Winkel (Toleranz in Grad)						
5. Form einer Linie (bezugsunabhängig)						
6. Form einer Linie (bezugsabhängig)						
7. Form einer Oberfläche (bezugsunabhängig)						
8. Form einer Oberfläche (bezugsabhängig)						
9. Richtung						
10. Lage						
11. Rundlauf						
12. Gesamtlauf						
13. Bezüge						
14. Oberflächenrauheit						
15. Oberflächenwelligkeit						
16. Grundprofil						
17. Oberflächenfehler						
18. Kanten						

Abb. 17.4: Matrixmodell der ISO-GPS-Normung nach ISO 14638

18 Erfahrungswerte für Form- und Lagetoleranzen

In der Begrenzung von Form- und Lagetoleranzen haben viele Konstrukteure noch nicht das Gefühl entwickelt, was technologisch machbar ist. Anhaltspunkte dazu geben die alte Norm ISO 2768, Teil 2 oder die folgenden Werte, die in praktischen Prozessen der spanenden Fertigung bei einer Einspannung ermittelt worden sind. Einengungen dieser Werte führen gewöhnlich zu entsprechend höheren Fertigungskosten.

Größte Länge L der zu bearbeitenden Fläche		Ebenheitstoleranzen in mm				
über (mm)	bis (mm)	beim Läppen	beim Schleifen	beim Fräsen	beim Drehen	beim Planieren
	10	0,002	0,005	0,015	0,020	0,040
10	25	0,004	0,015	0,030	0,040	0,080
25	50	0,006	0,030	0,045	0,080	0,160
50	120	0,010	0,050	0,060	0,120	0,280
120	250	0,012	0,060	0,070	0,140	0,360

Größte Länge L der zu bearbeitenden Fläche		Parallelitätstoleranzen in mm			
über (mm)	bis (mm)	beim Drehen	beim Fräsen	beim Schleifen	bei Pressteilen
	10	0,03	0,05	0,01	0,040
10	25	0,05	0,05	0,02	0,080
25	50	0,10	0,10	0,05	0,160
50	120	0,10	0,15	0,08	0,280
120	250	0,15	0,20	0,10	0,360

https://doi.org/10.1515/9783110720723-018

18 Erfahrungswerte für Form- und Lagetoleranzen

Rundheitstoleranzen in mm ○

Durchmesser über (mm)	bis (mm)	beim Drehen zwischen Spitzen	beim Drehen im Futter, in Zange	beim Schleifen zwischen Spitzen	beim Schleifen im Futter, in Zange	beim Schleifen spitzenlos
	10	0,003	0,005	0,002	0,003	0,003
10	50	0,005	0,015	0,002	0,005	0,005
50	120	0,008	0,030	0,003	0,008	0,008
120	250	0,010	0,050	0,005	0,010	0,010

Zylinderformtoleranzen in mm ⌭

Größte Länge L der zu bearbeitenden Fläche über (mm)	bis (mm)	für Wellen beim Drehen	für Wellen beim Schleifen	für Bohrungen beim Drehen	für Bohrungen beim Schleifen
	50	0,01	0,003	0,02	0,003
50	120	0,02	0,005	0,03	0,005
120	250	0,04	0,008	0,05	0,008
250	500	0,05	0,010	-	-

Planlauf- und Rundlauftoleranzen in mm ↗

Durchmesser über (mm)	bis (mm)	beim Drehen zwischen Spitzen	beim Drehen im Futter, in Zange	beim Schleifen zwischen Spitzen	beim Schleifen im Futter, in Zange	beim Schleifen spitzenlos
	6	0,03	0,05	0,005	0,03	0,03
6	10	0,05	0,08	0,010	0,05	0,05
10	50	0,08	0,10	0,015	0,10	0,10
50	120	0,10	0,15	0,020	0,15	0,15
120	250	0,15	0,20	0,025	0,20	0,20

19 Übungen zur Zeichnungseintragung

19.1 Geometrische Toleranzen in Zeichnungen

In den nachfolgenden skizzierten Fällen sollen einfache Werkstücke bzw. Bauteile exemplarisch mit den angegebenen Werten toleriert und darstellungstechnisch ergänzt werden.werden.

Hierfür soll der Tolerierungsgrundsatz ISO 8015, die Symbolik nach ISO 1101 und verwendet werden. Die Interpretation der einzelnen Toleranzen wird insgesamt verständlicher, wenn auch die jeweilige Toleranzzone in die Bauteile einskizziert wird (dies wird natürlich als Zeichnungsangabe normalerweise nicht verlangt). Die Lage der Toleranzzone gibt insofern einen eindeutigen Hinweis auf die akzeptierte Abweichung und den Nachweis über eine Messung. Insgesamt fördert dies das Verständnis zu den Form- und Lagetoleranzen.

Bei der Ergänzung von Skizzen ist jeweils die ISO 128-100 (Allgemeine Grundlagen der Darstellung) und die ISO 129-1 (Angabe von Maße und Toleranzen) weitestgehend zu berücksichtigen.

19.2 Eintragung von Formtoleranzen

Beispiel 1: Geradheitstoleranz von Mittellinien oder Kanten

Tolerierungsfall: Der reale Verlauf der Mittellinie des dargestellten Werkstücks soll in einem Quader mit der Geradheitsanforderung $t_y \times t_z = 0{,}05 \times 0{,}2$ festgelegt werden. Das entsprechende Koordinatensystem ist angegeben.

Zur Einführung in die Problematik ist der erste Eintrag beispielhaft vorgenommen worden. Die Größe der Toleranzzone ist angedeutet und der Verlauf grau hinterlegt eingezeichnet worden.

Beispieleintrag:

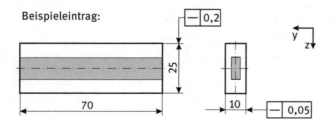

Tolerierungsfall: Die Geradheitsabweichung der Mittellinie der Durchgangsbohrung soll in einem Toleranzzylinder mit dem Durchmesser $\varnothing t_G = 0{,}05$ liegen.

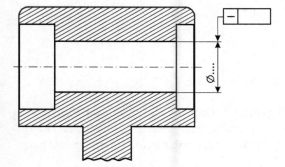

Tolerierungsfall: Die obere Kante der Schneide eines Maschinenmessers soll über die ganze Länge innerhalb von $t_G = 0{,}05$ gerade sein.

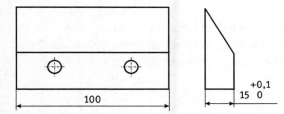

Tolerierungsfall: Kanten auf der oberen Deckfläche eines Gleitsteins sollen an der schmalen Seite innerhalb von $t_y = 0{,}05$ und an der langen Seite innerhalb von $t_x = 0{,}1$ gerade sein. Dies muss in beliebigen Schnitten über die Breite und Länge nachgewiesen werden. Nutzen Sie hierfür die Schnittebenen-Indikatoren.

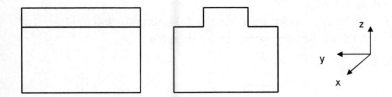

Beispiel 2: Ebenheit von Flächen
Tolerierungsfall: Vom gezeigten Werkstück, soll die obere Bearbeitungsfläche eines Distanzstücks innerhalb von $t_E = 0{,}08$ eben sein. Dies ist eine Forderung für eine Fläche in „sich". Alternativ soll die Ebenheit mittels Geradheitsmessungen nachgewiesen werden.

Tolerierungsfall: Es ist ein Gussstück gezeigt. Im linken Fall soll jede der drei herausstehenden Bearbeitungsflächen mit $t_E = 0{,}08$ in „sich" eben sein. Im rechten Fall soll t_E als Ebenheitsforderung über die drei Flächen („kombinierte" Toleranzzone) insgesamt gelten.

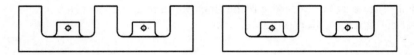

Beispiel 3: Rundheitstoleranz

Tolerierungsfall: Die Istform jedes beliebigen Querschnittes des Kegels soll über die Länge innerhalb $t_K = 0{,}1$ rund sein. Der Nachweis soll in einem beliebigen Querschnitt erfolgen. Zu beachten ist, dass der Kegel an den beiden Zapfen gelagert ist.

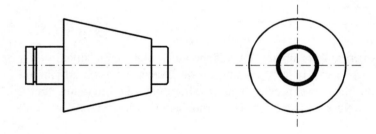

Beispiel 4: Zylinderformtoleranz

Tolerierungsfall: Die Istform des rechts angedrehten Achsstumpfes soll in einem Toleranzraum von $t_Z = 0{,}1$ über die Länge zylindrisch verlaufen.

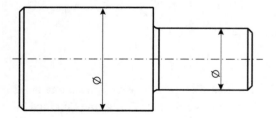

Alternative: Die Zylinderformtoleranz ist eine zusammengesetzte Toleranz; lösen Sie diese wieder in die entsprechenden Einzeltoleranzen auf, und nutzen Sie hier einen gestapelten Toleranzrahmen (Anm.: Die Parallelitätstoleranz ist mit einem Schnittebenen-Indikator zu vereinbaren).

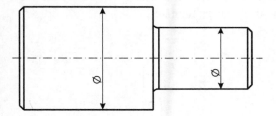

19.3 Eintragung von Profiltoleranzen

Beispiel 5: Linienformtoleranz eines Linienprofils
Tolerierungsfall: Die Istform des Kurvenzuges soll mit einer Toleranz von $t_{l,P} = 0{,}05$ zur theoretisch genauen Linien liegen, die gesamte untere Fläche soll Auflagefläche sein. Die Toleranz ist in mehreren Dickenschnitt nachzuweisen, die aber nicht explizit festgelegt sind.

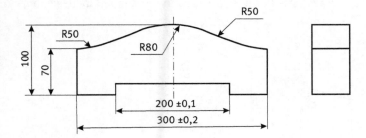

Beispiel 6: Flächenformtoleranz einer allseits gekrümmten Fläche
Tolerierungsfall: Die Istform der gewölbten Oberfläche soll in einer symmetrischen Toleranzzone von $t_{FP} = 0{,}05$ zur theoretisch genauen Oberfläche liegen.

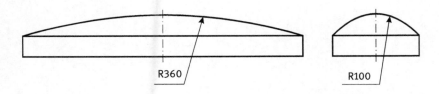

Beispiel 7: Verschiebung der Toleranzzone bei Linienform- oder Flächenformtoleranzen

Tolerierungsfall: Gezeigt ist ein Schottblech eines Flugzeugflügels. Die Linienformtoleranz $t_{LP} = 0,15$ soll aus fertigungstechnischen Gründen 2/3 nach außen und 1/3 nach innen liegen (die Umwandlung in eine asymmetrische Toleranz ist mit „UZ" durchzuführen). Die untere Fläche ist als Bezug zu nehmen.

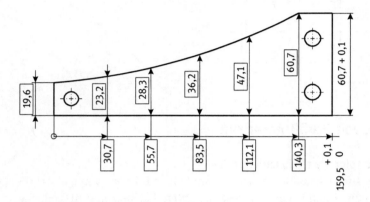

Tolerierungsfall: Die zuvor festgelegte Linienformtoleranz soll aus fertigungstechnischen Gründen nunmehr einseitig um $t_{LP} = 0,15$ nach „Plus" liegen. (Man muss auch hier das Symbol „UZ" benutzen). Als Bezug soll weiterhin die untere Fläche genommen werden.

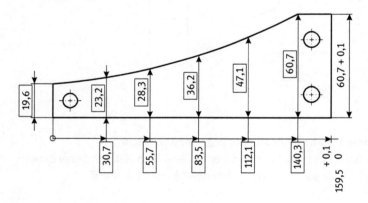

19.4 Eintragung von Lagetoleranzen

19.4.1 Richtungstoleranzen

Beispiel 8: Parallelitätstoleranz einer Mittellinie zu einer Bezugsachse bzw. Bezugsstellen

Tolerierungsfall: Die Mittellinie der oberen Bohrung einer geschmiedeten Pleuelstange soll in einem zum Bezugssystem parallelen Toleranzquader vom Querschnitt $t_x \times t_y = 0{,}2 \times 0{,}1$ liegen. Wählen Sie für den Anwendungsfall funktional sinnvolle Bezüge.

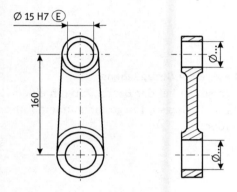

Tolerierungsfall: Die Mittellinie der oberen Bohrung soll jetzt in einem zur Bezugsachse parallelen Toleranzzylinder vom Durchmesser $\varnothing t_P = 0{,}1$ liegen, welches für den Anwendungsfall zweckmäßiger ist.

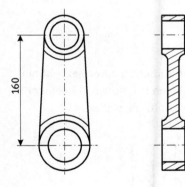

Beispiel 9: Parallelitätstoleranz einer Linie zu einer Bezugsebene
Tolerierungsfall: Die obere Schneidkante soll in einem Toleranzraum von der Größe $t_p = 0{,}04$ liegen. Die untere Ausricht- oder Bezugsfläche soll als gemeinsamer Bezug aus den beiden Anschraubbohrungen gebildet werden.

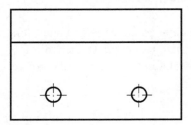
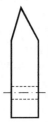

Beispiel 10: Parallelitätstoleranz einer Fläche zu einer Bezugsebene
Tolerierungsfall: Die beiden oberen Istflächen sollen bei der Bearbeitung in einem gemeinsamen Toleranzraum vom Abstand $t_p = 0{,}1$ liegen. Die gesamte untere Aufstandsfläche soll als Bezug herangezogen werden.

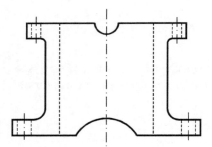

Beispiel 11: Rechtwinkligkeitstoleranz einer Linie/Mittellinie zu einer Bezugslinie
Tolerierungsfall: Die Istachse der einzubringenden oberen Bohrung soll in einem Toleranzzylinder von $t_R = 0{,}18$ rechtwinklig zur unteren Bohrung stehen.

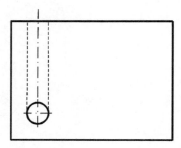
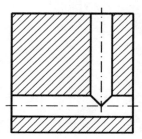

Beispiel 12: Rechtwinkligkeitstoleranz einer Mittellinie zu einer Bezugsebene
Tolerierungsfall: Die Mittellinie des angearbeiteten Zylinders soll in einem zur Anflanschfläche rechtwinkligen Quader vom Querschnitt $t_y \times t_z = 0{,}4 \times 0{,}1$ liegen.

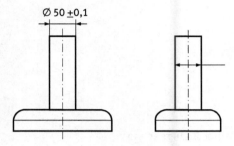

Tolerierungsfall: Die Mittellinie der Bohrung soll zur oberen Bezugsebene (Zylinderkopf) rechtwinklig in einem Toleranzzylinder von $t_R = 0{,}02$ stehen.

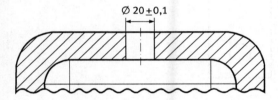

Beispiel 13: Rechtwinkligkeitstoleranz einer Fläche zu einer Bezugsachse
Tolerierungsfall: Die Istfläche der Einsenkung soll rechtwinklig zur Bohrungsachse einer Zylinderkopfschraube stehen, und zwar mit einer Toleranz von $t_R = 0{,}2$.

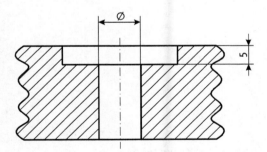

Beispiel 14: Rechtwinkligkeitstoleranz einer Fläche zu einer Bezugsebene
Tolerierungsfall: Die linke Istfläche soll rechtwinklig zur unteren Bezugsebene im Abstand $t_R = 0{,}03$ stehen und „nicht konvex" (NC) sein.

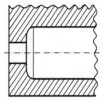

Beispiel 15: Neigungstoleranz einer Linie zu einer Bezugsachse
Tolerierungsfall: Istachse der schrägen Bohrung soll in einem Toleranzzylinder mit $t_N = 0{,}05$ liegen, der im idealen Winkel von 45° zur Bezugsachse geneigt ist.

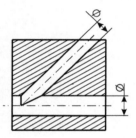
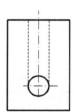

Beispiel 16: Neigungstoleranz einer Fläche zu zwei Bezugselementen
Tolerierungsfall: Die gezeigte Steuerscheibe, welche sich um zwei Lager dreht, soll einen axialen Hub mit einer Toleranz von $t_{N_a x} = 0{,}1$ bewirken. Das heißt, die geneigte Fläche muss toleriert und der entsprechende Messrichtungsanzeiger gesetzt werden.

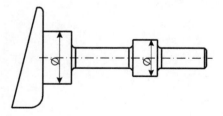

Beispiel 17: Neigungstoleranz einer Fläche zu einer Bezugsebene
Tolerierungsfall: Die geneigte Istfläche des Gussteils soll in einer Toleranzzone vom Abstand $t_N = 0{,}15$ liegen. Die Toleranzzone soll im idealen Winkel von 30° zur insgesamt aufliegenden unteren (rohen) Bezugsfläche geneigt sein.

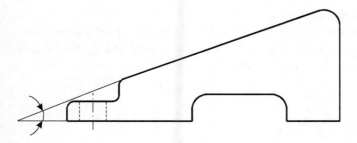

19.4.2 Ortstoleranzen

Beispiel 18: Positionstolerierung von Lochbildern

Tolerierungsfall: Nach alter Normenlage wurden Lochbilder (heute: Muster) durch Abmaße (+/−) festgelegt. Dies führt gewöhnlich zur Toleranzaddition, weshalb diese Vermassung nicht mehr angewendet werden soll. Unter Verwendung der neuen Positionstolerierung (ISO 5458) soll der linke Darstellungsfall herstell- und montagegerechter vermaßt werden.

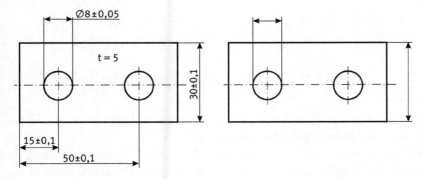

Tolerierungsfall: Bei dem umseitig dargestellten Flansch sind die Umfangslöcher mit der Positionstoleranz $t_{PS} = 0,1$ zu versehen. Weiterhin ist die Darstellung zu vervollständigen.

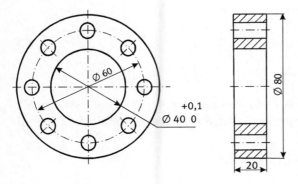

Beispiel 19: Koaxialität von Achsabschnitten
Tolerierungsfall: Bei der gezeigten Achse soll auf dem Mittelteil eine Nabe mit Gleitlager aufgeschrumpft werden. Die Achse steht, während sich das Lager dreht. In dem Fall ist eine Koaxialität von $t_{Ko} = 0{,}05$ ausreichend.

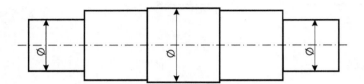

Beispiel 20: Symmetrietoleranz von zwei Geometrieelementen
Tolerierungsfall: Ein Bauteil soll mit einer mittigen Nut versehen werden. Die Symmetrietoleranz ist aber auf $t_S = 0{,}2$ zu begrenzen.

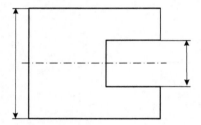

Beispiel 21: Rundlauftoleranz bei rotierenden Teilen
Tolerierungsfall: Die Skizze zeigt eine Spindel zur Fadenaufwicklung. Der Wellenabschnitt mit $\varnothing 40$ wird in einem Gleitlager geführt; das freie Spindelende darf dann nur eine Rundlauftoleranz von $t_L = 0{,}08$ haben.

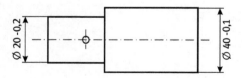

Tolerierungsfall: Bei der gezeigten Welle wird auf dem Mittelabschnitt ein Schneidmesser aufgebracht. Für einen sauberen Schnitt darf die Gesamtrundlauftoleranz nur $t_{LG} = 0{,}1$ betragen.

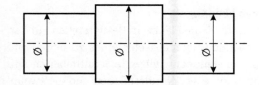

19.5 Sonderfälle der Bezugsbildung

Die Norm DIN EN ISO 5459 zu *Bezügen und Bezugssysteme* verfolgt die Intention, den hohen Stellenwert der Bezüge für die Ausführungsqualität von Produkten nachhaltiger herauszuarbeiten. Dies verpflichtet den Konstrukteur viel stärker als vorher, den Zusammenhang zwischen Bezügen und den Lagetoleranzen festzulegen.

Beispiel 22: Zuordnung zu einem Einzelbezug
Bedingung ist, dass die gekennzeichnete nicht ideale Fläche an das ideale Geometrieelement des Bezuges ausgerichtet werden muss. Das zugeordnete Geometrieelement ist ein Zylinder und der Bezug ist die Schnittlinie der Mittelebenen. Hierbei wird sich einmal auf den aktuellen Umschreibungszylinder und einmal auf den theoretisch genauen Zylinder bezogen.

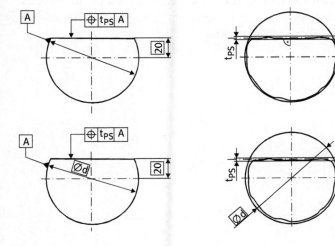

Beispiel 23: Zuordnung von Einzelbezügen über Kugeln

Bedingung ist, dass die gekennzeichnete nicht ideale Fläche an Bezugsstellen auf der realen Oberfläche des den Bezug abzugebenden Geometrieelementes zu bilden ist. Hierbei handelt es sich um zwei aufeinander senkrecht stehende Schnittebenen. Eine Schnittebene verläuft durch die Schnittpunkte der Zylinderflächen und die zweite Schnittebene steht hierauf senkrecht. Die Lagetoleranz muss somit das Modifikationssymbol [CF][1] erhalten.

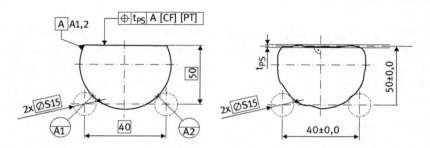

Beispiel 24: Zuordnung von Einzelbezügen über Spannfutter (linienförmiger Bezug)

Bei der Bezugsbildung über Geometrieelemente kann auch Einfluss auf die Spannbedingungen genommen werden. Sehr oft werden zylindrische Geometrieelemente über Dreibackenfutter gespannt. Dies wird durch die Angabe einer Anzahl von linienförmigen Bezugsstellen signalisiert. Im gezeigten Beispiel ist das zugeordnete Geometrieelement der Zylinder und der Bezug ist seine Achse.

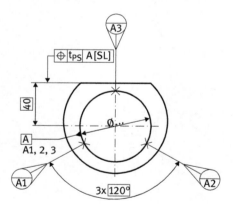

---

[1] Anm.: [CF] = berührendes Geometrieelement bzw. Contacting Feature

Beispiel 25: Zuordnung eines Bezugs über punktspezifizierte Bezugselemente
Immer dann, wenn das für die Bezugsbildung zu verwendenden zugeordneten Geometrieelemente nicht vom gleichen Typ wie das Nenngeometrieelement sind, dann ist dies durch die Angabe [CF] im Toleranzrahmen zu bemerken. Im vorliegenden Fall soll das zur Bezugsbildung zu verwendende Geometrieelement kein Zylinder und auch nicht seine Achse sein. Der Bezug soll stattdessen vier Punkte [PT] sein, die über die Länge des Geometrieelements eine sichere Aufnahme gewährleisten.

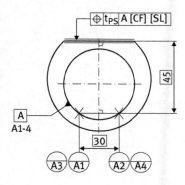

Beispiel 26: Zuordnung eines Bezugs über ein Prisma
Wie vorstehend wird durch die Bezugsangabe signalisiert, dass nicht der Zylinder und auch nicht seine Achse als Bezug heranzuziehen sind. Stattdessen soll der Bezug ein 120°-Prisma sein. Dies ist dadurch gegeben, dass zwei linienförmige Bezugsstellen [SL] (Berührung hängt jedoch von der Genauigkeit des Prismas ab) markiert sind, die letztlich zwei sich schneidende Ebenen bilden, an denen das Bauteil berührend anliegt. Diese Spezifizierung ist dem Toleranzindikator zu entnehmen.

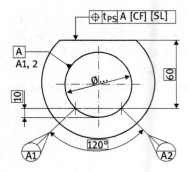

Beispiel 27: Zuordnung eines Bezugs über mehrere Stützstellen
Im vorliegenden Fall werden die erforderlichen Bezüge über mehrere Bezugsstellen in zwei Ebenen gebildet. Weil das für den Bezug B zu verwendende Geometrieelement nicht vom gleichen Typ wie das tolerierte Geometrieelement ist, muss hinter B das Modifikationssymbol [CF] stehen. Es liegt somit ein Bezugssystem vor, welches aus einer Ebene durch die Bezugsstellen B1, B2, B3, B4 und dem hierauf rechtwinkligen Anschlag A1 gebildet wird.

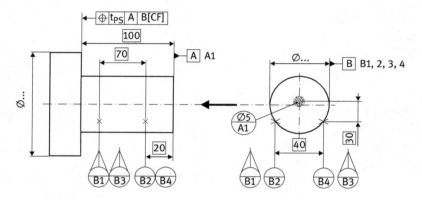

Beispiel 28: Bildung eines Bezugssystems über Bezugsstellen
Bei dem gezeigten verkröpften Hebel mag die Position der Anschraubbohrungen von besonderer Bedeutung sein. Die erforderliche flächige Aufnahme wird durch die gemeinsamen Bezugsstellen A1, A2 und D1 gebildet. Stirnseitig sollen die festen Bezugsstellen B1, B2 und die veränderlichen Bezugsstellen C1, C2 herangezogen werden. Hiermit ist ein RPS (Referenz-Punkte-System) mit zwei veränderlichen Anschlägen aufgebaut.

In Fällen in denen ein bestimmtes Bezugssystem wiederkehrend vorkommt, darf nach norm eine abkürzende ISO-Spezifikation mit dem Symbol [DSi] an Stelle der direkten Angabe genutzt werden. Ein Hinweis am oder in der Nähe des Schriftfeldes erläutert, dass es sich um ein vollständiges Bezugssystem handelt.

Bei dem Beispiel ist die Spezifikation nur zum Zweck der Anwendung herangezogen worden, um diese Möglichkeit zu zeigen.

19.5 Sonderfälle der Bezugsbildung

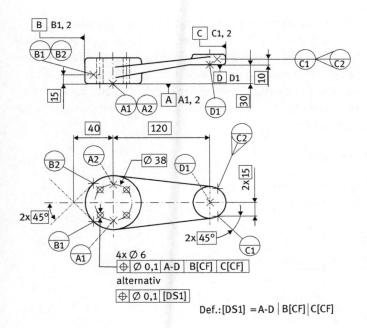

Beispiel 29: Bildung eines Bezugssystems über Bezugsstellen

Die gezeigte Flanschbuchse benötigt an einer definierten Stelle eine Ausnehmung für eine formschlüssige Sicherung. Um diese Stelle reproduzierbar zu machen, ist ein rechtwinkliges Koordinatensystem erforderlich, welches über Bezugsstellen gebildet wird. Wie herausgehoben, wird die Bohrung als dritten Bezug für die Ausnehmung herangezogen.

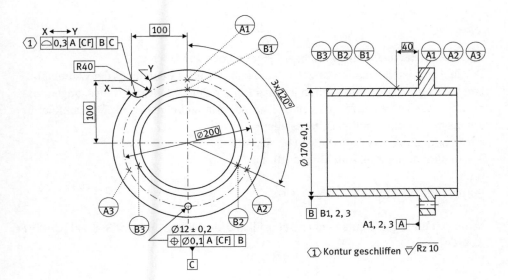

Beispiel 30: Bildung eines Bezugssystems über berührende Geometrieelemente

Für die gezeigte Nockenwelle besteht die Forderung, einen entsprechenden Gesamtlauf erreichen zu wollen. Hierfür wird eine Rotation um einen gemeinsamen Bezug benötigt, der hier über Kugeln (Fixierung in zwei Ebenen) hergestellt werden soll.

Bei der Angabe unter a) wird eine feste Position der Kugeln und ein gemeinsamer Bezug vereinbart, während unter b) verlangt wird, dass die Kugel B eng anliegend und ein Bezugssystem vorliegen soll.

a) Angabe ohne Bezugstellenangabe

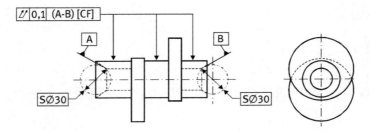

b) Angabe mit Bezugstellenangabe

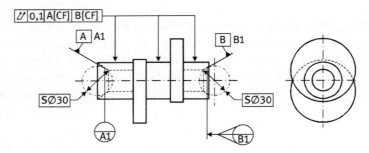

Beispiel 31: Bezugsstellenbildung auf einer komplexen Fläche

Bei dem gezeigten Fall man es sich um ein kompliziertes Bauteil aus dem Automobilbau handeln. Zuvor wurde schon auf das Prinzip der „3-2-1-Regel" eingegangen, die nun hier zur Anwendung kommen soll. Diese verlangt bei dem eingeführten Koordinatensystem die folgenden Bezugsstellen:
- in z-Richung drei Aufnahmen (A1, A2, A3),
- in y-Richtung zwei Aufnahmen (B1, B2)

und
- in x-Richtung eine Aufnahme (C1).

In der Zeichnung sind entsprechend eine Fläche, eine Kante und eine Stelle eingeführt worden.

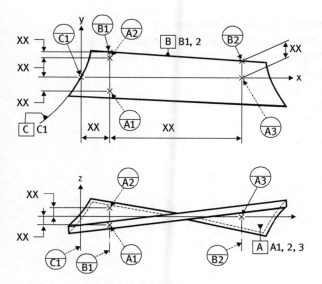

Anm.: XX im Rahmen soll für beliebige Maße stehen

19.6 Oberflächensymbole in technischen Zeichnungen

Mit der DIN EN ISO 21920 hat sich auch die Kennzeichnung von Oberflächen in Zeichnungen geringfügig geändert. Weiterhin hat es verschiedene Neuerungen bei den Definitionen (s. ISO 4287) sowie den Regeln und Verfahren für die Beurteilung der Oberflächenbeschaffenheit (s. ISO 4288) gegeben. Die folgenden Beispiele zur Charakterisierung und Eintragung berücksichtigen diese Änderungen.

Beispiel 32: Lage und Ausrichtung der Symbole
Eintragung: In Übereinstimmung mit der ISO 128 gilt die Regel, dass das Oberflächensymbol zusammen mit den Kenngrößen so einzutragen ist, dass dieses in der Zeichnung von unten oder von rechts lesbar ist. Einige Anbringungsmöglichkeiten zeigt die nachfolgende Bauteilskizze.

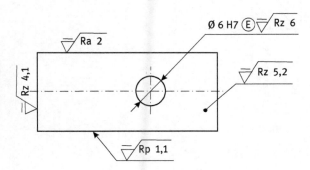

Beispiel 33: Bezugs- und Hinweislinie auf Körperkanten
Eintragung: Das grafische Symbol für die Oberflächenanforderungen muss entweder direkt mit der Oberfläche verbunden sein oder kann auch auf einer Bezugs-/ Hinweislinie stehen, die in einen Maßpfeil endet.

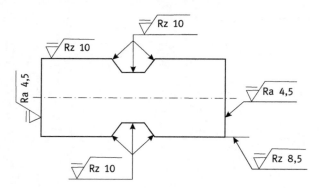

Regel: Bei den Eintragungen wurde die Norm-Bedingung berücksichtigt, dass das Symbol von außerhalb des Materials auf die Oberfläche zu zeigen hat, und zwar auf die Körperkante oder deren Verlängerung.

Eintragung: Angaben und Verweise auf Kanten bzw. Flächen können auch auf einer Hinweislinie stehen. Diese soll schräg zum Gegenstand gezogen werden und eine Neigung aufweisen, die sich von der Schraffurneigung unterscheidet.

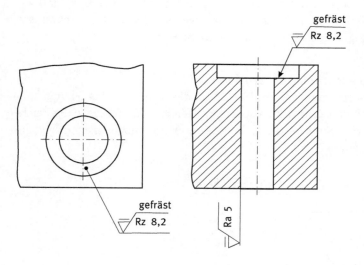

Beispiel 34: Spezifizierung mit Maßangabe

Eintragung: Die Oberflächenangabe darf auch zusammen mit der Maßangabe erfolgen, wenn kein Risiko zur Fehlinterpretation besteht. Dies ist beispielsweise bei Passungen gegeben. In Fällen, wo Fehlinterpretationen möglich sind, ist diese Angabe nicht zu empfehlen.

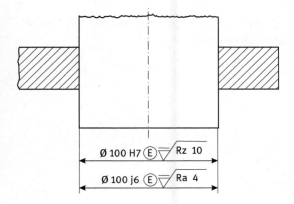

Beispiel 35: Angabe zusammen mit Geometrietoleranz

Eintragung: Um die Anzahl an Symbolen in einer Zeichnung zu reduzieren, kann das Oberflächensymbol mit dem F+L-Toleranzrahmen kombiniert werden.

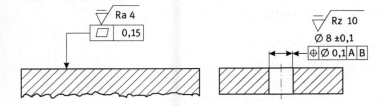

Beispiel 36: Angaben auf Maßhilfslinie

Eintragung: Die Oberflächenanforderung darf auch direkt auf der Maßhilfslinie angebracht werden oder mit dieser durch eine Hinweislinie verbunden werden, wenn diese in einen Pfeil endet.

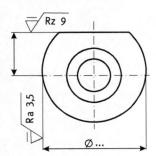
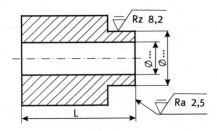

Beispiel 37: Angaben bei rotationssymmetrischen Bauteilen und kubischen Geometrien

Eintragung: Bei zylindrischen und prismatischen Oberflächen braucht das Symbol nur einmal angegeben werden, wenn das Bauteil mit einer Mittellinie beschrieben ist und dieselbe Anforderung an die Oberflächenbeschaffenheit für den ganzen Zylinder oder alle prismatischen Flächen besteht.

Falls jedoch unterschiedliche Anforderungen für die prismatischen Flächen gelten sollen, so muss das Symbol für jede Fläche angegeben sein.

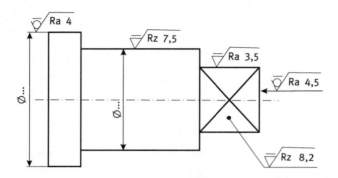

Beispiel 38: Angabe für sich wiederholende Geometrieelemente

Eintragung: Bei wiederkehrenden Geometrieelementen braucht die Oberflächenanforderung nur einmal mit der Maßeintragung vermerkt zu werden.

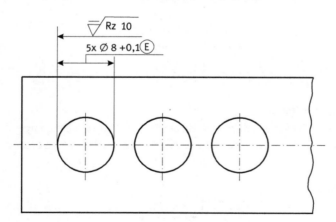

Beispiel 39: Angabe bei unterschiedlichen Oberflächen
Eintragung: Wenn an einem Bauteil unterschiedliche Oberflächenbeschaffenheiten innerhalb einer Oberfläche gestellt werden, so ist die abweichende Anforderung mit einer außenliegenden Strichpunktlinie zu kennzeichnen und als Freimaß oder toleriertes Maß zu vermaßen.

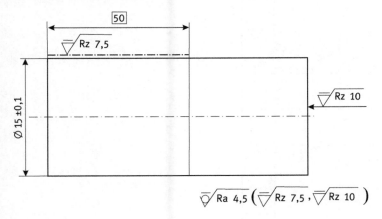

Beispiel 40: Angaben für zusammenwirkende Berührungsflächen
Eintragung: An Berührungsflächen zusammengesetzt gezeichneter Teile mit gleicher Oberflächenanforderung ist die Symbolik wie folgt anzubringen:

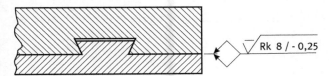

Beispiel 41: Angaben für Rundungen und Fasen
Eintragung: Die Oberflächenanforderungen für Funktionsradien müssen auf das TED-Maß gesetzt werden. Die Radienangabe ist nach ISO 21204 beispielsweise gewählt worden.

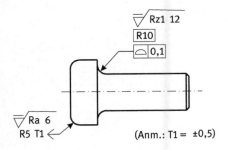

(Anm.: T1 = ±0,5)

Beispiel 42: Angabe für Mehrzahl an Oberflächen mit gleicher Anforderung
Eintragung: Wenn gleiche Oberflächenanforderungen an die Mehrzahl der Oberflächen eines Bauteils gestellt werden, so kann dies in der Nähe oder im Schriftfeld vereinbart werden.

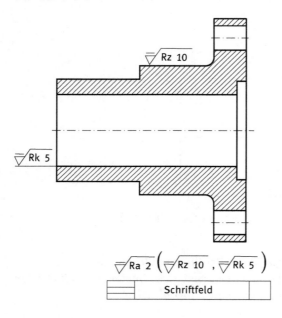

Zur Gesamtkennzeichnung darf auch eine vereinfachte Angabe in der Zeichnung gemacht werden.

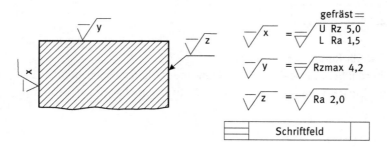

20 Normgerechte Anwendungsbeispiele

Die nachfolgenden Tolerierungsbeispiele aus der Praxis sind mit dem Normenkommentar /DIN 11/ zur DIN EN ISO 1101 abgestimmt. Die Beispiele zeigen in der Hauptsache die Benutzung der Symbole für „Form- und Lagetoleranzen" und geben insofern Hinweise für eine zweckgerechte Bemaßung und Tolerierung. Hierbei sind *nur die funktionsbestimmenden Maße* eingetragen, insofern sind die Zeichnungen meist nicht vollständig.

Zu beachten ist, dass die Beispiele teils auf das „Hüllprinzip" oder „Unabhängigkeitsprinzip" zugeschnitten sind. Überall da, wo Passfunktionen erforderlich sind, ist gemäß ISO 14405 eine Lehrung mittels Ⓔ (Einhaltung des Hüllmaßes) vereinbart.

Anwendungssituation 1: Bemaßung und Tolerierung eines Kugelzapfens
Der gezeichnete Kugelzapfen ist Teil einer Achse eines Nfz, welches die Verbindung zwischen Spurstange und Achsschenkel herstellt und zur Führung des Vorderrades dient. Die für den Kegel eingetragenen Toleranzen (Geradheit/Rundheit) garantieren einen hohen Kraftschluss. Durch die Angabe der Flächenform- und Lauftoleranz für den Kugelkopf wird eine einwandfreie Führung der Spurstange gewährleistet.

Die Kugelform ist durch den Buchstaben S und der Durchmesser als theoretisch genaues Maß (in Verbindung mit Profil- bzw. Lauftoleranz) gekennzeichnet. Die Rundheit des Zentrierkonus ist mit einem Richtungselement-Indikator hervorgehoben.

Der Kugellauf ist durch rotation um den Bezug A zu gewährleisten. Der Hinweis auf die Achse ist im Toleranzindikator vermerkt.

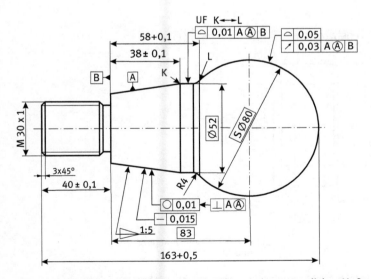

Abb. 20.1: Bemaßter und tolerierter Kugelzapfen mit den wesentlichen Maßen

https://doi.org/10.1515/9783110720723-020

Anwendungssituation 2: Bemaßung und Tolerierung eines Scheibenkolbens

Der Kolben ist Bauelement eines Hydraulikzylinders und wird von einer Kolbenstange aufgenommen. Damit der Kolben seine Aufgabe bestimmungsgemäß erfüllen kann, ist für den Kolben Konzentrizität und für die Deckfläche Parallelität vorgeschrieben. Die Bewegung zwischen Kolben und Zylinder wird über die Hüllbedingung gesichert.; ebenso gilt für die Passung ebenfalls eine Hülle. Die Messung der Nut hat gegenüberliegend zu erfolgen.

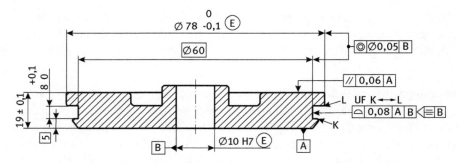

Abb. 20.2: Bemaßter und tolerierter Zylinderkolben mit den wesentlichen Maßen

Anwendungssituation 3: Vermaßung und Tolerierung eines Laufrings

Der abgebildete Laufring eines Radlagers übernimmt als Distanzstück die auftretenden Axialkräfte. Seine äußere Zylinderfläche dient gleichzeitig als Lauffläche für ei-

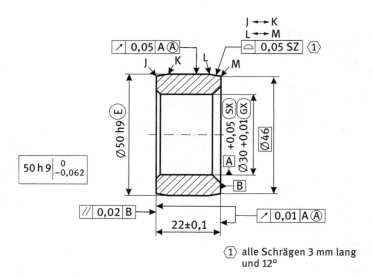

Abb. 20.3: Bemaßter und tolerierter Laufring mit den wesentlichen Maßen und Toleranzen

nen Radialwellendichtring, weshalb hier eine Hülle zu vereinbaren ist. Auf Grund weiterer Funktionsanforderungen sind Parallelitäts-, Lauf- und Flächenformtoleranzen (mit getrennten Toleranzzonen = SZ) vergeben worden. Bei der Innenbohrung soll mit einer Messmaschiene durch örtliche Zweipunktmessungen der Pferchzylinder GX nachgewiesen werden und aus dem Datensatz das maximale Größenmaß SX herausgesucht werden. Diese Werte müssen innerhalb der Toleranzzone liegen.

Anwendungssituation 4: Bemaßung und Tolerierung eines Lagerschildes
Gezeigt ist das Lagerschild eines Getriebegehäuses. Von der Funktion her muss dieser ein Lager aufnehmen und die Welle im Gehäuse führen. Koaxialität der Bohrungen in Bezug zum Wellendurchgang ist dabei unbedingt erforderlich, ansonsten gibt es eine Schiefstellung der Welle. Um sicheres Fügen zu gewährleisten ist die Hüllbedingung benutzt worden.

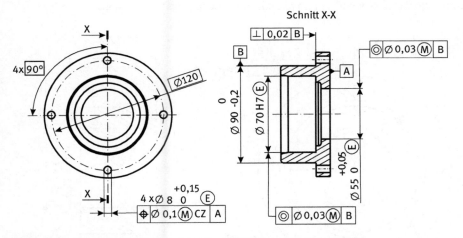

Abb. 20.4: Bemaßter und tolerierter Lagerdeckel mit den wesentlichen Maßen

In den Beispielen wird mit Ⓜ die „Maximum-Materialbedingung" mehrfach benutzt. Die Koaxialitätsabweichungen werden in der angegebenen Größe somit nur wirksam, wenn der Bezugsdurchmesser sein Maximum-Material-Maß hat. Weicht der Bezugsdurchmesser ab – liegt er also am Minimum –, so kann die Koaxialität größer werden, und zwar um die nicht ausgenutzte Maßtoleranz.

Gleichfalls wird in dem Rahmen ein „theoretisch genaues Maß" benutzt. Dieses hat keine Abweichungen (auch keine Allgemeintoleranz), ist also als festes Sollmaß anzusehen. In Kombination mit den Positionstoleranzen der vier Bohrungen liegt somit eine eindeutige Situation vor.

Anwendungssituation 5: Bemaßung und Tolerierung eines Gewindedeckels

Der nachfolgend dargestellte Gewindedeckel dient als Kupplungsstück für eine Gelenkwelle. Entscheidend sind hierbei die Rechwinkligkeit der Gewindebohrung zum Wellenzapfen und die Parallelität der Stirnfläche. Gleichfalls muss die Anschließbarkeit der zweiten Welle sichergestellt werden.

Die Lage der Anschraubbohrungen soll gleichmäßig auf dem Flansch verteilt (alle 90°) sein und zu dem Gegenstück abgestimmt (Position) sein. Die Rechtwinkligkeitstoleranz für das Gewinde bezieht sich durch die Angabe (LD) auf den Innendurchmesser des Gewindes.

In der ISO 1101 ist die Kennzeichnung von Gewinden bzw. Verzahnungen durch LD = kleinster Durchmesser, MD = größter Durchmesser und PD = Flankendurchmesser definiert.

Mit CZ werden die vier Toleranzzonen der Bohrung zu zusammengefasst, dass diese zu dem Primärbezug A die gleiche Richtung haben sollen. Laut ISO 5458 ist dies immer erforderlich, wenn ein unvollständiges Bezugssystem vorliegt.

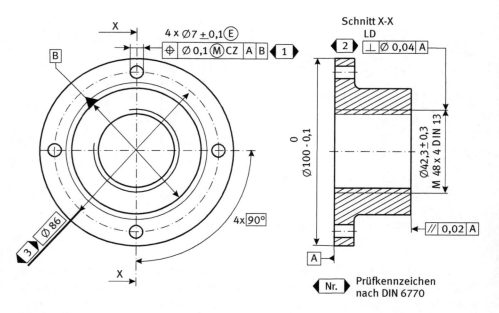

Abb. 20.5: Bemaßter und tolerierter Gewindeflansch mit den wesentlichen Funktionsmaßen

Anwendungssituation 6: Bemaßung und Tolerierung einer Abtriebswelle

Die abgebildete Abtriebswelle treibt ein Sägeblatt für die Profilholzkonfektionierung an. Für einen geraden Schnitt sind daher enge Lauftoleranzen zu den Betriebslagerstellen notwendig. Die Lager- bzw. Bezugsstelle B (wobei die Achse von B gemeint ist, was durch die Angabe des eingekreisten A = Achse) ist in der Ausdehnung begrenzt, weil eben die Passung nicht ganz erforderlich ist.

Gleichfalls müssen Passfunktionen mit den Gegenelementen sichergestellt werden, weshalb die wesentlichen Durchmesser mit Ⓔ begrenzt sind.

Mit der Neufassung der ISO 1101 muss jetzt bei der Konzentrizitäts- bzw. Koaxialitätstoleranz exakter differenziert werden:
- Bei der „Konzentrizität" handelt es sich in der Regel um sehr dünne Bauteile (vom Typ Unterlegscheibe), d. h., die Forderung bezieht sich nur auf erfasste *Mittelpunkte*, die innerhalb eines (Toleranz-) Kreises liegen müssen.
- Bei der „Koaxialität" bezieht sich die Forderung hingegen auf die *ganze Achse*, die innerhalb einer zylindrischen Toleranzzone verlaufen muss. Der Nachweis sollte in jedem beliebigen Querschnitt (d. h., ACS) erfolgen.

Im vorliegenden Beispiel ist dem gemäß die Konzentrizität der Innenbohrung gegenüber der Lagerstelle begrenzt. Der Bezug A besteht jedoch aus zwei unterbrochenen Zylindern, weshalb A-A in Klammern angegeben ist. Ein geklammerte Bezug ist immer dann anzugeben, wenn man sich auf eine Geometrieelementgruppe mit konstantem Abstand bezieht.

Die Konzentrizität der Innenbohrung ist in beliebigen Schnitten (ACS) über die Tiefe nachzuweisen ist, in dem jeweils der Mittelpunkt liegen muss.

Bei den Lauftoleranzen muss zwischen dem einfachen Lauf und dem Gesamtlauf unterschieden werden.

Der einfache Lauf wird bei einmaliger Umdrehung einer Welle als größter Zeigerausschlag eines Messgerätes gemessen.

Der Gesamtlauf muss hingegen bei vielmaliger Umdrehung der Welle und gleichzeitiger Messung entlang des Geometrieelementes gemessen werden. Die Differenz zwischen dem größten und kleinsten Anzeigewert stellt dann die Gesamtlaufabweichung da.

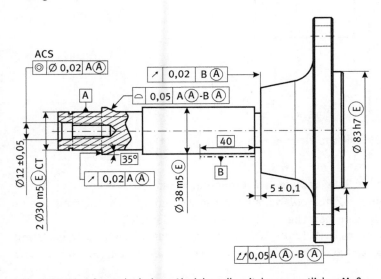

Abb. 20.6: Bemaßte und tolerierte Abtriebswelle mit den wesentlichen Maßen

Anwendungssituation 7: Bemaßung und Tolerierung einer Mitnehmerwelle
Die dargestellte Mitnehmerwelle gehört zum Antrieb einer Walze (Folienkalander). Von der Funktion her muss die Walze zentriert und plan angeschlossen sowie ein Rundlauf gewährleistet werden. Der Zentrierzapfen muss des Weiteren rechtwinklig zur Anschraubfläche stehen.

Auf den Unterschied zwischen dem *einfachen Lauf* und dem *Gesamtlauf* ist vorher schon eingegangen worden.

Die erforderliche Funktionalität ist in der zeichnerischen Darstellung in Lauf-, Rechtwinkligkeits- und Ebenheitstoleranzen umgesetzt worden. Um die Passung am Bund herzustellen, ist die Hüllbedingung Ⓔ benutzt worden, womit die Durchmesserausdehnung begrenzt worden ist auf das Hüll- bzw. Maximummaß.

Der Anschraubflansch soll eine Parallelitätstoleranz zu B haben. Um den Einfluss der Formabweichung auf die Parallelität zu minimieren, ist der Bezug mit einer Ebenheitstoleranz belegt worden. Erfahrungsgemäß gehen Formabweichungen von Geometrieelemente direkt in die Lagetoleranz (hier Parallelitätsabweichung) ein. Wenn Toleranzen perse klein sind, sollten Bezüge im formtoleriert werden.

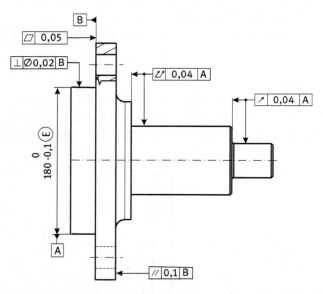

Abb. 20.7: Bemaßte und tolerierte Mitnehmerwelle mit den wesentlichen Maßen

Anwendungssituation 8: Bemaßung und Tolerierung einer Kurbelwelle
Die Kurbelwelle eines 4-Zylinder-Motors ist nur so weit mit Maßen versehen, wie es zum Verständnis der geometrischen Funktionalität erforderlich ist.

Wesentlich für einen Kurbel- bzw. Wellenzapfen ist, dass dieser rund, gerade und parallel, also insgesamt zylindrisch ist. Bei der Rotation sollte weiterhin kein Schlag auftreten, weshalb eine Gesamtrundlauftoleranz zu fordern ist. Abweichungen von der Idealgeometrie führen zu Schiefstellungen der Pleuelstange und somit zu erhöhtem Verschleiß der Zylinderlaufbahn.

Für den Lauf ist es sinnvoll, den gemeinsamen Bezug aus A-B zu wählen, weil dies auch die Lagerstellen im Betrieb sind.

Für die Lauftoleranzen sind – unter Beachtung der zulässigen Durchbiegung – in der Mitte größere Zahlenwerte zugelassen als in der Nähe des Bezugselements. Für die Lagerzapfen sollte zweckmäßigerweise die Zylinderformtoleranz gewählt werden, weil hierdurch die Rundheits- und Geradheitsforderung abgedeckt sind. Gewöhnlich ist hiermit auch die Parallelität festgelegt. Aus funktionstechnischen Gründen muss diese aber weiter eingeschränkt werden, weshalb die Parallelität zusätzlich eingeschränkt ist. Laut Angabe ist die Parallelität (ALS) in Längsschnitten über dem Umfang (gewöhnlich alle 90°) nachzuweisen.

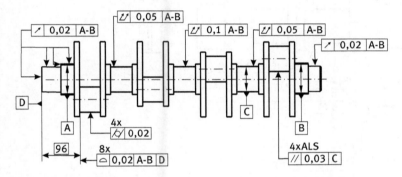

Abb. 20.8: Teilvermaßte und tolerierte Kurbelwelle mit den wesentlichen Maßen

Anwendungssituation 9: Bemaßung und Tolerierung einer Nockenwelle
Die umseitige Abbildung zeigt die Nockenwelle eines Verbrennungsmotors für Motorräder. Hinsichtlich der angegebenen Lauftoleranzen ist ein relativ großer Zahlenwert angegeben, der berücksichtigt, dass die Nockenwelle noch gerichtet werden muss. Hierbei ist die Erfahrung berücksichtigt worden, dass die verbleibende Abweichung (Durchbiegung = Laufabweichung) im betriebswarmen Motor nach einigen Betriebsstunden noch etwas größer wird.

Die Parallelitätstoleranz 0,06 mm für die Nockenbahn soll eine möglichst ungekürzte Linienberührung zwischen Nocken und Stößel gewährleisten, wodurch der Verschleiß minimiert wird. Ferner wird die Formtoleranz der Nockenbahn durch das Symbol der Linienform erfasst, wobei die Abweichung von der Sollkurve mit 0,02 mm zugelassen werden kann. Die enge Linienformtoleranz gilt nur auf der eigentlichen Funktionsfläche, bzw. diese ist segmentweise noch verschärft; ansonsten ist eine Profilformtoleranz vereinbart.

Mit Rücksicht auf die hohe Verschleißbeanspruchung auf der Nockenbahn und auch am Pilzstößel muss die zulässige Abweichung von der Sollkurve auf 0,01 pro Grad Nockenwinkel eingeschränkt werden. Damit ist erreicht, dass die Toleranz von insgesamt 0,02 sich ungünstigstenfalls nur über wenige Nockenwinkelgrade auswirken kann.

Wie in der Norm ISO 1101 ausgeführt, können im Zusammenhang mit Profilformtoleranzen Eingrenzungen mit und ohne Bezug gegeben werden. Von dieser sinnvollen Möglichkeit ist bei der Flächenform Gebrauch gemacht worden. Ansonsten muss bei Profiltoleranzen ein „theoretische genaues Maß (hier ⌀26 mm)" für die Mittellage der Toleranzzone eingehalten werden.

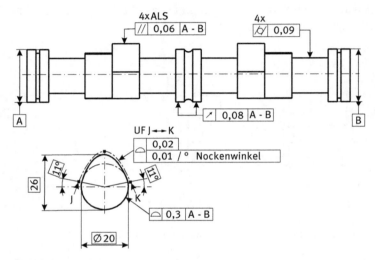

Abb. 20.9: Teilvermaßte und tolerierte Nockenwelle mit den wesentlichen Maßen

Anwendungssituation 10: Bemaßung und Tolerierung eines Ventils und eines Ventilsitzrings

Bei der Tolerierung des dargestellten Ventils wurde von der Erfahrung Gebrauch gemacht, dass während der anfänglichen Betriebszeit der Ventilkegel immer zunächst am größten äußeren Durchmesserrand „trägt" und im Rahmen von Setzerscheinungen, auftretendem Verschleiß und gegebenenfalls auch durch den Effekt des Einschlagens die tragende Breite der Ventilfläche zunimmt. Deshalb mögen die eingetragenen Toleranzen zunächst als „grob" erscheinen.

Außerdem sind für den Ventilkegel – sowohl beim Ventil selbst als auch beim Ventilsitzring – Rundlauf-[1], Geradheits- und Neigungstoleranzen aus Funktionsgründen

---

[1] Anm.: Die Lauftoleranz muss in der Praxis immer größer sein als die Rundheitstoleranz, da diese *eingeschlossen* ist.

vorgeschrieben. Die gewählten Toleranzwerte sind abgestimmte Erfahrungswerte aus dem Motorenbau und hier nur exemplarisch zu sehen. Wichtig ist für die Dichtfunktion, dass alle wesentlichen Toleranzen von Teil und Gegenteil miteinander abgestimmt sind.

Bei dem Ventilsitzring ist weiter ein Presssitz verlangt, dieser wird durch die Eintragung Ⓔ am Außendurchmesser erreicht. Die Funktionsmaße müssen ansonsten exakt mit dem Ventil übereinstimmen.

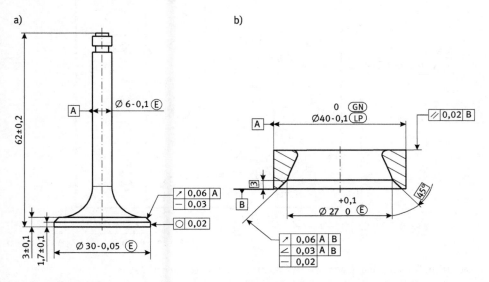

Abb. 20.10: Ventil für Verbrennungsmotor; a) Bemaßtes und toleriertes Ventil, b) Bemaßter und tolerierter Ventilsitz

Anwendungssituation 11: Bemaßung und Tolerierung einer Abdeckplatte
Die gezeigte Abdeckplatte wird in der Praxis mit verschiedenen Geräten und Instrumenten bestückt. Während die Lage dieser Geräte auf der Abdeckplatte und damit die Lage der Lochgruppen zueinander verhältnismäßig unwichtig ist, werden hingegen höhere Anforderungen bezüglich der Lage der Bohrungen innerhalb jeder Bohrungsgruppe (neu: Bohrungsmustermuster ab zwei Bohrungen) gestellt, um die einwandfreie Montage der Geräte sicherzustellen. Das wird durch die eingetragenen Positionstoleranzen gewährleistet.

In dem Fallbeispiel ist insbesondere auf die richtige Bezugsorientierung zu achten, da die Bohrungen alle mit einem unvollständigen Bezugssystem ausgerichtet werden. In Verbindung mit CZ (gemeinsame Toleranzzone mit Nebenbedingungen) erfolgt die Ausrichtung der Bohrungstoleranzzonen.

Bei den gekennzeichneten Bohrungsbildern sind „schwimmende" und „feste" Anordnungen vereinbart worden. Nach Norm soll jedoch die „schwimmende Bemaßung" möglichst vermieden werden.

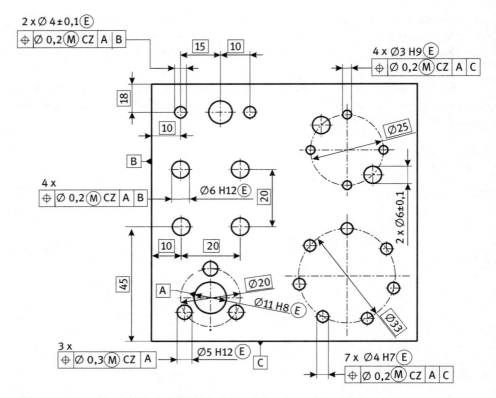

Abb. 20.11: Bemaßte und tolerierte Abdeckplatte mit den wesentlichen Maßen

Anwendungssituation 12: Bemaßung und Tolerierung eines Rotorblechs

Die nachfolgende Abb. zeigt ein Rotorblech eines Elektromotors. Von diesen Blechen werden mehrere hintereinander zu einem Anker montiert, sodass funktionell die Koaxialität der Bezugsbohrung und die Teilesymmetrie eingehalten werden müssen. Diese Funktionsanforderungen sind mit Koaxialitäts- und Symmetrietoleranzen vereinbart worden.

Symmetrie ist stets so zu interpretieren, dass ein Geometrieelement symmetrisch liegen muss zu einem zweiten Geometrieelement. Deshalb sind immer die Mittenebenen angerissen.

20 Normgerechte Anwendungsbeispiele — 311

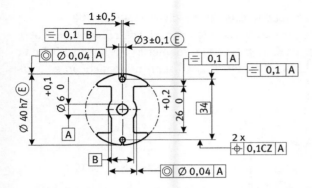

Abb. 20.12: Bemaßtes und toleriertes Rotorblech mit den wesentlichen Maßen

Anwendungssituation 13: Bemaßung und Tolerierung einer Steckerleiste
Auf einer Steckerleiste soll die Lage von jeweils 4 Löchern innerhalb der Gruppe im Hinblick auf die Paarung mit einem 4-poligen Stecker toleriert werden. Die Lage der Lochgruppen zueinander und in Bezug auf die Außenkontur ist von untergeordneter Bedeutung.

Für die 4 Löcher innerhalb einer Gruppe wird eine Positionstoleranz mit zylindrischer Toleranzzone vorgeschrieben; für die Lage der Lochgruppen zueinander wird eine größere Positionstoleranz angegeben und für die Lage des gesamten Lochbildes eine Symmetrietoleranz.

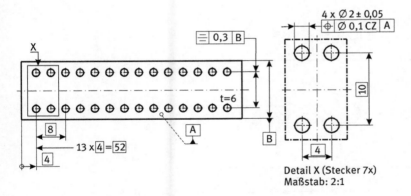

Abb. 20.13: Bemaßte und tolerierte Steckerleiste

Anwendungssituation 14: Bemaßung und Tolerierung einer Schaltscheibe
Die Funktionskanten eines Schaltwerks sind zu tolerieren. Um den Eingriff des Sperrgliedes sicherzustellen, müssen die Kanten stets eine definierte Lage haben. Die Breite einer Rastung wird auf sein Kleinstmaß begrenzt, d. h. 6 mm dürfen nicht unterschritten werden.

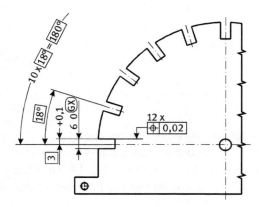

Abb. 20.14: Bemaßte und tolerierte Schaltscheibe nach /DIN 11/

Anwendungssituation 15: Bemaßung und Tolerierung einer Anschlussplatte
Gezeigt ist die Anschlussplatte eines Hydraulik-Steuerblocks. Hierbei müssen die Rechtwinkligkeit der Stirnkanten und die Position der Kanäle toleriert werden.

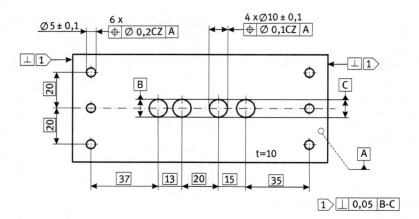

Abb. 20.15: Bemaßte und tolerierte Anschlussplatte

Anwendungssituation 16: Bemaßung und Tolerierung einer Ausgleichsscheibe

Mit der dargestellten Ausgleichsscheibe müssen axiale Längendifferenzen von Wellen ausgeglichen werden. Entscheidend ist hierbei die Position der Befestigungsschrauben.

Die Bohrungen liegen über der Positionstoleranz eindeutig fest. Die Toleranzzylinder stehen hierbei senkrecht auf dem Primärbezug A.

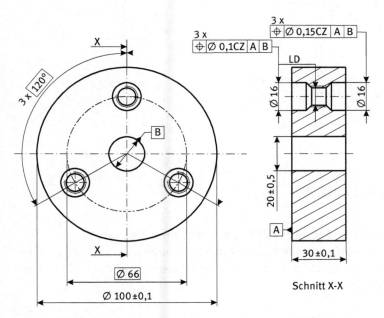

Abb. 20.16: Bemaßte und tolerierte Ausgleichsscheibe nach /DIN 01/

Anwendungssituation 17: Bemaßung und Tolerierung von Freiformflächen

Im Maschinen- und Fahrzeugbau wird oft mit Freiformflächen (= analytisch nicht eindeutig beschreibbare Flächen) gearbeitet. Typische Anwendungen sind Profile von Turbinenschaufeln, Gehäusegeometrien bei Turbinen-, Karosseriekomponenten etc. Derartige Geometrien können am einfachsten mit einer Linienformtoleranz beschrieben werden. Umseitig ist ein Beispiel aus dem Karosseriebau gezeigt, bei der eine Koordinatenbemaßung gewählt wurde. Jeder Punkt der Kurve kann mit einem Werkzeug/Messglied angefahren und kontrolliert werden.

Es ergibt sich somit die folgende Toleranzzone, innerhalb der das Istprofil liegen muss:

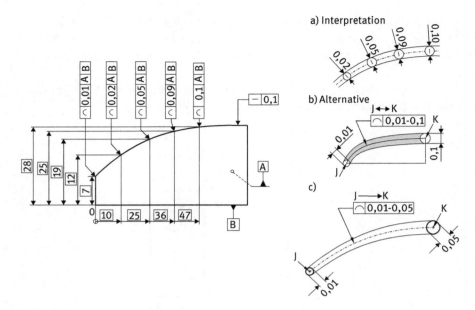

Abb. 20.17: Tolerierte Freiformfläche

Anwendungssituation 18: Bemaßung und Tolerierung eines Kipphebels
Am Beispiel wird gezeigt, dass die Rundheitstoleranz nicht nur für „geschlossene" Kreise angewendet wird, sondern auch für beliebige Bodenlängen von Kreisen vorgeschrieben werden kann.

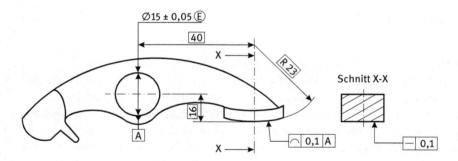

Abb. 20.18: Tolerierung von Kreissegmenten nach /DIN 11/

21 Fallbeispiele

Fallbeispiel 1

In einer Eingangsprüfung soll mit einem Lehrring die Maßhaltigkeit des gezeichneten Bolzens überprüft werden. Aus einer Stichprobe werden die dargestellten drei Bolzen gezogen. Welche Geometrieabweichungen sind bei den Gutteilen zulässig?

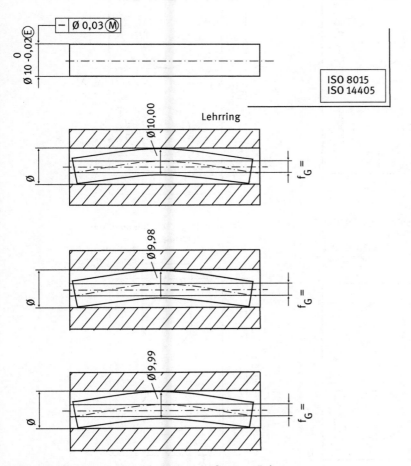

Abb. 21.1: Prüfsituation bei der Eingangsprüfung von Bolzen

Fallbeispiel 2
Tolerierung von Lochabständen. Umsetzung verschiedener Prinzipien

Fall a): Nicht normgerecht mit Plus/Minus-Toleranzen

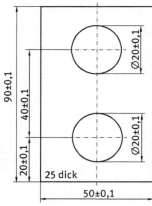

Fall b): Normgerecht mit Parallelitätstolerierung

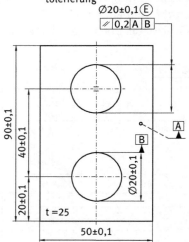

Fall c) normgerecht mit Positionstolerierung

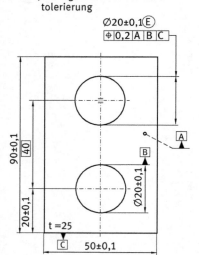

Fall d) normgerecht mit Positionstolerierung

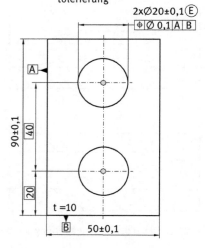

Fallbeispiel 3

Im Normenkommentar zur ISO 5458 und ISO 14405, wird auf die Schwachpunkte der Plus/Minus-Tolerierung eingegangen und herausgestellt, dass diese seit 1998 nicht mehr durch Normen abgedeckt ist. Die Plus/Minus-Tolerierung wird heute durch die Positionstolerierung und die Flächenformtolerierung ersetzt.

Das folgende Beispiel zeigt ein Passstück, welches als Verschleißteil (gehärteter Gleitstein) verbaut wird und für die Anwendung unzweckmäßig toleriert ist.

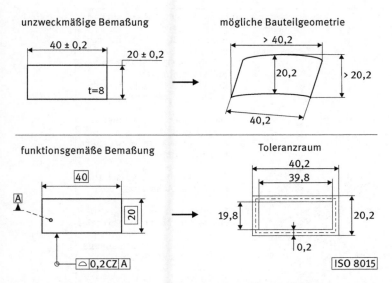

Abb. 21.2: Ersatz einer Plus/Minus-Tolerierung durch eine Flächenformtolerierung

Erst durch die gewählte Flächenform- oder Flächenprofiltolerierung mit der Interpretation als Lagetoleranz nach ISO 1101, wird Eindeutigkeit in der erwarteten Werkstückgeometrie erreicht.

Da der Verlauf der umlaufenden Toleranzzone eindeutig ist, kann „CZ" auch weggelassen werden.

Fallbeispiel 4

Ein Unternehmen stellt Halterungen aus Alu für Glasfassaden her, die bisher ausschließlich in Eigenfertigung hergestellt wurden. Im Rahmen einer Kostensenkungsstrategie soll ein spezielles Halteelement zukünftig bei einem Zulieferanten in Osteuropa gefertigt werden. Voraussetzung dazu ist, dass Know-how-Kommentare, die bisher für die eigene Fertigung auf die Zeichnung geschrieben wurden, in ISO-Symbole umgesetzt werden.

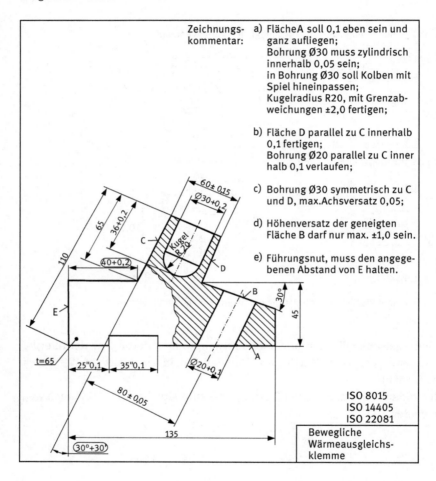

Für die Umsetzung des Textes nutzen Sie bitte die nachfolgende (Leer-) Zeichnung.

21 Fallbeispiele — 319

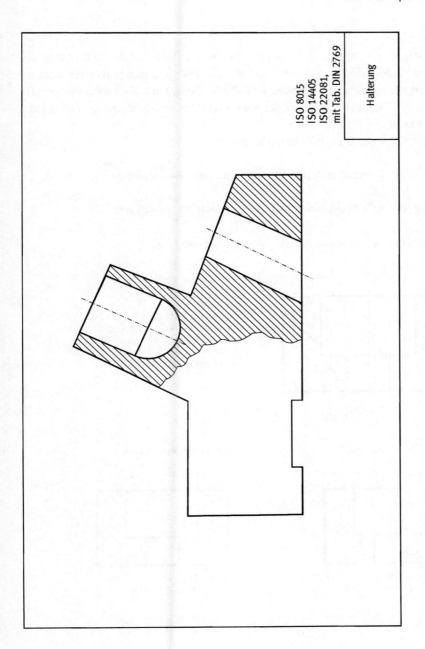

ISO 8015
ISO 14405
ISO 22081,
mit Tab. DIN 2769

Halterung

Fallbeispiel 5
In einer Vielzahl von Fällen kann es sinnvoll sein, die Maß- und die F+L-Toleranzen miteinander zu verbinden, weil die Bauteile so kostengünstiger hergestellt und geprüft werden können. Im vorliegenden Fall wurde dies auf ein Hydraulikelement angewandt und soll die Interpretation der Maximum-Material-Bedingung noch einmal zeigen, und zwar
- Situation 1: Ⓜ nur beim tolerierten Element

und
- Situation 2: Ⓜ beim tolerierten Element und beim Bezugselement.

Die Wirkung dieser Vereinbarungen ist maßlich sichtbar zu machen.

Situation 1: Geometrieelement mit Maximum-Material-Bedingung

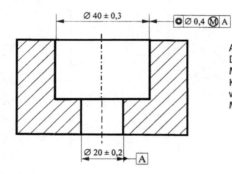

Aussage:
Die Koaxialitätstoleranz gilt beim Maximum-Material-Maß. Die Koaxialität kann vergrößert werden, wenn die Bohrung sich zum Minimum-Material-Maß hinbewegt.

Fall 1: Maximumsituation

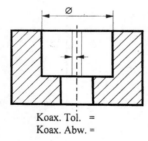

Koax. Tol. =
Koax. Abw. =

Fall 2: Minimumsituation

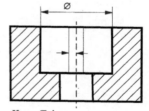

Koax. Tol. =
Koax. Abw. =

Situation 2: Geometrieelement und Bezug mit Maximum-Material-Bedingung

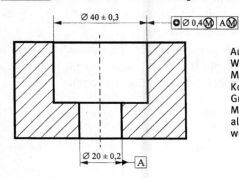

Aussage:
Wenn beide Bohrungen Maximal-Material-Maß haben, darf die Koaxialitätstoleranz nur 0,4 sein. Im Grenzfall von Minimum-Material-Maß kann die Koaxialtoleranz um alle mitwirkenden Toleranzen erweitert werden.

Fall 1: Maximumsituation

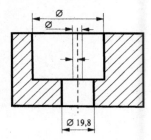

Fall 2: Minimumsituation

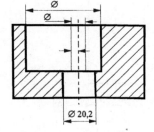

$$\text{max. Koaxial. Abw.} = \frac{\text{Koaxial. Tol.}}{2} + \frac{\text{Maßtol. } \varnothing\, 40}{2} + \frac{\text{Maßtol. } \varnothing\, 20}{2}$$
$$= \quad + \quad + \quad =$$

Stecklehre: Auslegung der beiden Durchmesser einer einfachen gestuften Lehre mit maximal zulässiger Koaxialitätstoleranz:

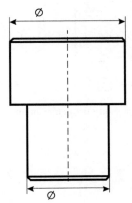

Fallbeispiel 5

In der ISO 2692 wird als ergänzendes Kompensationsprinzip die „Reziprozitätsbedingung" herausgestellt. Der wirtschaftliche Vorteil dieser Bedingung soll an dem folgenden Fügebeispiel einer Kolbenführung diskutiert werden.

Situation 1: Ein Konstrukteur hat in einer Fertigungszeichnung die funktional zulässigen Maß- und Geometrieabweichungen für den Kolben festgelegt. Kontrollieren Sie entsprechend die Führung in den entsprechenden Maßsituationen.

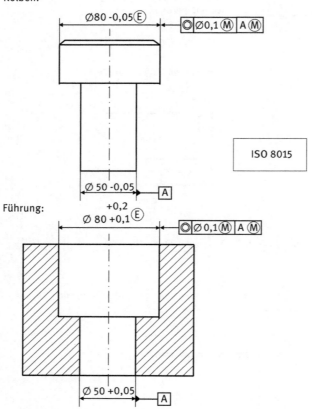

Abb. 21.3: Paarungsfall Kolben/ Führung mit Maximum-Material-Bedingung

Situation 2: Die Zeichnungsangaben sollen aus fertigungstechnischen Gründen so angepasst werden, dass auch der „Verbau" von Kolbenköpfen mit größer ⌀ 80 mm zulässig ist, da dies ohne Einfluss auf die Funktion ist. Dies kann durch die Reziprozitätsbedingung sichergestellt werden. Gemäß dieser Möglichkeit ist der Toleranzrahmen zu vervollständigen und die Situation zu kontrollieren.

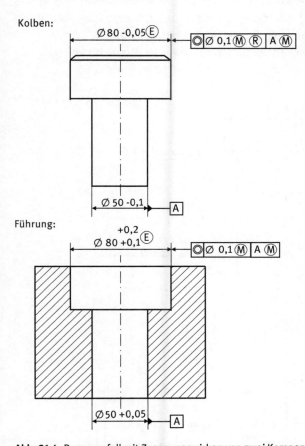

Abb. 21.4: Paarungsfall mit Zusammenwirken von zwei Kompensationsprinzipien

Fallbeispiel 6

In Seitentürschlössern für Pkws ist ein Crashelement als Zuhaltesperre der Türen eingebaut worden. Die Situation zeigt das nachfolgende Abb. 21.5. Der dargestellte Zapfen wird vertaumelt, und zwar so, dass eine axiale Verbindung mit einem Stützblech entsteht, aber beim Vernieten noch etwas Radialspiel bleibt. Im Laufe der Serienbetreuung hat ein Konstrukteur die Bohrung im Blech maßlich etwas vergrößert, sodass bei einem realen Crash das Blech sofort ausgerissen ist. Die Zuhaltung hat sich nur als wirksam erwiesen, wenn eine Mindestüberdeckung von 0,5 mm bleibt.

Bestimmen Sie für die dargestellte Situation die jeweilige Mindestüberdeckung!

Bohrungsdurchmesser M_3: vorher $5{,}15 \pm 0{,}05$ nachher: $5{,}4 \pm 0{,}05$

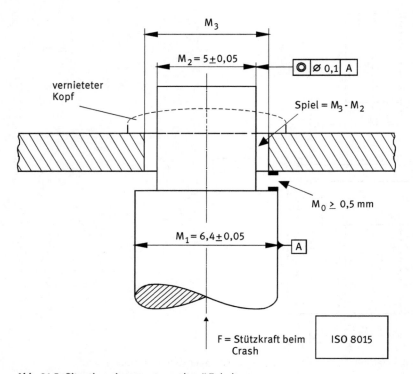

Abb. 21.5: Situation einer „vertaumelten" Zuhaltesperre

Fallbeispiel 7
Bei der dargestellten Führungsleiste ist die „Position" der Löcher entscheidend. Da die Konstruktionszeichnung schon älter ist, wurde die überholte Plus/Minus-Tolerierung angewandt. Heute ist dies nicht mehr anforderungsgerecht, weil hier Toleranzadditionen entstehen.

Übersetzen Sie die Angaben in die Positionstolerierung mit Maximum-Material-Bedingung für die Bohrungen! Prüfen Sie, ob über das Ursprungssymbol eine zweckgerechte Tolerierung erreicht werden kann. Wer das Ursprungsverfahren nicht benutzen möchte, kann auch eine Alternative wählen.

Situation 1: Angabe nach der alten Normung

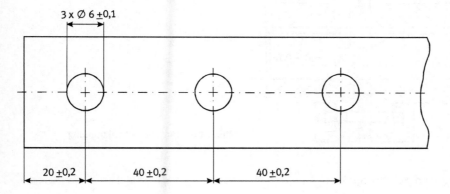

Situation 2: Übertragung der Vermaßung auf neue Normung für die Positionstolerierung (ISO 5458) und Ursprungssymbol

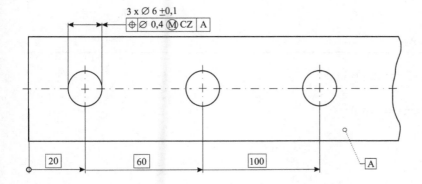

Fallbeispiel 8

Nachfolgend ist eine Scheibenkupplung dargestellt, die von einem Hersteller in Großserie gefertigt wird. Um die Montage sicher zu machen, soll die Maßkette arithmetisch und statistisch kontrolliert werden.

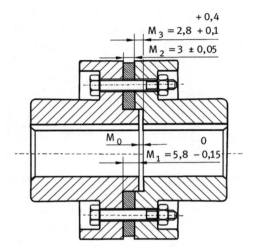

Abb. 21.6: Starre Scheibenkupplung

Maßkettengleichung:

Maßtabelle:

Vorzeichen (+, –)			
Maße M_i	$M_1 =$	$M_2 =$	$M_3 =$
Höchstmaße P_{oi}			
Mindestmaße P_{ui}			

A) Arithmetische Kontrolle

B) Statistische Kontrolle

Fallbeispiel 9

Dargestellt ist eine Situation in einem Schwenkgelenk eines Roboterarms. Kontrollieren Sie die Montierbarkeit in der Serie, und zwar arithmetisch und statistisch.

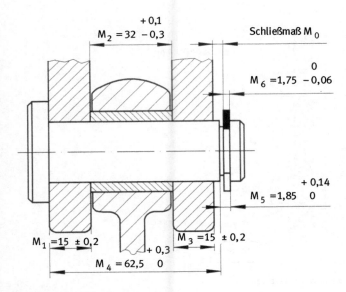

Abb. 21.7: Schwenkgelenk im Roboterarm

Maßtabelle:

Vorzeichen (+, −) Maße M_i Höchstmaße P_{oi} Mindestmaße P_{ui}	$M_1 =$	$M_2 =$	$M_3 =$	$M_4 =$	$M_5 =$	$M_6 =$

A) Arithmetische Kontrolle

B) Statistische Kontrolle

Fallbeispiel 10

In der Zeichnung ist eine Kalanderwalzstufe für das Auswalzen von Folien dargestellt. Die Qualitätsforderung ist, dass für die Weiterverarbeitung die Foliendicke um nicht mehr als ±0,20 mm schwanken darf. Kontrollieren Sie dies für die vorgegebene Auslegung arithmetisch und statistisch.

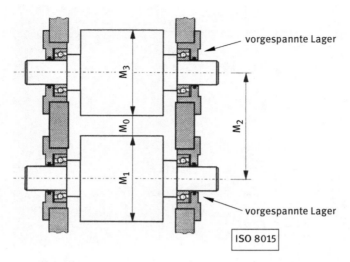

Abb. 21.8: Montagesituation Kalanderwalzstufen

In der Einzelteilzeichnung wird für die Wellen jeweils eine Gesamtlauftoleranz von 0,01 mm gefordert.

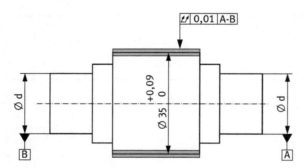

Abb. 21.9: Vermaßte Welle mit „Toleranzzone"

Maßtabelle

M_i	Maße [mm]	+/-	N_i [mm]	C_i [mm]	T_i [mm]	G_{oi} [mm]	G_{ui} [mm]
1	+0,09 35 0	−	35	35,045	0,09	35,09	35
2	+0,35 36 +0,25	+	36	36,30	0,6	36,35	36,25
3	+0,09 35 0	−	35	35,045	0,09	35,09	35
M_{1G}	Gesamtlauftoleranz	−	0	0	0,010	+0,01	0
M_{3G}	Gesamtlauftoleranz	−	0	0	0,010	+0,01	0

Stellen Sie zunächst den Maßplan und die Maßkettengleichung auf. Es hat sich hierbei als zweckmäßig erwiesen, die geometrischen Maße von der Spielproblematik zu entkoppeln.

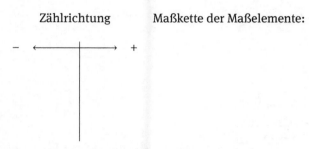

Überlagerung zu einer Maßkettengleichung:

Nachdem die Maßkette erstellt ist, bestimmen Sie das tatsächliche Schließmaß. Verwenden Sie hierbei die umseitig tabellierten Einzelmaße:
- Nennschließmaß
- Höchstschließmaß
- Mindestschließmaß
- Dickenschwankung der Folie

Erfüllt somit die Auslegung die Vorgabe? NEIN!
Kontrollieren Sie die Auslegung daher statistisch!

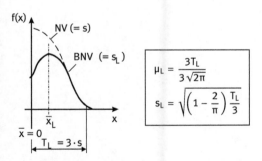

Abb. 21.10: Betrachtungsverteilung zur Berücksichtigung der Gesamtlauftoleranz

- Ermittlung der Schließmaßstreuung über das Abweichungsfortpflanzungsgesetz
- Bestimmung der statistischen Schließmaßtoleranz
- Berechnung des statistischen Schließmaßes

22 Im Text verwendete Zeichen, Abkürzungen und Indizes

22.1 Zeichen und Abkürzungen

Allgemein:

A_O	oberes Abmaß
A_U	unteres Abmaß
ei	unteres Grenzabmaß einer Welle
EI	unteres Grenzabmaß einer Bohrung
es	oberes Grenzabmaß einer Welle
ES	oberes Grenzabmaß einer Bohrung
f	Abstand
G_o	Größtmaß
G_u	Kleinstmaß
I	Istmaß
N	Nennmaß
T	Maßtoleranz
t	geom. Toleranzzone
CZ	kombinierte Toleranzzone mit Nebenbedingungen (Ort, Richtung) (früher GTZ, gemeinsame Tol.-Zone)
CT	gemeinsame Maßtoleranz
ULS	Höchstmaß
LLS	Mindestmaß
UF	vereinigtes Geometrieelement

Statistische Tolerierung:

C	Mittenmaß
e	Toleranzerweiterungsfaktor
n	Stichprobenumfang
M_i	Einzelmaße [i = 1...n]
M_0	Schließmaß
p_a	Annahmewahrscheinlichkeit
P_O	Höchstschließmaß
P_U	Mindestschließmaß
r	Toleranzreduktionsfaktor
T_a	arithmetische Schließtoleranz (Einzeltoleranz)
T_A	arithmetische Schließtoleranz (Maßkette)
T_i	Einzeltoleranzen [i = 1...n]
T_q	quadratische Schließtoleranz

$T_{s,S}$ Schließtoleranz (Einzeltoleranz und Schließtoleranz)
u_{1-p} Standard-Normalvariable
μ Mittelwert
σ Standardabweichung

Tolerierungsprinzipien:
LMR Minimum-Material-Bedingung
LMS Minimum-Material-Maß (engl.: least material size)
MMR Maximum-Material-Bedingung
MMS Maximum-Material-Maß (engl.: maximum material size)
MMVS Maximum-Material-Virtual-Maß
Ⓔ Hüllbedingung (bei Tolerierungsprinzip ISO 8015)
Ⓛ Minimum-Material-Bedingung
Ⓜ Maximum-Material-Bedingung
Ⓟ projizierte Toleranzzone
Ⓡ Reziprozitätsbedingung

22.2 Indizes

Allgemein:
i Zählvariable
O Oben
U Unten

22.3 Kurzzeichen Langenmaße, Form- und Lagetoleranzen

Bezeichnung einer F+L Toleranz bzw. Abweichung:
E Ebenheit
FP Flächenprofil
G Geradheit
K Rundheit
KO Konzentrizität
L, LG Lauf bzw. Gesamtlauf
LP Linienprofil
N Neigung
P Parallelität
PS Position
R Rechtwinkligkeit
S Symmetrie
Z Zylindrizität

Spezifikationsmodifikatoren für Größenmaße:

- (LP) Zwei-Punkt-Größenmaß (lokales Längenmaß)
- (LC) Minimax Zwei-Linien-Winkelmaß (lokales Winkelgrößenmaß)
- (LG) kleinste Abweichungsquadrate (lokales Gauß-Zwei-Linien-Winkelgrößenmaß)
- (GG) kleinste Abweichungsquadrate (globales Gauß-Längenmaß bzw. Gauß-Winkelgrößenmaß)
- (GN) kleinstes umschriebene Geometrieelement (Hüllmaß) (globales Längenmaß)
- (GX) größtes einbeschriebene Geometrieelement (globales Längenmaß)

Statistische Tolerierung:

a   arithmetisch (Einzeltoleranz)
A   arithmetisch (Maßkette)
i   Zählvariable
0   Bezeichnung des Schließmaßes
q   quadratisch
s   statistisch (Einzeltoleranz)
S   statistisch (Maßkette)

Literaturverzeichnis

Fachbücher und Dissertationen

/ABE 90a/ Aberle, W.; Brinkmann, B.; Müller, H.: Prüfverfahren für Form- und Lagetoleranzen; Berlin – Köln: Beuth-Verlag, 1990, 2. Auflage.

/ABE 90b/ Aberle, W.: Prüfverfahren für Form- und Lagetoleranzen; Berlin – Köln: Beuth-Verlag, 1990.

/BÖT 98/ Böttcher, P.; Forberg, W.: Technisches Zeichnen; Bearbeitet von U. Kurz und H. Wittel; Wiesbaden: Springer Vieweg, 2014, 26. Auflage.

/BOH 98/ Bohn, M.: Toleranzmanagement im Entwicklungsprozess; Dissertation, Universität Karlsruhe, 1998.

/CHA14/ Charpentier, F.: Leitfaden für die Anwendung der Normen zur geometrischen Produktspezifikation (GPS); Berlin-Wien-Zürich: Beuth-Verlag, 2014.

/DIN 01/ DIN-Normenheft 7: Anwendung der Normen über Form- und Lagetoleranzen in der Praxis; Bearbeitet von G. Herzold; Berlin – Wien – Zürich: Beuth-Verlag, 2001, 5. Auflage.

/DUB 05/ Dubbel: Taschenbuch für den Maschinenbau; Hrsg. von Grote, K.-H.; Feldhusen, J.; Berlin – Heidelberg – New York: Springer Verlag, 2011, 23. Auflage.

/EHR 00/ Ehrlenspiel, K.; Kiewert, A.; Lindemann, U.: Kostengünstig entwickeln und konstruieren; Berlin – Heidelberg – New York: Springer Verlag, 2000, 3. Auflage.

/GEI 94/ Geiger, Walter: Qualitätslehre; Braunschweig – Wiesbaden: Vieweg-Verlag, 1994.

/GPS 03/ N. N.: GPS'03 – Geometrische Produktspezifikation in Entwicklung und Konstruktion, DIN-Tagung; Mühlheim, 2003.

/HAR 00/ Harry, M.; Schroeder, R.: SIX SIGMA – Prozesse optimieren, Null-Fehler-Qualität schaffen, Rendite radikal steigern; Frankfurt – New York: Campus Verlag, 2000.

/HEN 11a/ Henzold, G.: Form und Lage; Berlin – Wien; Zürich: Beuth-Verlag, 2011, 3. Auflage.

/HEN 11b/ Henzold, G.: Anwendung der Normen über Form- und Lagetoleranzen in der Praxis; DIN-Normenheft 7; Berlin: Beuth-Verlag, 2011, 7. Auflage.

/HOI 94/ Hoischen, H.: Technisches Zeichnen; Berlin: Cornelsen-Girardet-Verlag, 2003, 29. Auflage.

/JOR 20/ Jorden, W.; Schütte, W.: Form- und Lagetoleranzen; München – Wien: Hanser-Verlag, 2020, 10. Auflage.

/KLE 02/ Klein, B.: Statistische Tolerierung – Prozessorientierte Bauteil- und Montageoptimierung; München: Hanser-Verlag, 2002.

/KLE 19/ Klein, B.: Prozessorientierte Statistische Tolerierung im Maschinen- und Fahrzeugbau; Tübingen: Expert-Verlag, 2019, 6. Auflage.

/KLE 20/ Klein, B.: Bemaßung und Tolerierung von Kunststoff-Bauteilen; Tübingen: Expert-Verlag, 2020, 5. Auflage.

/NUS 98/ Nusswald, M.: Fertigung von Produkten mit Maßketten-Optimierung nach Kosten und Durchlaufzeiten; Dortmund: Verlag Praxiswissen, 1998.

/NEU 10/ Neumann, H. J. et al.: Präzisionsmesstechnik in der Fertigung mit Koordinatenmessgeräten; Renningen: Expert-Verlag, 2010, 3. Auflage.

/ROI 17/ Roithmeier, R.: Prüfgerechte Tolerierung – Maße, Form- und Lage; Oberkochen: Zeiss Metholgy Academie Verlag, 2017, 2. Auflage.

/PFE 01/ Pfeifer, T.: Fertigungsmesstechnik; Oldenbourg Verlag, 2001, 2. Auflage.

/RUS 11/ Rust, S.: Bemaßung und Tolerierung – Verfahren für technische Zeichnungen und zugehörige Dokumentation; Deutsche Übersetzung von ASME 414.1-2009; Berlin: Beuth-Verlag, 2011.

/SCH 98/	Schmidt, A.: Ein Ansatz zur ganzheitlichen Maß-, Form- und Lagetolerierung; Dissertation, Universität Paderborn, 1998.
/SCH 95/	Schütte, W.: Methodische Form- und Lagetolerierung; Dissertation, Universität Paderborn, 1995.
/STA 96/	Starke, L.: Toleranzen, Passungen und Oberflächengüte in der Kunststofftechnik; München – Wien: Hanser, 1996.
/SYZ 93/	Syzminski, S.: Toleranzen und Passungen – Grundlagen und Anwendungen; Braunschweig – Wiesbaden: Vieweg, 1993.
/TAB 11/	Autorenkollektiv: Tabellenbuch Metall; Haan-Gruiten: Europa Lehrmittel Verlag, 2011, 45. Auflage.
/TAG 89/	Taguchi, G.: Quality-Engineering, Minimierung von Verlusten durch Prozessbeherrschung; München: GfmT-Verlag, 1989.
/TRU 97/	Trumpold, H.; Beck, Chr.; Richter, G.: Toleranzsysteme und Toleranzdesign-Qualität im Austauschbau; München – Wien: Hanser-Verlag, 1997.
/WEC 01/	Weckenmann, A. et al.: Geometrische Produktspezifikation (GPS); Lehrstuhl QFM, Erlangen, 2001.
/WIT 01/	Wittmann, M.: Toleranzinformationssystem in der Produktentwicklung; Dissertation, Universität Saarbrücken, 2001.
/WOM 97/	Womack, J. P.; Jones, D. T.; Roos, D.: Die zweite Revolution in der Autoindustrie; München: Heyne, 1997.

Aufsätze

/BEC 84/	Beck, Chr.: Einbeziehung von Form- und Lageabweichungen in die Berechnung linearer Maßketten; Feingerätetechnik 33 (1984) 1, S. 6–9.
/BOS 91/	Technische Statistik – Maschinen- und Prozessfähigkeit von Bearbeitungseinrichtungen; Bosch-Schriftenreihe, Nr. 9, 2. Ausgabe, 1991.
/DEN 99/	Denzer, V.; Gubesch, A.; Jorden, W.; Meerkamp, H.; Weckenmann, A.: Systemgerechte Grenzgestaltdefinition; Konstruktion 51 (1999) 11/12, S. 37–41.
/DIE 96/	Dietrich, E.; Schulze, A.; Reitinger, F.: Fähigkeitsbeurteilung bei Positionstoleranzen; QZ 41 (1996) 7, S. 812–814.
/DIE 00/	Dietzsch, M.; Meyer, M.; Schreiter, U.: Normen für Formen; QZ 45 (2000) 6, S. 776–779.
/DIE 94/	Dietzsch, M.; Lunze, U.: Toleranzverständnis für eine wirtschaftliche Fertigung; QZ 39 (1994) 4, S. 424–428.
/DIE 01/	Dietzsch, M.; Richter, G.; Schreiter, U.; Krystek, M.: Eindeutige Lösung – Neue Methode zum Bilden von Bezügen und Bezugssystemen; QZ 46 (2001) 6, S. 791–797.
/FEL 88/	Feldmann, D. G.; Jörgensen, S.: Toleranzen im Gestaltungsprozess – Anforderungen der Praxis an ein Hilfsmittel zur Tolerierung und dessen Realisierung in CAD-Systemen; ICED 1988, Budapest, S. 93–104.
/GUB 99/	Gubesch, A. et al.: Toleranzen systemgerecht definieren; QZ 44 (1999) 8, S. 1018–1022.
/JOR 91a/	Jorden, W.: Der Tolerierungsgrundsatz – eine unbekannte Größe mit schwer wiegenden Folgen; Konstruktion 43 (1991) , S. 170–176.
/JOR 91b/	Jorden, W.: Einbezug der Form- und Lagetolerierung in der Ausbildung von Konstruktionsingenieuren; ICED 1991, Zürich, S. 1344–1349.
/JOR 92/	Jorden, W.: Die Grenzabweichung schafft Klarheit bei Form- und Lagetoleranzen; QZ 37 (1992) 1, S. 42–45.

/MEE 92/ Meerkamm, H.; Weber, A.: Montagegerechtes Tolerieren Nr. 999; VDI-Bericht, Düsseldorf, 1992.
/MOL 00/ Molitor, M.; Szyminski, S.: Wer soll das bezahlen? – Automatisierte Vorkalkulation toleranzfeldbedingter Produktionskosten im CAD-System; QZ 45 (2000) 3, S. 314–318.
/PFE 02/ Pfeifer, T.; Merget, M.: Toleranzen optimieren – Kosten senken; QZ 47 (2002) 8, S. 801–802.
/REI 00/ Reinert, U.; Klär, P.: Besser zweidimensional – Prozessindizes zur Zuverlässigkeitssicherung in der Entwicklung; QZ 45 (2000) 2, S. 200–204.
/SCH 92/ Schneider, H.-P.: Moderne Methoden der Tolerierung von Maßkettenmaßen – ein Instrumentarium zur Vorbereitung wirtschaftlicher Austauschbarkeit; Konstruktion 44 (1992), S. 221–228.
/SCH 93/ Schneider, H.-P.: Die Kompensationsmethode ein Instrument wirtschaftlicher Tolerierung; Konstruktion 45 (1993), S. 89–94.
/SCH 98/ Schrems, O.: Optimierte Tolerierung durch Qualitätsdatenanalyse; Konstruktion 50 (1998) 4, S. 31–36.
/SPO 98/ Spors, K.; Henning, H.: Aufbau eines funktionsorientierten Bezugssystems für Pkw-Karosserien; 9. Symposium für Fertigungsgerechtes Konstruieren, Schnaittach 1998.

Regelwerke

/ASM 98/ Dimensioning and Tolerancing; Deutsche Übersetzung von E. Brodtrager; Berlin: Beuth-Verlag, 1998.
/VDE 73/ VDE/VDI 2620: Fortpflanzung von Fehlergrenzen bei Messungen; Berlin: Beuth-Verlag, 1973.
/VDI 91/ VDI/VDE 2601: Anforderungen an die Oberflächengestalt zur Sicherung der Funktionstauglichkeit spanend hergestellter Flächen; Berlin: Beuth-Verlag, 1991.
/VDA 02/ VDA 2005: Angabe der Oberflächenbeschaffenheit; Bietigheim-Bissingen: Dokumentation Kraftfahrwesen, 2002.
/VDA 86/ VDA: Sicherung der Qualität vor Serieneinsatz; Frankfurt: Verband der Automobilindustrie (VDA), 1986, 2. Auflage Auflage.
/VDA 94/ VDI 2242: Qualitätsmanagement in der Produktentwicklung; Berlin: Beuth-Verlag, 1994.
/VDA 96/ Autorenkollektiv: Sicherung der Qualität vor Serieneinsatz, Bd. 4, Teil 1; Frankfurt: VDA –Verband der Automobilindustrie, 1996.
/ISO 16/ ISO 22514-1: Statistische Methoden im Prozessmanagement-Fähigkeit und Leistung; Berlin: Beuth-Verlag, 2016.

Stichwortverzeichnis

3-2-1-Regel 265, 266, 294
Ⓔ Envelope 135

Abweichungsfortpflanzungsgesetz 172, 187
Achsen 64, 71, 154
ACS 105
ASME 246, 247, 249, 252, 253, 255, 260
– RFS 252, 253
– RULE #1 252
– RULE #2 252
Aufweitung einer Hülle 143
Ausdehnungsgesetz 218
Ausschussprüfung 130

Bearbeitungszugaben 121
Begrenzung 141
Berechnung, arithmetische 174
Bezug 79, 80, 152, 275
– Bezugselement 51, 84, 160
– gemeinsamer 41
Bezüge 29
Bezugsachse 53
Bezugsbuchstabe 40
Bezugsdreieck 40
Bezugselement 40, 50
Bezugsstellen 43, 290, 292
– bewegliche 40
– rohe 44
Bezugssystem 47, 57
Bügelmessschraube 142

C_p 194
C_{pk} 195
CT 106
CZ 34, 83

Dreiecksverteilung 187

Ebenheit 67, 136, 257, 331
– Ebenheitsforderung 64, 257
Ebenheitstoleranz 37
Einzelmaße 192
Endgültigkeitsprinzip 99
Erweiterungsfaktor 190

Fertigung
– Fertigungskosten 212

Fertigungsverfahren 115, 226
Fertigungsvorrichtung 46
Formabweichung 23
Formelemente 202
Formelementgruppen 45
Formgenauigkeit 205
Formtoleranzen 61
Freiformgeometrien 98
Freimaß 29

Gauß, Johann Carl Friedrich 172
Genauigkeit, werkstattübliche 60
Geometriebeschreibung 11
Geometrieelement 21, 136, 138, 154, 252
– abgeleitetes 31
– reales 31
Geometrieelemente 51
– reale 64, 69, 70
– zylindrische 46
Geradheit 67, 71, 257, 331
Geradheitsabweichung 144
Geradheitsmessung 84
Geradheitsnormal 64
Gesamtlauf 96, 97, 275, 331
Gesamtmittelwert 189
Gewinde 98
Gleichdick 13
GPS-Konzept 271
GPS-Matrix 271
Grenzabmaße 330
Grenzabweichung 23, 71, 85
Grenzabweichungen 210
Grenzgestalt 131, 211
Grenzmaße, statistische 192
Grenztemperatur 222
Grenzzustand, wirksamer 160
Guss, Gussstück 121

Häufigkeitsverteilung 184
Hilfsbezugselement 50, 51
Höchstmaß 176, 177
Hüllaufweitung 146
Hüllbedingung 68, 103, 104, 131, 138, 139,
    141–143, 145, 146, 153, 255, 302, 306, 331
Hülle 129, 138, 139, 141, 142, 152
Hüllkörper 141
Hüllprinzip 22, 135, 138, 139, 141, 146, 202, 252

ISO-Kode 17, 103
Ist-Profil 20

Kettenglieder 273
Koaxialität 91, 93, 165
Kontaktflächen 224
Kontrolle 178
Konzentrizität 91, 93, 165, 257, 331
Koplanarität 257
Kreisbögen 68
Krümmung 51
Kugel 76
Kugeln 294

Lagetoleranzen 78
Längenänderung 218
Längenausdehnungskoeffizient 218
Längenmaße 116
Lauftoleranzen 78, 94
Lebensdauer 225
Lehre 129, 136, 152
– starre 130, 152
Linienformprofil 75
Linienprofil 73
Lochbildern 86

Maß
– Grenzmaß 138
  – wirksames 152
– ideales 29
– Maximum-Material-Maß 138, 331
– Minimum-Material-Maß 331
– Nennmaß 330
– Schließmaß 172, 330
Maßabweichung 13
Maßelement 99, 101, 102, 104
Maßerfassung 100
Maßkette 164, 330, 332
Maßplan 175
Maximum-Material-Bedingung 148, 151–154, 160, 255, 331
Maximum-Material-Maß 128
Maximum-Material-Virtual-Grenze 129, 130, 151, 152, 160, 331
Maximum-Material-Zustand 127, 146
Medianmaß 102
Messfläche 46
Messfutter 53
Messplatte 71

Messschieber 142
Messunsicherheit 17
Methode der kleinsten Quadrate 101
Mindestmaß 176
Mindestspiel 220
Minimum-Bedingung 23, 25
Minimum-Material-Bedingung 163, 165, 166, 206, 255, 331
Minimum-Material-Maß 128
Minimum-Material-Zustand 128
Mischreibungsgebiet 225
Mittelebenen 46, 153, 154, 257
Mittelwert 183, 331
MMR 149
MMVS 150
Modifikationssymbol 290, 292
Modifikationssymbole 104
Montagefähigkeit 7

Neigung 79, 80, 331
Neigungsmessung 81
Nenngeometrieelement 291
Nennmaßvektoren 175
Nennschließmaß 176, 181
Nenntemperatur 219
non-rigid parts 38
Normenkette 271
Normenübersicht 5, 6
Normteile 192

Oberflächen 224, 257
Oberflächenrauheit 226
Ortstoleranzen 78, 85

Paarbarkeit 22
Paarungsfähigkeit 138
Paarungsprüfung 129, 136
Parallelität 50, 71, 82, 84, 331
Passflächen 224
Passung 139
Passungsfähigkeit 127
Passungsfunktionalität 168
Position 85
Position (siehe Positionstoleranz) 165, 257, 331
Positionstolerierung 88
Presspassungen 219
Prisma 15, 291
Profilschablone 78
Prozessfähigkeit 188, 194, 196

Prozessstreubreite 194
Prüfdorn 160
Prüflehre 129, 160, 166
– starre 152
Prüfplatte 65
Prüfprismen 95
Prüfverfahren 60

Rangordnungsmaße 101
Rautiefe 224
Rechteckverteilung 187
Rechtwinkligkeit 84, 331
Rechtwinkligkeitsforderung 84
Reduktionsfaktor 190
Referenz-Punkt-Systematik 264
Reziprozitätsbedingung 153, 167, 206, 331
Richtung 79
Richtung (siehe Richtungstoleranz) 275
Richtungstoleranzen 78
Rundheit 68, 69, 71, 137, 331
Rundheitsabweichung 171
Rundtisch 93

Schlag 92
Schließmaß 174, 222
– Höchstschließmaß 330
– Mindestschließmaß 330
Schließmaßgleichung 181, 189
Schließtoleranz
– arithmetische 187, 330
– quadratische 187, 330
Schmiergleitflächen 225
Schriftfeld 135, 139, 252
SCS 106
Serienbauteile 188
Soll-Geometrie 7
Spannfutter 96
Spezifikationsmodell 7
Spielpassung 169, 219
Standardabweichung 189, 331
Streuung 183
Stufenmaß 26, 29
Symmetrie 93, 165, 257, 331

Taylor'scher Prüfgrundsatz 129, 130, 139, 160
Teil, nicht-formstabiles 38
Temperaturabhängigkeit 218
Toleranzanalyse 173
Toleranzart 29, 60, 206

Toleranzen
– Allgemeintoleranzen 112, 125
– Formtoleranzen 153
– Geometrietoleranzen 253
– Lagetoleranz 136, 152, 154
– Ortstoleranzen 85, 151, 257
– Richtungstoleranz 79, 85
– Schließtoleranz 172, 331
– Toleranzkosten 125
– Toleranzzone 21, 23, 80, 166, 258, 330
– Zylinderformtoleranz 71
Toleranzfeld 188
Toleranzpotenziale 190
Toleranzspanne 187
Toleranzsynthese 173
Toleranzverknüpfung 172
Toleranzwert 0 159
Toleranzzone 21, 29, 73
– projizierte 37, 331
Tolerierung
– Positionstolerierung 90, 258
– schwimmende 88
– statistische 182
– Tolerierungsgrundsätze 139
– Tolerierungsprinzip 331
Tolerierungsgrundsatz 135, 200
Trapezverteilung 187

Unabhängigkeitsprinzip 21, 103, 116, 135, 136, 146, 168, 170, 171, 180, 202, 252
Unabhängigkeitsprinzips 137
UZ 75

Verbundtoleranzrahmen 260
Verteilung 197

Weinhold (siehe Taylor'sche Prüfgrundsatz) 160
Werksnorm 114
Werkstückgeometrie, ideale 7
Winkelmaße 116
Worst Case 173

Zählrichtung 175
Zweipunktmessung 13, 17, 136
Zylinderform 70